Excel 2021

使用 **AI** 提升工作效率 **範例教本**

全華研究室 王麗琴 著

ChatGPT + Copilot + Gemini

全華

編輯大意

我們常常在學習中，得到想要的知識，並讓自己成長；學習應該是快樂的，學習應該是分享的。本書要將學習的快樂分享給你，讓你能在書中得到成長。

儘管「Excel」所涵蓋的知識領域十分廣泛，筆者仍希望以簡單易懂，追求實用的原則，將有關Excel的心得與知識，與各位讀者分享，使你的學習可以更容易、更充實，讓讀者在輕鬆學習的過程中，更能充分享受學習所帶來的快樂。

本書共分為16個範例，每個範例都可靈活運用在工作上、課業上，且範例都有詳細的說明及操作過程，在操作過程中可以學習到各種Excel的操作技巧。書中還有許多Excel必學的函數、資料整理術、圖表的設計及圖表視覺化等實用內容。相信學會了這些使用技巧後，日後就可以舉一反三，應用到其他例子。

在本書中的所有範例，都會先針對每個範例做說明，並告訴你可以學習到什麼，在學習前，別忘了先開啟範例檔案，跟著書中的步驟一起練習，透過實際操作，鞏固所學的知識與技能。

在每個範例的最後，都會有「自我評量」單元，學會了新技巧，當然要找個機會好好大展身手一番。所以，請在學習完每個範例後，別忘了到「自我評量」單元中，練習看看我們所設計的題目喔！

最後，感謝你閱讀本書，也希望你後續在學習Excel的過程中一切順利，獲益良多。

全華研究室

範例檔案

　　本書提供了完整的範例檔案，我們將範例檔案依照各章分類，例如：Example06範例檔案，儲存於「Example06」資料夾內，請依照書中的指示說明，開啟這些範例檔案使用。

操作介面

　　使用本書時，可能會發現書中的操作介面與電腦所看到的有些不同，這是因為每個人所使用的螢幕尺寸、系統所設定的字型大小等不同的關係，而這些設定都會影響到「功能區」的顯示方式，當螢幕尺寸較小，或是將系統字型設定為中或大時，「功能區」就會因為無法顯示所有的按鈕及名稱，而自動將部分按鈕縮小，或是省略名稱。

⊞ 當螢幕尺寸夠大時，即可完整呈現所有的按鈕及名稱。

⊞ 當螢幕尺寸較小，或將系統字型設定為大時，就會自動將部分按鈕縮小。

商標聲明

　　書中引用的軟體與作業系統的版權標列如下：

⊞ Microsoft Windows是美商Microsoft公司的註冊商標。

⊞ Microsoft Excel是美商Microsoft公司的註冊商標。

⊞ 書中所引用的商標或商品名稱之版權分屬各該公司所有。

⊞ 書中所引用的網站畫面之版權分屬各該公司、團體或個人所有。

⊞ 書中所引用之圖形，其版權分屬各該公司所有。

⊞ 書中所使用的商標名稱，因為編輯原因，沒有特別加上註冊商標符號，並沒有任何冒犯商標的意圖，在此聲明尊重該商標擁有者的所有權利。

Contents

Excel

Example 01　產品訂購單

Example 02　學期成績統計表

Example 03　產品銷售報表

Example 07　3D視覺化圖表

Example 08　產品銷售分析

Contents

Example 09　零用金帳簿

Example 10　報價系統

Example 11　員工考績表

Contents

Example 12　投資理財試算

Example 13　工作自動化－巨集

Example 14　簡化工作－Excel VBA

Example 15　線上工作－Excel網頁版

Example 16　資料視覺化－Power BI

Contents

Example 01

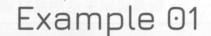

產品訂購單

● 範例檔案

Example01→產品訂購單.xlsx

● 結果檔案

Example01→產品訂購單-OK.xlsx

Example01→產品訂購單-OK.xls

　　在「產品訂購單」範例中，將學習文字格式的設定、資料格式的設定、儲存格及工作表等基本操作。除此之外，還會學習到如何讓產品訂購單具有計算的功能，如：認識運算符號、運算順序、輸入公式、修改公式、複製公式及加總函數的使用。最後還會學習如何藉由凍結窗格功能，讓工作表在視覺與功能上，更適合閱讀與查看。

跨欄置中　　對齊方式　　特殊格式　　日期格式

填滿色彩

蝦淘居家生活用品訂購單

訂購人	王小桃		聯絡電話		(02) 2262-5666	
送貨地址	新北市土城區忠義路21號			訂購日期	115年1月22日	
項次	品名	單價	數量	金額	備註	
1	超級軟居家拖鞋	$440	2	$880		
2	吐司手機支架夜燈	$165	2	$330		
3	香腸嘴造型髮帶	$25	5	$125		
4	軟珪藻土吸水地墊	$189	2	$378		
5	壓扁貓坐墊	$249	1	$249		
6	森林系竹編收納籃	$530	1	$530		
7	懶角落整理收納籃	$108	3	$324		
8	香蕉鴨抱枕	$490	1	$490	小號50CM	
9	萬用塗鴉去汙劑	$260	2	$520		
10	解放雙手吹風機架	$220	1	$220	壁貼式	
11				$0		
12				$0		
13				$0		
14				$0		
15				$0		
說明	1.滿1000元免運費。 2.訂購後七日內送達。		小計	$4,046		
			營業稅額5%	$202		
			總計	$4,248		

框線

填滿功能　　合併儲存格　　貨幣格式　　公式　　加總函數 (SUM)

Example 01 產品訂購單

1-1 建立產品訂購單內容

在「產品訂購單」範例中，已先將一些基本的文字輸入於工作表，但還有一些未完成的內容需要輸入，而在建立這些內容時，有一些技巧是不可不知的，這裡就來學習如何開啟檔案及輸入資料吧！

啟動Excel並開啟現有檔案

啟動 Excel 時，請執行「**開 始 → Excel**」，即 可 啟動 **Excel**。 啟動 Excel 時，會先進入開始畫面中的**常用**選項頁面，在畫面的左側會有**常用**、**新增**及**開啟**等選項；而畫面的右側則會依不同選項而有所不同，例如：在**常用**選項中，會有**空白活頁簿**、**範本**及**最近**曾開啟過的檔案等。

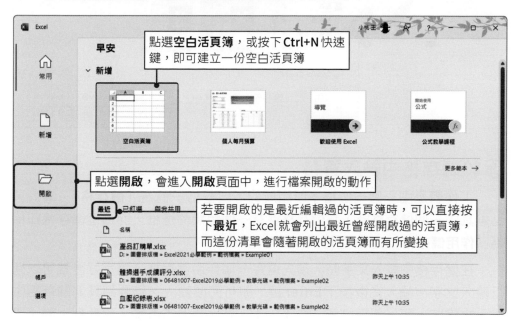

要啟動 Excel 並開啟現有檔案時，可以直接在 Excel 活頁簿的檔案名稱或圖示上，**雙擊滑鼠左鍵**，就會啟動 Excel 操作視窗，並開啟該份活頁簿。

若已在 Excel 操作視窗時，可以按下「**檔案→開啟**」功能；或按下 **Ctrl+O** 快速鍵，進入**開啟**頁面中，進行檔案開啟的動作。

產品訂購單.xlsx

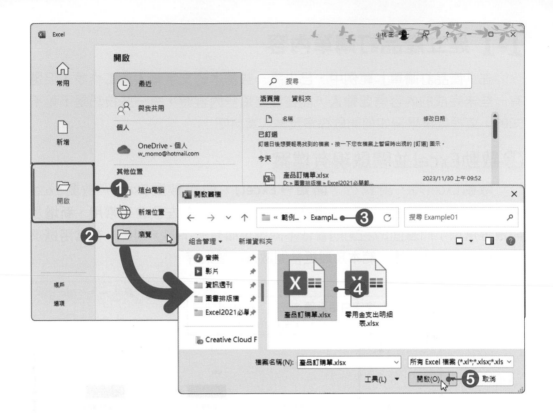

於儲存格中輸入資料

　　工作表是由一個一個格子所組成的，這些格子稱為「**儲存格**」，當滑鼠點選其中一個儲存格時，該儲存格會有一個粗黑的邊框，而這個儲存格即稱為「**作用儲存格**」，該儲存格代表要在此作業。

　　在儲存格中輸入文字時，須先選定一個作用儲存格，選定好後就可以進行輸入文字，輸入完後按下 **Enter** 鍵，即可完成輸入。若要到其他儲存格中輸入文字時，可以使用鍵盤上的 ↑、↓、←、→ 及 **Tab** 鍵，移動到上面、下面、左邊、右邊的儲存格。

01 選取 **B20** 儲存格，將滑鼠游標移到資料編輯列上按一下**滑鼠左鍵**，即可輸入文字，文字輸入好後，再按下 **Alt+Enter** 快速鍵，將插入點移至下一行中。

02 插入點移至下一行後，再輸入文字，輸入好後，按下 **Enter** 鍵，即可完成輸入的動作。

Example 01 產品訂購單

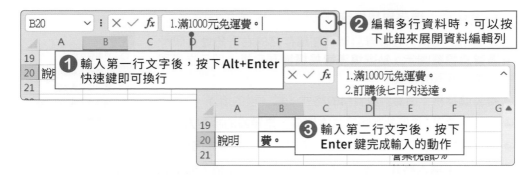

知識補充：修改與清除資料

修改儲存格的資料時，直接**雙擊**儲存格，或是先選取儲存格，到資料編輯列點一下，即可修改儲存格的內容。清除儲存格內的資料時，先選取該儲存格，按下 **Delete** 鍵；或是在儲存格上按下**滑鼠右鍵**，點選**清除內容**，也可將資料刪除。

使用填滿功能輸入資料

選取儲存格時，於儲存格的右下角有個黑點，稱作**填滿控點**，利用該控點可以依據一定的規則，快速填滿大量的資料。

在此範例中，要於項次欄位中輸入 1~15 的數字，而輸入時可以不必一個一個輸入，只要使用填滿功能的等差級數方式輸入即可。

01 先在 **A5** 及 **A6** 儲存格中，輸入「**1**」和「**2**」，表示起始值是 1，間距是 1。

02 選取 **A5** 及 **A6** 這兩個儲存格，將滑鼠游標移至**填滿控點**，並拖曳**填滿控點**到 **A19** 儲存格，即可產生間距為 1 的遞增數列。

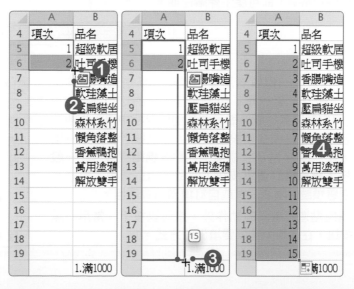

知識補充：填滿智慧標籤

使用填滿控點進行複製資料時，在儲存格的右下角會有個填滿智慧標籤圖示，點選**填滿智慧標籤**圖示後，即可在選單中選擇要填滿的方式。

○ 複製儲存格(C)
◉ 以數列填滿(S)
○ 僅以格式填滿(F)
○ 填滿但不填入格式(O)
○ 快速填入(F)

● **複製儲存格**：將資料與資料的格式一模一樣的填滿。

● **以數列填滿**：依照數字順序依序填滿，是預設的複製方式。

● **僅以格式填滿**：只會填滿資料的格式，而不會將該儲存格的資料填滿。

● **填滿但不填入格式**：會將資料填滿至其他儲存格，而不會套用該儲存格所設定的格式。

● **快速填入**：會自動分析資料表內容，判斷要填入的資料，例如：想要將含有區碼的電話分成區碼及電話兩個欄位時，就可以利用**快速填入**來進行。

知識補充：填滿功能的使用

利用填滿控點還能輸入具有順序性的資料，分別說明如下。

● **填滿重複性資料**：當要在工作表中輸入多筆相同資料時，利用填滿控點，即可把目前儲存格的內容快速複製到其他儲存格中。

● **填滿序號**：若要產生連續性的序號時，先在儲存格中輸入一個數值，在拖曳**填滿控點**時，同時按下 **Ctrl** 鍵，向下或向右拖曳，資料會以**遞增**方式(1、2、3……)填入；向上或向左拖曳，則資料會以**遞減**方式(5、4、3……)填入。

● **等差級數**：若要依照自行設定的間距值產生數列時，以建立奇數數列為例，先在兩個儲存格中，分別輸入「1」和「3」，表示起始值是1，間距是2，選取這兩個儲存格，將滑鼠游標移至填滿控點，並拖曳填滿控點到其他儲存格，即可產生間距為2的遞增數列。

● **填滿日期**：若要產生一定差距的日期序列時，只要輸入一個起始日期，拖曳填滿控點到其他儲存格中，即可產生連續日期。

● **其他**：Excel預設了一份填滿清單，當輸入某些規則性的文字(星期一、一月、第一季、甲乙丙丁、Sunday、January等)時，利用自動填滿功能，即可在其他儲存格中填入規則性的文字。若要查看有哪些預設的清單，可以按下「**檔案→選項**」功能，在「Excel選項」視窗中，點選**進階**標籤，於**一般**選項裡，按下**編輯自訂清單**按鈕，開啟「自訂清單」對話方塊，即可查看預設的填滿清單或自訂填滿清單項目。

↓ 填滿 ∨
↓ 向下填滿(D)
→ 向右填滿(R)
↑ 向上填滿(U)
← 向左填滿(L)
　填滿工作表(A)...
　數列(S)...
　左右對齊(J)
　快速填入(F)

除了使用填滿控點進行填滿的動作外，還可以按下「**常用→編輯→填滿**」按鈕，在選單中選擇要填滿的方式。

Example 01 產品訂購單

1-2 儲存格的調整

資料都建立好後，接著就要進行儲存格的列高、欄寬等調整。

列高與欄寬調整

輸入文字資料時，若文字超出儲存格範圍，儲存格中的文字會無法完整顯示；而輸入的是數值資料時，若欄寬不足，則儲存格會出現「#####」字樣，此時，可以直接拖曳欄標題或列標題之間的分隔線，或是在分隔線上**雙擊滑鼠左鍵**，改變欄寬，以便容下所有的資料。

此範例要將列高都調成一樣大小，而欄寬則依內容多寡分別調整。

01 按下工作表左上角的 ◢ **全選方塊**，選取整份工作表。

02 將滑鼠移到列與列標題之間的分隔線，按下**滑鼠左鍵**不放，往下拖曳即可增加列高。

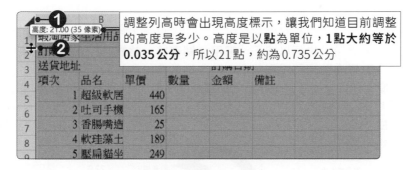

調整列高時會出現高度標示，讓我們知道目前調整的高度是多少。高度是以**點**為單位，**1點大約等於0.035公分**，所以21點，約為0.735公分

03 列高調整好後，將滑鼠移到要調整的欄標題之間的分隔線，按下**滑鼠左鍵**不放，往右拖曳即可增加欄寬；往左拖曳則縮小欄寬。

按下**滑鼠左鍵**不放往右拖曳可加寬；往左拖曳則縮小欄寬

04 利用相同方式將所有要調整的欄寬都調整完成。

	A	B	C	D	E	F
1	蝦淘居家生活用品訂購單					
2	訂購人		聯絡電話			
3	送貨地址				訂購日期	
4	項次	品名	單價	數量	金額	備註
5	1	超級軟居家拖鞋	440			
6	2	吐司手機支架夜燈	165			
7	3	香腸嘴造型髮帶	25			
8	4	軟珪藻土吸水地墊	189			
9	5	壓扁貓坐墊	249			
10	6	森林系竹編收納籃	530			
11	7	懶角落整理收納籃	108			

▦知識補充

要調整欄寬或列高時，也可以按下**「常用→儲存格→格式」**按鈕，於選單中點選要調整的項目。點選**自動調整欄寬**選項，儲存格就會依所輸入的文字長短，自動調整儲存格的寬度；若要自行設定儲存格的列高或欄寬時，可以點選**列高**或**欄寬**選項。

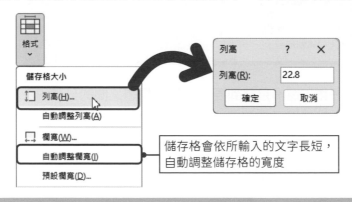

儲存格會依所輸入的文字長短，自動調整儲存格的寬度

⏱ 跨欄置中及合併儲存格的設定

產品訂購單的標題文字輸入於 A1 儲存格中，我們可以使用**跨欄置中**功能，讓標題與表格齊寬，且文字還會自動**置中對齊**；還要再使用**合併儲存格**功能，將一些相連的儲存格合併，以維持產品訂購單的美觀。

Example 01 產品訂購單

01 選取 **A1:F1** 儲存格,再按下「**常用→對齊方式→跨欄置中**」選單鈕,於選單中點選**跨欄置中**,文字就會自動置中對齊。

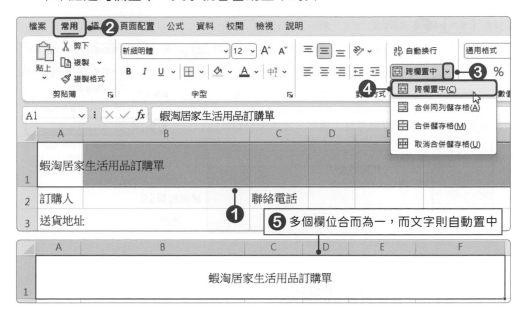

02 分別選取 **D2:F2** 及 **B3:D3** 儲存格,按下「**常用→對齊方式→跨欄置中**」選單鈕,於選單中點選**合併同列儲存格**,位於同列的儲存格就會合併為一個。

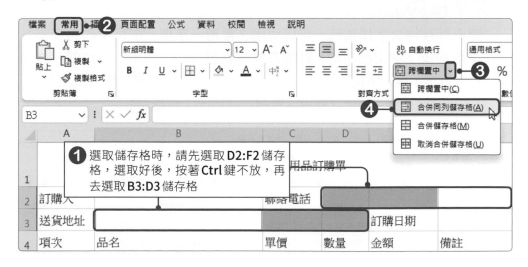

小技巧:若要將合併的儲存格還原時,可以按下「**常用→對齊方式→跨欄置中**」選單鈕,於選單中選擇**取消合併儲存格**,被合併的儲存格就會還原回來。

03 分別選取A20:A22及B20:C22儲存格,按下「**常用→對齊方式→跨欄置中**」選單鈕,於選單中選擇**合併儲存格**,被選取的儲存格就會合併為一個。

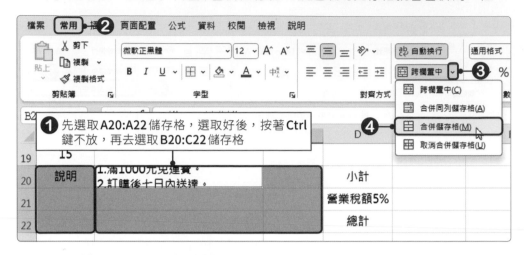

1-3 儲存格的格式設定

若要美化工作表時,可以幫儲存格進行一些格式設定,像是文字格式、對齊方式、外框樣式、填滿效果等,讓工作表更為美觀。

文字格式設定

變更儲存格文字樣式時,可以使用「**常用→字型**」群組中的各種指令按鈕;或是按下**字型**群組的 ☑ **對話方塊啟動器**按鈕,開啟「設定儲存格格式」對話方塊,進行字型、樣式、大小、底線、色彩、特殊效果等設定。

01 選取整個工作表,進入「**常用→字型**」群組中,更換字型。

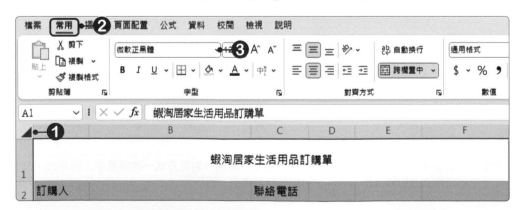

Example 01 產品訂購單

02 選取 **A1** 儲存格，進入「**常用→字型**」群組中，進行文字格式的設定。

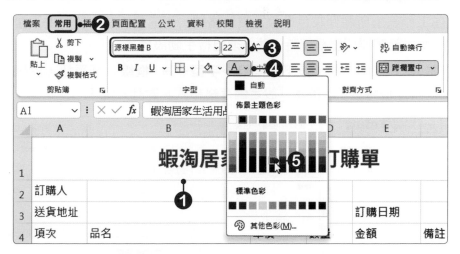

🕐 對齊方式的設定

使用「**常用→對齊方式**」群組中的指令按鈕，可以進行文字對齊方式的變更。

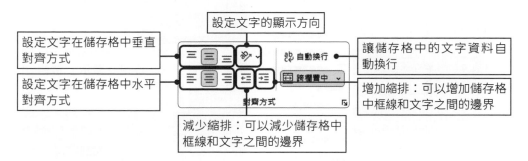

了解各種對齊方式指令按鈕的使用後，即可將儲存格內的文字進行各種對齊方式設定。

	A	B	C	D	E	F
1		蝦淘居家生活用品訂購單				
2	訂購人		聯絡電話			
3	送貨地址			訂購日期		
4	項次	品名	單價	數量	金額	備註
5	1	超級軟居家拖鞋	440			
6	2	吐司手機支架夜燈	165			

框線樣式設定

在工作表上所看到灰色框線是屬於**格線**，而這格線在列印時並不會一併印出，所以若想要印出框線時，就必須自行手動設定。

01 選取 **A2:F22** 儲存格，按下「**常用→字型→ 框線**」選單鈕，於選單中點選**其他框線**選項，開啟「設定儲存格格式」對話方塊。

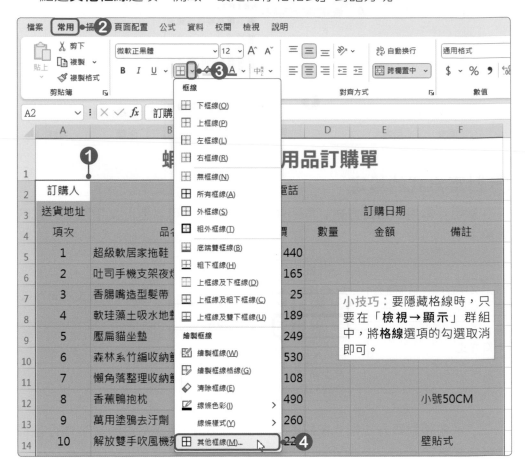

02 在**樣式**中選擇線條樣式；在**色彩**中選擇框線色彩，選擇好後按下**內線**按鈕，即可將框線的內線更改過來。

03 接著在**樣式**中選擇外框要使用的線條樣式，再按下**外框**按鈕，設定好後按下**確定**按鈕，回到工作表中，被選取的儲存格就會加入所設定的框線。

Example 01 產品訂購單

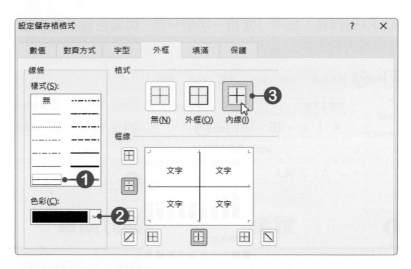

設定框線時，可以利用框線鈕選擇哪些框線要、哪些不要，直接點選框線按鈕，即可清除框線

填滿色彩設定

使用填滿色彩可以幫儲存格加上不同的色彩。這裡要將訂單以外的儲存格加上色彩，以便跟訂單有所區隔。

01 選取 **A2:F3** 儲存格，按下「**常用→字型→ 填滿色彩**」選單鈕，於選單中點選要填入的色彩即可。

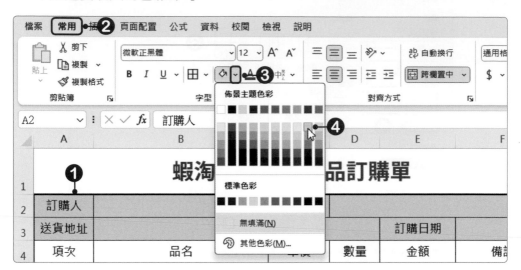

02 接著將 **A4:F4** 及 **A20:F22** 儲存格，也填入不同的色彩。

	A	B	C	D	E	F
1	蝦淘居家生活用品訂購單					
2	訂購人		聯絡電話			
3	送貨地址				訂購日期	
4	項次	品名	單價	數量	金額	備註
5	1	超級軟居家拖鞋	440			

	A	B	C	D	E	F
19	15					
20	說明	1.滿1000元免運費。2.訂購後七日內送達。		小計		
21				營業稅額5%		
22				總計		

知識補充：清除格式與複製格式

● **清除格式：**工作表進行了一堆的格式設定後，若要將格式回復到最原始狀態時，可以按下「**常用→編輯→ 清除**」按鈕，於選單中選擇**清除格式**，即可將所有的格式清除。

Example 01 產品訂購單

● **複製格式：**將儲存格設定好字型、框線樣式及填滿色彩等格式後，若其他的儲存格也要套用相同格式時，可以使用「**常用→剪貼簿→ ✍ 複製格式**」按鈕，進行格式的複製，這樣就不用一個一個設定了。

1-4 儲存格的資料格式

　　Excel提供了許多資料格式，在進行資料格式設定前，先來認識這些資料格式的使用。

🥧 文字格式

　　在 Excel 中，只要不是數字，或是數字摻雜文字，都會被當成文字資料，例如：身分證號碼。在輸入文字格式的資料時，文字都會**靠左對齊**。若想要將純數字變成文字，只要在**數字前面加上**「**'**」(**單引號**)，例如：'0123456。

🥧 日期及時間

　　在儲存格中輸入日期資料時，日期會**靠右對齊**，而要輸入日期時，**要用**「**-**」(**破折號**)或「**/**」(**斜線**)區隔**年、月、日**。年是以西元計，小於29的值，會被視為西元20××年；大於29的值，會被當作西元19××年，例如：輸入00到29的年份，會被當作2000年到2029年；輸入30到99的年份，則會被當作1930年到1999年，這是在輸入時需要注意的地方。

輸入日期時，若只輸入月份與日期，那麼 Excel 會自動加上當時的年份，例如：輸入 1/22，Excel 在資料編輯列中，就會自動顯示為「2025/1/22」，表示此儲存格為日期資料，而其中的年份會自動顯示為當年的年份。

在儲存格中要輸入時間時，**要用「:」(冒號)隔開，以12小時制或24小時制表示**。使用 12 小時制時，最好按一個空白鍵，加上「am」(上午)或「pm」(下午)。例如：「3:24 pm」是下午3點24分。

數值格式

在儲存格中輸入數值時，數值會**靠右對齊**，數值是進行計算的重要元件，Excel 對於數值的內容有很詳細的設定。首先來看看在儲存格中輸入數值的各種方法，如下表所列。

正數	負數	小數	分數
55980	-6987	12.55	4 1/2
	前面加上「-」負號	按鍵盤的「.」表示小數點	分數之前要按一個空白鍵

除了不同的輸入方法，也可以使用「**常用→數值→數值格式**」按鈕，進行變更的動作。而在「**數值**」群組中，還列出了一些常用的數值按鈕，可以快速變更數值格式，如下表所列。

按鈕	功能	範例
$ ˅	**加上會計專用格式**，會自動加入貨幣符號、小數點及千分位符號。按下選單鈕，還可以選擇英磅、歐元及人民幣等貨幣格式。 輸入以「$」開頭的數值資料，如 $3600，會將該資料自動設定為貨幣類別，並自動顯示為「$3,600」。	12345 → $12,345.00
%	**加上百分比符號**，在儲存格中輸入百分比樣式的資料，如66%，必須先將儲存格設定為百分比格式，再輸入數值 66，若先輸入 66，再設定百分比格式，則會顯示為「6600%」。要將數值轉換為百分比時，可以按下 Ctrl+Shift+% 快速鍵。	0.66 → 66%
,	**加上千分位符號**，會自動加入「.00」。	12345 → 12,345.00
⬆0.00	**增加小數位數**。	666.45 → 666.450
.00⬇	**減少小數位數**，減少時會自動四捨五入。	888.45 → 888.5

Example 01 產品訂購單

特殊格式設定

在此範例中，要將電話的儲存格設定為「特殊」格式中的「一般電話號碼」格式，設定後，只要在聯絡電話儲存格中輸入「0222625666」，儲存格就會自動將資料轉換為「(02)2262-5666」。

01 選取 **D2** 儲存格，按下「**常用→數值**」群組的 對話方塊啟動器 按鈕，或按下 **Ctrl+1** 快速鍵，開啟「設定儲存格格式」對話方塊。

02 點選**數值**標籤，於類別選單中選擇**特殊**，再於類型選單中選擇**一般電話號碼(8 位數)**，選擇好後按下**確定**按鈕，即可完成特殊格式的設定。

03 回到工作表後，於儲存格中輸入「0222625666」電話號碼，輸入完後，按下 **Enter** 鍵，儲存格內的文字就會自動變更為「(02)2262-5666」。

日期格式設定

在訂購日期中，要將儲存格的格式設定為日期格式。

01 選取 **F3** 儲存格，按下「**常用→數值**」群組的 ▢ **對話方塊啟動器** 按鈕，開啟「設定儲存格格式」對話方塊。

02 於類別選單中選擇 **日期**，按下 **行事曆類型** 選單鈕，選擇 **中華民國曆**，再於類型選單中選擇 **101年3月14日**，選擇好後，按下 **確定** 按鈕，即可完成日期格式的設定。

貨幣格式設定

在此範例中，單價、金額、小計、營業稅額、總計等資料是屬於 **貨幣格式**，所以要將相關的儲存格設定為貨幣格式。

Example 01 產品訂購單

01 選取 **C5:C19** 及 **E5:E22** 儲存格,按下「**常用→數值**」群組的 ☞ **對話方塊啟動器**按鈕,開啟「設定儲存格格式」對話方塊。

02 於類別選單中選擇**貨幣**,進行貨幣格式的設定。

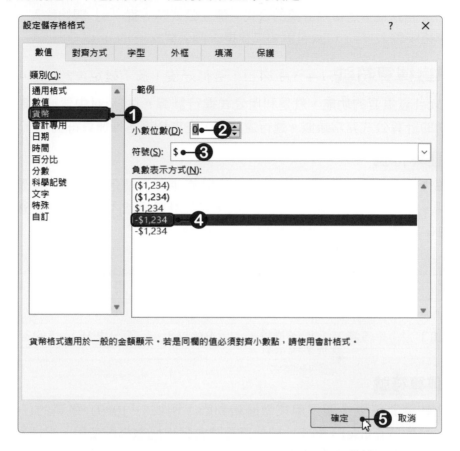

03 回到工作表後,被選取的儲存格中的數字就會套用貨幣格式。

訂購人			聯絡電話		(02) 2262-5666	
送貨地址					訂購日期	115年1月22日
項次	品名		單價	數量	金額	備註
1	超級軟居家拖鞋		$440			
2	吐司手機支架夜燈		$165			
3	香腸嘴造型髮帶		$25			
4	軟珪藻土吸水地墊		$189			
5	壓扁貓坐墊		$249			
6	森林系竹編收納籃		$530			

1-5 建立公式

Excel 的公式是這麼解釋的：等號左邊的值，是存放計算結果的儲存格；等號右邊的算式，是實際計算的公式。建立公式時，從「=」開始輸入，只要在儲存格中輸入「=」，Excel 就知道這是一個公式。

認識運算符號

Excel 最重要的功能，就是利用公式進行計算。在 Excel 中要計算時，就跟平常的計算公式非常類似。進行運算前，先來認識各種運算符號。

算術運算符號

算術運算符號的使用，與平常所使用的運算符號是一樣的，像是加、減、乘、除等，例如：輸入「=(5-3)^6」，會先計算括號內的5減3，然後再計算2的6次方，常見的算術運算符號如下表所列。

+	-	*	/	%	^
加	減	乘	除	百分比	乘冪
6+3	5-2	6*8	9/3	15%	5^3
6加3	5減2	6乘以8	9除以3	百分之15	5的3次方

比較運算符號

比較運算符號主要是用來做邏輯判斷，例如：「10>9」是真的(True)；「8=7」是假的(False)。通常比較運算符號會與 IF 函數搭配使用，根據判斷結果做選擇，下表所列為各種比較運算符號。

=	>	<	>=	<=	<>
等於	大於	小於	大於等於	小於等於	不等於
A1=B2	A1>B2	A1<B2	A1>=B2	A1<=B2	A1<>B2

文字運算符號

使用文字運算符號，可以連結兩個值，產生一個連續的文字，而文字運算符號是以「&」為代表。例如：輸入「="臺北市"&"中山區"」，會得到「臺北市中山區」結果；輸入「=123&456」得到的結果是「123456」。

Example 01 產品訂購單

參照運算符號

Excel 所使用的參照運算符號如下表所列。

符號	說明	範例
:(冒號)	**連續範圍**：兩個儲存格間的所有儲存格，例如：「B2:C4」 就 表 示 從 B2 到 C4 的 儲存格，也就是包含了 B2、B3、B4、C2、C3、C4 等儲存格。	B2:C4
,(逗號)	**聯集**：多個儲存格範圍的集合，就好像不連續選取了多個儲存格範圍一樣。	B2:C4,D3:C5,A2,G:G
空格(空白鍵)	**交集**：擷取多個儲存格範圍交集的部分。	B1:B4 A3:C3

運算順序

在 Excel 中，上面所介紹的各種運算符號，在運算時，順序為：**參照運算符號＞算術運算符號＞文字運算符號＞比較運算符號**。而運算符號只有在公式中才會發生作用，如果直接在儲存格中輸入，則會被視為普通的文字資料。

加入公式

在產品訂購單範例中，分別要在金額、營業稅額、總計等儲存格加入公式，公式加入後，只要輸入「數量」，即可計算出「金額」；再計算「小計」，即可計算出「營業稅額」，最後就可以知道「總計」金額了。

01 先在數量儲存格中隨意輸入數量，選取 E5 儲存格，輸入「=C5*D5」公式（英文字母大小寫皆可），輸入完後，按下 **Enter** 鍵，即可計算出金額。

D5	: × ✓ fx	=C5*D5			
	A	B	C	D	E	F
4	項次	品名	單價	數量	金額	備註
5	1	超級軟居家拖鞋	$440	2	=C5*D5 ❶	
6	2	吐司手機支架夜燈	$165			

建立公式時，運算元與儲存格的框線會使用相同色彩，主要是讓我們可以清楚辨識它們的對應關係

E5	: × ✓ fx	=C5*D5			
	A	B	C	D	E	F
4	項次	品名	單價	數量	金額	備註
5	1	超級軟居家拖鞋	$440	2	$880 ❷	
6	2	吐司手機支架夜燈	$165			

02 選取 **E21**儲存格，輸入「**=E20*0.05**」公式，輸入完後，按下 **Enter** 鍵，即可計算出營業稅額。

E21	⌄ ⋮ ✕ ✓ fx	=E20*0.05			
	A	B	C	D	E	F

	A	B	C	D	E	F
19	15					
20	說明	1.滿1000元免運費。 2.訂購後七日內送達。		小計		
21				營業稅額5%	=E20*0.05	
22				總計		

03 選取 **E22**儲存格，輸入「**=E20+E21**」公式，輸入完後，按下 **Enter** 鍵，即可計算出總計金額。

E21	⌄ ⋮ ✕ ✓ fx	=E20+E21			

	A	B	C	D	E	F
19	小技巧：建立公式時，為了避免儲存格位址的錯誤，可以在輸入「=」後，再用滑鼠去點選要運算的儲存格，在「=」後就會自動加入該儲存格位址。					
20				小計		
21				營業稅額5%	$0	
22				總計	=E20+E21	

複製公式

　　在一個儲存格中建立公式後，可以將公式直接複製到其他儲存格使用。選取 **E5**儲存格，將滑鼠游標移至**填滿控點**，並拖曳填滿控點到 **E19**儲存格中，即可完成公式的複製。在複製的過程中，公式會自動調整參照位置。

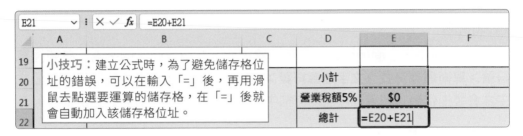

Example 01 產品訂購單

修改公式

　　若公式有錯誤，或儲存格位址變動時，就必須要進行修改公式的動作，而修改公式就跟修改儲存格的內容是一樣的，直接雙擊公式所在的儲存格，或是在資料編輯列上按一下**滑鼠左鍵**，即可進行修改的動作。

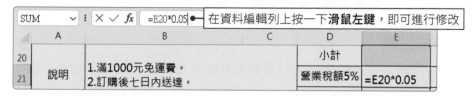

知識補充：儲存格參照

使用公式時，會填入儲存格位址，而不是直接輸入儲存格的資料，這種方式稱作**參照**。公式會根據儲存格位址，找出儲存格的資料，來進行計算。為什麼要使用參照？如果在公式中輸入的是儲存格資料，則運算結果是固定的，不能靈活變動。使用參照就不同了，當參照儲存格的資料有變動時，公式會立即運算產生新的結果，這就是電子試算表的重要功能—**自動重新計算**。

● **相對參照**：在公式中參照儲存格位址，可以進一步稱為**相對參照**，因為 Excel 用相對的觀點來詮釋公式中的儲存格位址的參照。有了相對參照，即使是同一個公式，位於不同的儲存格，也會得到不同的結果。我們只要建立一個公式後，再將公式複製到其他儲存格，則其他的儲存格都會根據相對位置調整儲存格參照，計算各自的結果，而相對參照的主要的好處就是：**重複使用公式**。

● **絕對參照**：雖然相對參照有助於處理大量資料，可是偏偏有時候必須指定一個固定的儲存格，這時就要使用**絕對參照**。只要在儲存格位址前面加上「$」，公式就不會根據相對位置調整參照，這種加上「$」的儲存格位址，例如：$F$2，就稱作絕對參照。

　　絕對參照可以只固定欄或只固定列，沒有固定的部分，仍然會依據相對位置調整參照，例如：B2 儲存格的公式為「=B$1*$A2」，公式移動到 C2 儲存格時，會變成「=C$1*$A2」；如果移到儲存格 B3 時，公式會變為「=B$1*$A3」。

● **相對參照與絕對參照的轉換**：當儲存格要設定為絕對參照時，要先在儲存格位址前輸入「$」符號，這樣的輸入動作或許有些麻煩，現在告訴你一個將位址轉換為絕對參照的小技巧，在資料編輯列上選取要轉換的儲存格位址，選取好後再按下 F4 鍵，即可將選取的位址轉換為絕對參照。

● **立體參照位址**：立體參照位址是指參照到**其他活頁簿或工作表中**的儲存格位址，例如：活頁簿 1 要參照到活頁簿 2 中的工作表 1 的 B1 儲存格，則公式會顯示為：

$$= \quad [活頁簿2.xlsx] \quad 工作表1! \quad B1$$

參照的活頁簿檔名，以中括號表示　　參照的工作表名稱，以驚嘆號表示　　參照的儲存格

1-6 用加總函數計算金額

函數是 Excel 事先定義好的公式，專門處理龐大的資料，或複雜的計算過程。Excel 提供了財務、邏輯、文字、日期和時間、查閱與參照、數學與三角函數、統計、工程等多種類型的函數。

認識函數

使用函數可以不需要輸入冗長或複雜的計算公式，例如：當要計算 A1 到 A10 的總和時，若使用公式的話，必須輸入「=A1+A2+A3+A4+A5+A6+A7+A8+A9+A10」；使用函數則只要輸入 **=SUM(A1:A10)** 即可將結果運算出來。

函數跟公式一樣，由「=」開始輸入，函數名稱後面有一組括弧，括弧中間放的是**引數**，也就是函數要處理的資料，而不同的引數，要用「**,**」(逗號)隔開，函數語法的意義如下所示：

函數中的引數，可以使用數值、儲存格參照、文字、名稱、邏輯值、公式、函數，如果使用文字當引數，文字的前後必須加上「**"**」符號。函數中可以使用多個引數，但最多只可以用到 **255** 個。函數裡又包著函數，例如：=SUM(B2:F7,SUM(B2:F7))，稱作**巢狀函數**。

加入 SUM 函數

在此範例中，要使用加總函數計算出「小計」金額。

01 點選 **E20** 儲存格，按下「**公式→函數庫→自動加總**」或「**常用→編輯→自動加總**」按鈕，於選單中點選**加總**。

02 此時 Excel 會自動產生「**=SUM(E5:E19)**」函數和閃動的虛線框，表示會計算虛框內的總和。

03 確定範圍沒有問題後，按下 **Enter** 鍵，完成計算。

Example 01 產品訂購單

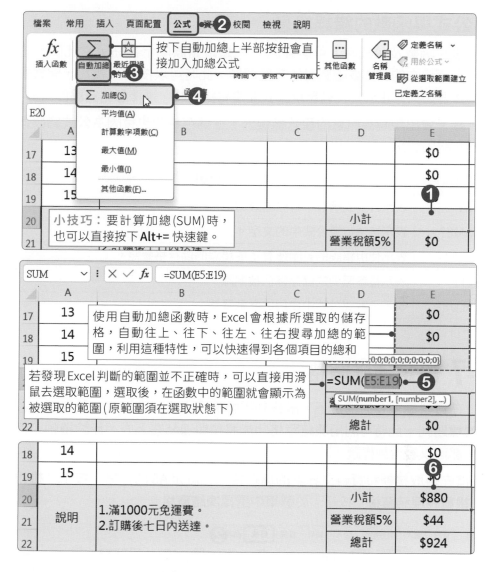

04 設定好加總函數後，當我們在訂單中輸入數量或修改金額時，小計、營業稅額5%及總計欄位中的數字都會自動更新。

	A	B	C	D	E
18	14				$0
19	15				$0
20	說明	1.滿1000元免運費。 2.訂購後七日內送達。		小計	$4,266
21				營業稅額5%	$213
22				總計	$4,479

公式與函數的錯誤訊息

建立函數及公式時，可能會遇到 ◉ **追蹤錯誤**圖示按鈕，當此圖示出現時，表示建立的公式或函數可能有些問題，此時可以按下 ◉ 按鈕，開啟選單來選擇要如何修正公式。若發現公式並沒有錯誤時，選擇**忽略錯誤**即可。

除了會出現錯誤訊息的智慧標籤外，在儲存格中也會因為公式錯誤而出現某些錯誤訊息，如下表所列。

錯誤訊息	說明
#N/A	表示公式或函數中有些無效的值。
#NAME?	表示無法辨識公式中的文字。
#NULL!	表示使用錯誤的範圍運算子或錯誤的儲存格參照。
#REF!	表示被參照到的儲存格已被刪除。
#VALUE!	表示函數或公式中使用的參數錯誤。

1-7 設定凍結窗格

在資料量很多的情況下，當移動捲軸檢視下方的資料時，便看不到最上方的標題列。此時可利用凍結窗格功能將標題凍結在上方，無論捲軸如何移動，都可以看得到標題。

01 首先選取標題和資料交界處的儲存格，也就是 **A5** 儲存格，按下「**檢視→視窗→凍結窗格**」按鈕，於選單中選擇**凍結窗格**。

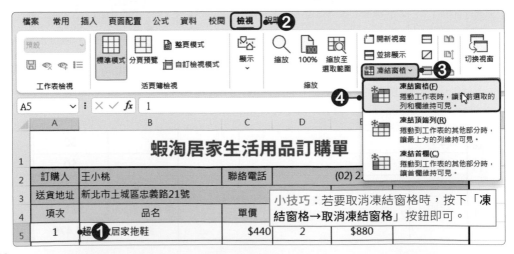

Example 01 產品訂購單

02 完成凍結窗格的設定後，乍看之下好像沒什麼不一樣，但在選取的儲存格上方和左方就會出現凍結線，你可以捲動縱向捲軸，會發現上方的標題列固定在頂端不動，捲動的只是下方的資料列而已。

	A	B	C	D	E	F	G
1		**蝦淘居家生活用品訂購單**					
2	訂購人	王小桃		聯絡電話	(02) 2262-5666		
3	送貨地址	新北市土城區忠義路21號			訂購日期	115年1月22日	
4	項次	品名		單價	數量	金額	備註
17	13					$0	
18	14				此為凍結線，在捲動捲軸時，凍結線		
19	15				以上的資料不會跟著捲動		
20		1.滿1000元免運費。			小計	$3,826	
21	說明	2.訂購後七日內送達。			營業稅額5%	$191	
22					總計	$4,017	

1-8 活頁簿的儲存

Excel可以儲存的檔案格式有：Excel活頁簿(xlsx)、範本檔(xltx)、網頁(htm、html)、PDF、XPS文件、CSV (逗號分隔)(csv)、RTF格式、文字檔(Tab字元分隔)(txt)、OpenDocument試算表(ods)等類型。

儲存檔案

第一次儲存時，可以直接按下**快速存取工具列**上的 🖫 **儲存檔案**按鈕；或是按下「**檔案→儲存檔案**」功能；也可以按下Ctrl+S快速鍵，進入**另存新檔**頁面中，進行儲存的設定。同樣的檔案進行第二次儲存動作時，就不會再進入**另存新檔**頁面中了。

另存新檔

當不想覆蓋原有的檔案內容，或是想將檔案儲存成「.xls」格式時，按下「**檔案→另存新檔**」功能，進入**另存新檔**頁面中，按下**瀏覽**按鈕，開啟「另存新檔」對話方塊；或直接按下F12鍵，開啟「另存新檔」對話方塊，即可重新命名及選擇要存檔的類型。

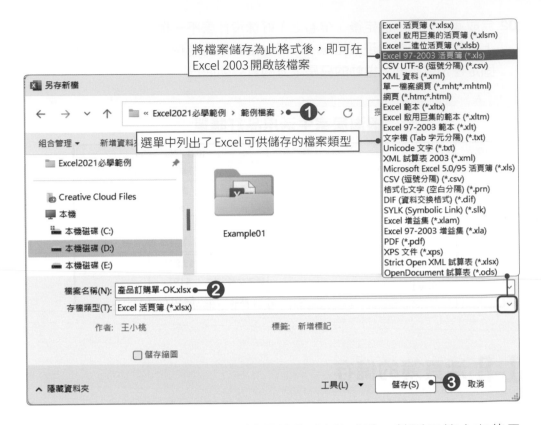

將檔案儲存為此格式後，即可在 Excel 2003 開啟該檔案

選單中列出了 Excel 可供儲存的檔案類型

將檔案儲存為 Excel 97-2003 活頁簿 (*.xls) 格式時，若活頁簿中有使用到 2021 的各項新功能，那麼會開啟相容性檢查程式訊息，告知舊版 Excel 不支援哪些新功能，以及儲存後內容會有什麼改變。若按下**繼續**按鈕將檔案儲存，那麼在舊版中開啟檔案時，某些功能將無法繼續編輯。

在 Excel 2021 開啟 Excel 2003 的檔案格式 (*.xls) 時，在標題列上除了會顯示檔案名稱外，還會標示「**相容模式**」的字樣，若要轉換檔案，可以進入「**檔案→資訊**」頁面中，按下**轉換**按鈕，即可進行轉換的動作。

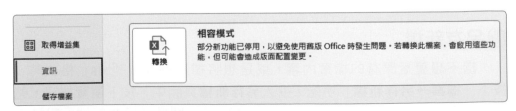

Example 01 產品訂購單

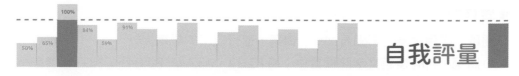

● 選擇題

( )1. 在 Excel 中，使用「填滿」功能時，可以填入哪些規則性資料？ (A) 等差級數　(B) 日期　(C) 等比級數　(D) 以上皆可。

( )2. 在 Excel 中，如果儲存格的資料格式是「數字」時，若想要每次都遞增 1，可在拖曳填滿控點時同時按下哪個鍵？ (A) Ctrl　(B) Alt　(C) Shift　(D) Tab。

( )3. 在 Excel 中，下列何者不可能出現在「填滿智慧標籤」的選項中？ (A) 複製儲存格　(B) 複製圖片　(C) 以數列方式填滿　(D) 僅以格式填滿。

( )4. 在 Excel 中，下列哪個敘述不正確？ (A) 利用鍵盤上的「Ctrl」鍵可以選取所有相鄰的儲存格　(B) 按下工作表上的全選方塊可以選取全部的儲存格　(C) 按下欄標題可以選取一整欄　(D) 按下列標題可以選取一整列。

( )5. 在 Excel 中，如果想輸入分數「八又四分之三」，應該如何輸入？ (A) 8+4/3　(B) 8 3/4　(C) 8 4/3　(D) 8+3/4。

( )6. 在 Excel 中，輸入「27-12-8」，是代表幾年幾月幾日？ (A) 1927 年 12 月 8 日　(B) 1827 年 12 月 8 日　(C) 2127 年 12 月 8 日　(D) 2027 年 12 月 8 日。

( )7. 在 Excel 中，輸入「9:37 am」和「21:37」，是表示什麼時間？ (A) 都表示晚上 9 點 37 分　(B) 早上 9 點 37 分和晚上 9 點 37 分　(C) 都表示早上 9 點 37 分　(D) 晚上 9 點 37 分和早上 9 點 37 分。

( )8. 在 Excel 中，要將輸入的數字轉換為文字時，輸入時須於數字前加上哪個符號？ (A) 逗號　(B) 雙引號　(C) 單引號　(D) 括號。

( )9. 在 Excel 中，如果輸入日期與時間格式正確，則所輸入的日期與時間，在預設下儲存格內所顯示的位置為下列何者？ (A) 日期與時間均靠右對齊　(B) 日期與時間均置中對齊　(C) 日期靠左對齊，時間靠右對齊　(D) 日期靠右對齊，時間置中對齊。

( )10.在 Excel 中，按下哪組快速鍵可以儲存活頁簿？ (A) Ctrl+A　(B) Ctrl+N　(C) Ctrl+S　(D) Ctrl+O。

● 實作題

1. 開啟「零用金支出明細表.xlsx」檔案，進行以下的設定。

⊙ 將第1列的標題文字跨欄置中；將 B2:E2、A3:A4、B3:B4、C3:G3 等儲存格合併。

⊙ 將編號欄位以自動填滿方式分別填入1到31；將日期欄位以自動填滿方式分別填入「1月1日～1月31日」的日期。

⊙ 於 A36 儲存格加入「合計」文字，並將 A36:B36 儲存格合併。

⊙ 將 C5:G36 儲存格的格式皆設定為貨幣格式。

⊙ 利用加總函數計算出每項費用的金額。

⊙ 將欄寬與列高做適當的調整；請自行變換儲存格與文字的格式。

⊙ 將 A1:G4 凍結在上方。

桃花緣蔬食零用金支出明細表						
月份		一月份			製表人	王小桃
編號	日期	支出明細				
		餐費	交通費	工讀費	文具費	雜支
1	1月1日	$580				
2	1月2日	$650	$1,200			$350
3	1月3日	$300		$1,200		
4	1月4日	$450			$50	
5	1月5日	$658				
6	1月6日	$980	$300			$100
21	1月21日	$980				
22	1月22日	$560				$30
23	1月23日	$690		$1,000		
24	1月24日	$450		$700	$30	
25	1月25日	$820	$1,600			
26	1月26日	$760				$105
27	1月27日	$360		$600		
28	1月28日	$450			$99	
29	1月29日	$750				
30	1月30日	$990	$200			$250
31	1月31日	$690				
合計		$21,154	$4,800	$7,000	$486	$1,314

Example 02

學期成績統計表

● 範例檔案

Example02→成績單 .xlsx

● 結果檔案

Example02→成績單 -OK.xlsx

本範例是某班學生的各科成績，每個學生的成績及總分都有了，但個人平均、總名次等資料都還是空的，現在就利用 Excel 的計算功能及各種函數來完成這個成績單。

RANK.EQ 函數

條件式格式設定

COUNT 函數

學號	姓名	國文	英文	科技	通識	體育	總分	個人平均	總名次
11102311	陳建宏	94	96	71	97	94	452	▲ 90.40	1
11102303	郭欣怡	92	82	85	91	88	438	▲ 87.60	2
11102309	吳志豪	88	85	85	91	88	437	▲ 87.40	3
11102322	高俊傑	91	84	72	74	95	416	═ 83.20	4
11102330	郝詩婷	81	85	70	75	90	401	═ 80.20	5
11102304	王雅雯	80	81	75	85	78	399	═ 79.80	6
11102308	蔣雅惠	78	74	90	74	78	394	═ 78.80	7
11102328	鄭冠宇	85	57	85	84	79	390	═ 78.00	8
11102310	蘇心怡	81	69	72	85	80	387	═ 77.40	9
11102320	朱怡伶	67	75	77	79	85	383	═ 76.60	10
11102317	徐佩君	67	58	77	91	90	383	═	
11102301	李怡君	72	70	68	81	90	381	═	
11102312	張佳蓉	85	87	68	65	72	377	═	
11102325	何鈺婷	95	72	67	64	70	368	═	
11102316	馬雅玲	84	75	48	83	77	367	═	
11102326	朱靜宜	72	68	70	88	68	366	═	
11102323	曹郁婷	69	80	64	68	80	361	═	
11102305	林家豪	61	77	78	73	70	359	═	
11102329	鍾佳玲	73	71	64	67	81	356	═	
11102302	陳雅婷	75	66	58	67	75	341	▼ 6	
11102324	周怡如	88	90	52	57	52	339	▼ 6	
11102314	魏靜怡	65	75	54	67	78	339	▼ 6	
11102306	廖怡婷	82	80	60	58	55	335	▼ 6	
11102319	林佳穎	86	55	65	68	60	334	▼ 6	
11102315	楊志偉	79	68	68	58	54	327	▼ 6	
11102321	劉婉婷	63	58	50	81	74	326	▼ 6	
11102307	吳宗翰	56	80	58	65	60	319	▼ 6	
11102327	莊彥廷	66	45	57	74	69	311	▼ 6	
11102318	宋俊宏	59	67	62	45	50	287	▼ 6	
11102313	鄭佩珊	73	50	55	51	50	279	▼ 55.80	30
各科平均		77	73	68	74	74			
最高分數		95	96	90	97	95			
最低分數		56	45	48	45	50			

全班總人數　30
全班及格人數　28
全班不及格人數

王小桃：
及格人數為個人平均大於等於60

COUNTIF 函數

AVERAGE 函數

姓名排序	學號	姓名	國文
王雅雯	11102325	何鈺婷	95
朱怡伶	11102311	陳建宏	94
朱靜宜	11102303	郭欣怡	92
何鈺婷	11102322	高俊傑	91
吳志豪	11102309	吳志豪	88
吳宗翰	11102324	周怡如	88
宋俊宏	11102319	林佳穎	86
李怡君	11102328	鄭冠宇	85
周怡如	11102312	張佳蓉	85
林佳穎	11102316	馬雅玲	84
林家豪	11102306	廖怡婷	82
徐佩君	11102330	郝詩婷	81
郝詩婷	11102310	蘇心怡	81
馬雅玲	11102304	王雅雯	80
高俊傑	11102315	楊志偉	79
張佳蓉	11102308	蔣雅惠	78
曹郁婷	11102302	陳雅婷	75
莊彥廷	11102329	鍾佳玲	73

王小桃：
此成績計算公式為：
=ROUND(AVERAGE(G2:G31),0)

SORT 函數

SORTBY 函數

ROUND 函數　　附註

MAX 函數　　MIN 函數

Example 02 學期成績統計表

2-1 用AVERAGE函數計算平均

使用AVERAGE函數可以快速地計算出指定範圍內的平均值。

說明	計算出指定範圍內的平均值
語法	AVERAGE(Number1, [Number2], ...)
引數	◆ Number1、Number2：為數值或是包含數值的名稱、陣列或參照位址，引數可以從1到255個。

01 點選I2儲存格，按下「**常用→編輯→ Σ ▾ 自動加總**」選單鈕，於選單中點選**平均值**。

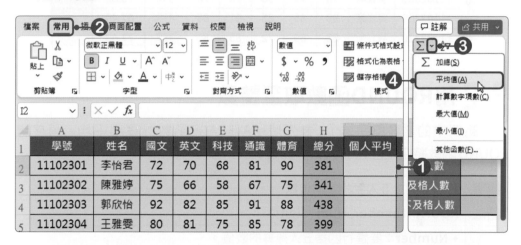

02 此時Excel會自動偵測，並框選出C2:H2範圍，但該範圍並不是正確的，所以要重新選取**C2:G2**範圍。

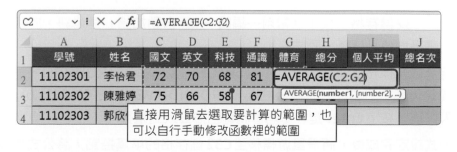

直接用滑鼠去選取要計算的範圍，也可以自行手動修改函數裡的範圍

小技巧：如果是用滑鼠重新選取範圍時，原範圍必須是在選取狀態，這樣當用滑鼠再重新選取不同範圍時，原先的範圍才會被取代掉。

03 第1位學生的平均計算好後，將滑鼠游標移至I2儲存格的填滿控點，將公式複製到其他同學的個人平均欄位。

	A	B	C	D	E	F	G	H	I	J
1	學號	姓名	國文	英文	科技	通識	體育	總分	個人平均	總名次
2	11102301	李怡君	72	70	68	81	90	381	76.20	
3	11102302	陳雅婷	75	66	58	67	75	341	68.20	
4	11102303	郭欣怡	92	82	85	91	88	438	87.60	
5	11102304	王雅雯	80	81	75	85	78	399	79.80	
6	11102305	林家豪	61	77	78	73	70	359	71.80	
7	11102306	廖怡婷	82	80	60	58	55	335	67.00	
8	11102307	吳宗翰	56	80	58	65	60	319	63.80	
9	11102308	蔣雅惠	78	74	90	74	78	394	78.80	
10	11102309	吳志豪	88	85	85	91	88	437	87.40	
11	11102310	蘇心怡	81	69	72	85	80	387	77.40	

2-2 用ROUND函數取至整數

　　範例中的「各科平均」，要先使用AVERAGE函數計算出平均，再使用ROUND函數將平均四捨五入到小數第0位，也就是整數。

說明	將數字四捨五入至指定的位數
語法	ROUND(Number, Num_digits)
引數	◆ **Number**：要進行四捨五入運算的數值。 ◆ **Num_digits**：四捨五入的位數。當為負值時，表示四捨五入到小數點前的指定位數；當為正數時，表示到小數點後的指定位數。

01 點選**C32**儲存格，按下「**常用→編輯→ Σ ▾ 自動加總**」選單鈕，於選單中點選**平均值**，計算出國文平均。

02 將滑鼠游標移至編輯列上，於**AVERAGE**函數前輸入「**ROUND(**」，再至公式最後輸入「**,0)**」，完整公式為「**=ROUND(AVERAGE(C2:C31),0)**」，輸入好後，按下**Enter**鍵，平均值就會四捨五入到整數。

03 公式設定完成後，將滑鼠游標移至**C32**儲存格的填滿控點，將公式複製到**D32:G32**儲存格中，即可算出各科平均。

Example 02 學期成績統計表

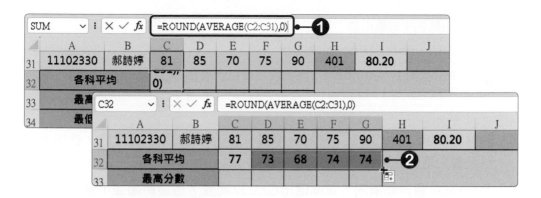

知識補充：ROUND、ROUNDUP、ROUNDDOWN

這三種數學函數，皆是**對數值進行進位(或捨去)至指定的位數**。函數的第2個引數，都是要指定運算到第幾位數。如果該引數是正值，就是小數點後第幾位；如果是負值，就是小數點前第幾位。例如：「=ROUND(358.13,-2)」表示將358.13四捨五入到小數點前第2位，也就是取至百位數，運算結果為400。下表為三個函數的說明。

說明 函數	(5663.8642,2) 至小數第2位	(5663.8642,1) 取至小數第1位	(5663.8642,0) 取至個位數	(5663.8642,-1) 取至十位數
ROUND (四捨五入)	5663.86	5663.9	5664	5660
ROUNDUP (無條件進位)	5663.87	5663.9	5664	5670
ROUNDDOWN (無條件捨去)	5663.86	5663.8	5663	5660

2-3 用MAX及MIN函數找出最大值與最小值

使用MAX函數可以找出數列中最大的值；而MIN函數則可以找出數列中最小的值。在此範例中，要使用這兩個函數，分別找出各科的最高分與最低分。

說明	找出數列中的最大值
語法	MAX(Number1,[Number2],...)
引數	◆ **Number1、Number2**：為數值或是包含數值的名稱、陣列或參照位址，引數可以從1到255個。

說明	找出數列中的最小值
語法	MIN(Number1,[Number2],...)
引數	◆ Number1、Number2：為數值或是包含數值的名稱、陣列或參照位址，引數可以從1到255個。

01 點選 **C33** 儲存格，按下「**常用→編輯→ Σ · 自動加總**」選單鈕，於選單中點選**最大值**。

02 此時 Excel 會自動偵測，並框選出 C2:C32 範圍，但這範圍並不是正確的，所以要將範圍修正為 **C2:C31**。範圍修改好後，按下 **Enter** 鍵，即可找出國文的最高分數。

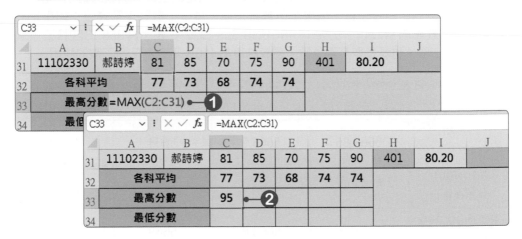

03 點選 **C34** 儲存格，按下「**常用→編輯→ Σ · 自動加總**」選單鈕，於選單中點選**最小值**。

04 此時 Excel 會自動偵測，並框選出 C2:C33 範圍，但這範圍並不是正確的，所以要將範圍修正為 **C2:C31**。範圍修改好後，按下 **Enter** 鍵，即可找出國文的最低分數。

C34	∨	:	× ✓ fx	=MIN(C2:C31)					
	A	B		MIN(number1, [number2], ...)		G	H	I	J
31	11102330	郝詩婷	81	85	70	75	90	401	80.20
32	各科平均		77	73	68	74	74		
33	最高分數		95						
34	最低分數		=MIN(C2:C31)						

Example 02 學期成績統計表

05 選取 **C33** 與 **C34** 儲存格，將滑鼠游標移至 **C34** 儲存格的填滿控點，並拖曳滑鼠，將公式複製到 **D33:G34** 儲存格中。

C33	✕ ✓ fx	=MAX(C2:C31)							
	A	B	C	D	E	F	G	H	I	J
32	各科平均		77	73	68	74	74			
33	最高分數		95							
34	最低分數		56							
35										

❶

C33	✕ ✓ fx	=MAX(C2:C31)							
	A	B	C	D	E	F	G	H	I	J
32	各科平均		77	73	68	74	74			
33	最高分數		95	96	90	97	95			
34	最低分數		56	45	48	45	50			
35										

❷

知識補充：**自動計算功能**

使用自動計算功能，可以在不建立公式或函數的情況下，快速得到運算結果。只要選取想要計算的儲存格範圍，即可在狀態列中得到計算的結果。

在預設下會顯示平均值、項目個數及加總，若在狀態列上按下**滑鼠右鍵**，還可以在選單中選擇想要出現於狀態列的資料。

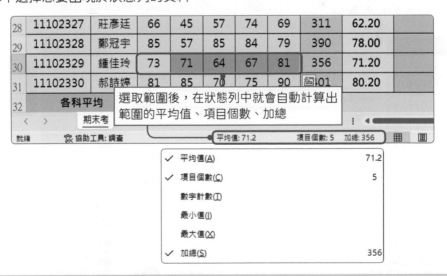

2-4 用RANK.EQ函數計算排名

使用RANK.EQ函數可以計算出某數字在數字清單中的等級。

說明	計算某數字在數字清單中的等級
語法	**RANK.EQ(Number,Ref,Order)**
引數	◆ **Number**：要排名的數值。 ◆ **Ref**：用來排名的參考範圍，是一個數值陣列或數值參照位址。 ◆ **Order**：指定的順序，若為0或省略不寫，則會從大到小排序Number的等級；若不是0，則會從小到大排序Number的等級。

01 點選**J2**儲存格，按下「**公式→函數庫→插入函數**」按鈕，開啟「插入函數」對話方塊。

02 於類別中選擇**統計**函數，選擇好後，再於選取函數中點選**RANK.EQ**函數，選擇好後，按下**確定**按鈕。

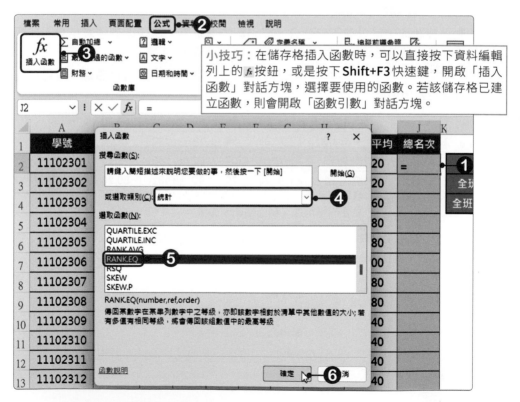

小技巧：在儲存格插入函數時，可以直接按下資料編輯列上的 *fx* 按鈕，或是按下**Shift+F3**快速鍵，開啟「插入函數」對話方塊，選擇要使用的函數。若該儲存格已建立函數，則會開啟「函數引數」對話方塊。

Example 02 學期成績統計表

03 按下**確定**按鈕後，會開啟「函數引數」對話方塊，在第1個引數(Number)中按下 ⬆️ **最小化對話方塊**按鈕。

04 在工作表中點選I2儲存格，點選好後再按下 🔳 **展開對話方塊**按鈕，回到「函數引數」對話方塊中(在設定儲存格位置時，也可以直接在引數欄位中按下**滑鼠左鍵**，再直接點選工作表中的儲存格，這樣就不需要使用 ⬆️ **最小化對話方塊**及 🔳 **展開對話方塊**按鈕了)。

05 回到「函數引數」對話方塊後，接著設定第2個引數(Ref)，該引數是用來排名的參考範圍，這裡請選擇I2:I31儲存格。

06 在此範例中，因為要比較的範圍不會變，所以要將I2:I31設定為絕對位址**$I$2:$I$31**，這樣在複製公式時，才不會有問題。要修改時可以直接於欄位中進行修改，修改好後，按下**確定**按鈕。

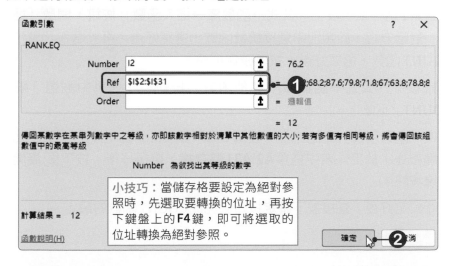

07 回到工作表後，該名學生的名次就計算出來了，接下來再將該公式複製到其他儲存格中即可。

	A	B	C	D	E	F	G	H	I	J
1	學號	姓名	國文	英文	科技	通識	體育	總分	個人平均	總名次
2	11102301	李怡君	72	70	68	81	90	381	76.20	12
3	11102302	陳雅婷	75	66	58	67	75	341	68.20	20
4	11102303	郭欣怡	92	82	85	91	88	438	87.60	2
5	11102304	王雅雯	80	81	75	85	78	399	79.80	6
6	11102305	林家豪	61	77	78	73	70	359	71.80	18
7	11102306	廖怡婷	82	80	60	58	55	335	67.00	23
8	11102307	吳宗翰	56	80	58	65	60	319	63.80	27
9	11102308	蔣雅惠	78	74	90	74	78	394	78.80	7

J2 =RANK.EQ(I2,$I$2:$I$31)

2-5 用COUNT函數計算總人數

使用COUNT函數可以在一個範圍內，計算包含數值資料的儲存格數目。

說明	在範圍內計算包含數值資料的儲存格數
語法	COUNT(Value1,Value2,...)
引數	◆ Value1、Value2：為數值範圍，可以是1個到255個，範圍中若含有或參照到各種不同類型資料時，是不會進行計數的。

01 點選 **M2** 儲存格，按下「**公式→函數庫→插入函數**」按鈕，開啟「插入函數」對話方塊，於類別中選擇**統計**函數，選擇好後，再於選取函數中點選 **COUNT**函數，選擇好後，按下**確定**按鈕。

02 或是按下「**公式→函數庫→其他函數**」按鈕，於選單中點選「**統計→COUNT**」函數。

03 開啟「函數引數」對話方塊，在第1個引數(Value1)中按下 🔼 **最小化對話方塊**按鈕，於工作表中選擇 **A2:A31** 儲存格，選擇好後，按下 🔲 **展開對話方塊**按鈕。

04 範圍設定好後，直接按下**確定**按鈕，完成 COUNT 函數的設定。

Example 02 學期成績統計表

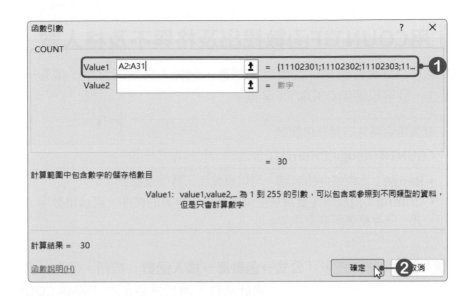

05 回到工作表後，全班總人數就計算出來了，共有30人。

	B	C	D	E	F	G	H	I	J	K	L	M
1	姓名	國文	英文	科技	通識	體育	總分	個人平均	總名次			
2	李怡君	72	70	68	81	90	381	76.20	12		全班總人數	30
3	陳雅婷	75	66	58	67	75	341	68.20	20		全班及格人數	
4	郭欣怡	92	82	85	91	88	438	87.60	2		全班不及格人數	
5	王雅雯	80	81	75	85	78	399	79.80	6			

M2 的公式為 `=COUNT(A2:A31)`

知識補充

COUNT函數只能計算數值資料的個數，**不能用來計算包含文字資料的儲存格個數**。在此範例中，使用「學號」欄位當作引數，因為學號欄位內的資料是數值；如果使用姓名欄位當引數的話，那麼得到的結果會是0，因為範圍內沒有數值資料。

知識補充：COUNTA

COUNTA函數可以**計算包含任何資料類型(文字、數值、符號)的資料個數**，但無法計算空白儲存格；若儲存格內包含邏輯值、文字或錯誤值，也會一併計算進去。

語法	COUNTA(Value1,Value2,...)
引數	◆ **Value1、Value2**：為數值、儲存格參照位址或範圍，可以是1個到255個。

2-6 用COUNTIF函數找出及格與不及格人數

如果只想計算符合條件的儲存格個數，例如：特定的文字、或是一段比較運算式，就可以使用COUNTIF函數。

說明	計算符合條件的儲存格個數
語法	COUNTIF(Range,Criteria)
引數	◆ **Range**：比較條件的範圍，可以是數字、陣列或參照。 ◆ **Criteria**：用以決定要將哪些儲存格列入計算的條件，可以是數字、表示式、儲存格參照或文字。

01 點選**M3**儲存格，按下「**公式→函數庫→插入函數**」按鈕，開啟「插入函數」對話方塊，於類別中選擇**統計**函數，再於選取函數中點選**COUNTIF**函數，選擇好後按下**確定**按鈕。

02 或是按下「**公式→函數庫→其他函數**」按鈕，於選單中點選「**統計→COUNTIF**」函數。

03 開啟「函數引數」對話方塊，將第1個引數 (Range) 設定為**I2:I31**儲存格；在第2個引數 (Criteria) 中輸入「**>=60**」條件，輸入好後，按下**確定**按鈕，完成COUNTIF函數的設定。

Example 02 學期成績統計表

04 回到工作表後，在I2:I31範圍內，平均大於等於60分都會被計算到及格人數中，結果及格人數共有28人。

	B	C	D	E	F	G	H	I	J	K	L	M
M3				fx	=COUNTIF(I2:I31,">=60")							
1	姓名	國文	英文		在COUNTIF函數中，輸入條件時，如果不是數值，Excel會自動在前後加上「"」雙引號			總名次			全班總人數	30
2	李怡君	72	70						12		全班及格人數	28
3	陳雅婷	75	66						20		全班不及格人數	
4	郭欣怡	92	82	85	91	88	438	87.60	2			
5	王雅雯	80	81	75	85	78	399	79.80	6			

05 及格人數統計好之後，將公式複製到**M4**儲存格，並修改儲存格範圍，再將條件修改為「**<60**」，即可計算出不及格人數。

	B	C	D	E	F	G	H	I	J	K	L	M
M4				fx	=COUNTIF(I2:I31,"<60")							
1	姓名	國文	英文	科技	通識	體育	總分	個人平均	總名次			
2	李怡君	72	70	68	81	90	381	76.20	12		全班總人數	30
3	陳雅婷	75	66	58	67	75	341	68.20	20		全班及格人數	28
4	郭欣怡	92	82	85	91	88	438	87.60	2		全班不及格人數	2
5	王雅雯	80	81	75	85	78	399	79.80	6			

2-7 條件式格式設定

　　Excel可以根據一些簡單的判斷，自動改變儲存格的格式，這功能稱作「**條件式格式設定**」，在範例中要使用該功能，將各科成績中不及格的分數突顯出來。

只格式化包含下列的儲存格

　　這裡要使用「只格式化包含下列的儲存格」功能，將各科不及格的分數用紅色來表示。

01 選取**C2:G31**儲存格，按下「**常用→樣式→條件式格式設定**」按鈕，於選單中點選**新增規則**，開啟「新增格式化規則」對話方塊。

條件式格式設定 ∨

🔲 醒目提示儲存格規則(H) ＞
🔟 前段/後段項目規則(T) ＞
📊 資料橫條(D) ＞
🔲 色階(S) ＞
🔲 圖示集(I) ＞
🔲 **新增規則(N)...**
📝 清除規則(C) ＞
🔲 管理規則(R)...

02 在「選取規則類型」中選擇**只格式化包含下列的儲存格**選項，接著在編輯
規則說明選項中，按下第1個欄位的選單鈕，選擇**儲存格值**；按下第2個
欄位的選單鈕，選擇**小於**；在第3個欄位中直接輸入「**60**」，條件都設定
好了以後，按下**格式**按鈕，開始進行格式的設定。

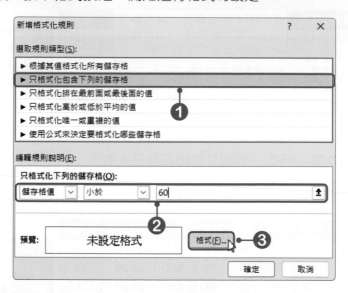

03 點選**字型**標籤，將字型格式設定為：粗體、紅色，設定好後，按下**確定**按
鈕。

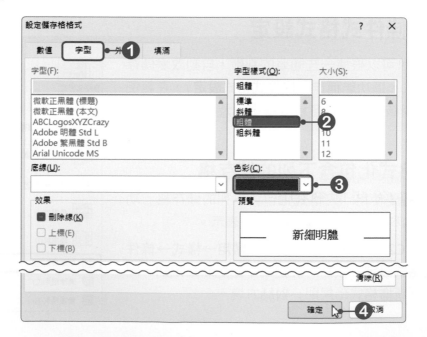

Example 02 學期成績統計表

04 回到「新增格式化規則」對話方塊後,再按下**確定**按鈕。

05 回到工作表後,被選取區域內的分數若小於60分,就會以紅色顯示。

	A	B	C	D	E	F	G	H	I	J
1	學號	姓名	國文	英文	科技	通識	體育	總分	個人平均	總名次
2	11102301	李怡君	72	70	68	8				12
3	11102302	陳雅婷	75	66	58	6				20
4	11102303	郭欣怡	92	82	85	9				2
5	11102304	王雅雯	80	81	75	85	78	399	79.80	6
6	11102305	林家豪	61	77	78	73	70	359	71.80	18
7	11102306	廖怡婷	82	80	60	58	55	335	67.00	23
8	11102307	吳宗翰	56	80	58	65	60	319	63.80	27
9	11102308	蔣雅惠	78	74	90	74	78	394	78.80	7
10	11102309	吳志豪	88	85	85	91	88	437	87.40	3
11	11102310	蘇心怡	81	69	72	85	80	387	77.40	9

被選取的儲存格中,若值小於60,就會被套上我們所設定的格式

前段/後段項目規則

使用規則時,除了自訂規則外,也可以直接使用預設好的規則,快速地套用到資料中。在範例中可以將總分的部分利用**高於平均**的規則,將儲存格套用不一樣的格式,也就是只要總分高於全班平均總分時,該儲存格就套用不同的格式。

01 選取 **H2:H31** 儲存格,按下「**常用→樣式→條件式格式設定→前段/後段項目規則**」按鈕,於選單中點選**高於平均**,開啟「高於平均」對話方塊。

02 這裡要將工作表中只要總分高於平均總分的儲存格,都套用不同的格式。按下選單鈕,選擇要使用的格式,選擇好後,按下**確定**按鈕,即可完成設定。

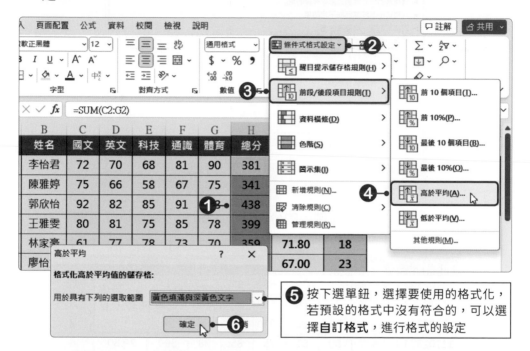

❺ 按下選單鈕,選擇要使用的格式化,若預設的格式中沒有符合的,可以選擇**自訂格式**,進行格式的設定

	A	B	C	D	E	F	G	H	I	J
1	學號	姓名	國文	英文	科技	通識	體育	總分	個人平均	總名次
2	11102301	李怡君	72	70	68	81	90	381	76.20	12
3	11102302	陳雅婷	75	66	58	67	75	341	68.20	20
4	11102303	郭欣怡	92	82	85	91	88	438	87.60	2
5	11102304	王雅雯	80	81	75	85	78	399	79.80	6
6	11102305	林家豪	61	77	78	73	70	359	71.80	18
7	11102306	廖怡婷	82	80	60	58	55	335	67.00	23
8	11102307	吳宗翰	56	80	58	65	60	319	63.80	27
9	11102308	蔣雅惠	78	74	90	74	78	394	78.80	7
10	11102309	吳志豪	88	85	85	91	88	437	87.40	3
11	11102310	蘇心怡	81	69	72	85	80	387	77.40	9
12	11102311	陳建宏	94	96	71	97	94	452	90.40	1

Example 02 學期成績統計表

用圖示集規則標示個人平均

圖示集中提供了許多不同的圖示，可以更清楚地表達儲存格內的資料，這裡要用圖示集來表達學生個人平均的優劣。

01 選取I2:I31儲存格，按下「**常用→樣式→條件式格式設定**」按鈕，於選單中點選**新增規則**，開啟「新增格式化規則」對話方塊。

02 於選取規則類型中選擇**根據其值格式化所有儲存格**，選擇好後，按下**格式樣式**選單鈕，選擇**圖示集**。

03 按下**圖示樣式**選單鈕，選擇要使用的圖示，選擇好後即可根據條件設定每個圖示的規則，設定好後，按下**確定**按鈕。

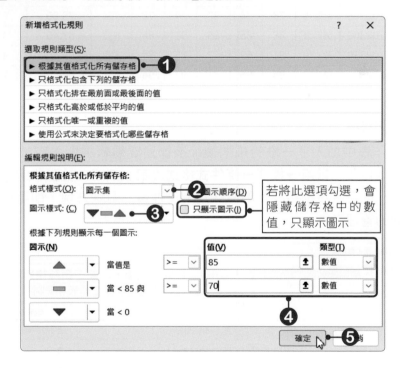

▦**知識補充：設定多種條件式格式**

Excel中的條件式格式設定，是可以同時使用的，可以在同一儲存格範圍中設定資料橫條、色階、圖示集等規則，設定時先設定完一種後，再設定另一種，即可讓二種格式化都呈現在儲存格中。

04 回到工作表後，個人平均就會根據條件套上不同的圖示，利用該圖示即可馬上判斷出每位學生的成績好壞。

	A	B	C	D	E	F	G	H	I	J
1	學號	姓名	國文	英文	科技	通識	體育	總分	個人平均	總名次
2	11102301	李怡君	72	70	68	81	90	381	▬ 76.20	12
3	11102302	陳雅婷	75	66	58	67	75	341	▼ 68.20	20
4	11102303	郭欣怡	92	82	85	91	88	438	▲ 87.60	2
5	11102304	王雅雯	80	81	75	85	78	399	▬ 79.80	6
6	11102305	林家豪	61	77	78	73	70	359	▬ 71.80	18
7	11102306	廖怡婷	82	80	60	58	55	335	▼ 67.00	23
8	11102307	吳宗翰	56	80	58	65	60	319	▼ 63.80	27
9	11102308	蔣雅惠	78	74	90	74	78	394	▬ 78.80	7
10	11102309	吳志豪	88	85	85	91	88	437	▲ 87.40	3
11	11102310	蘇心怡	81	69	72	85	80	387	▬ 77.40	9
12	11102311	陳建宏	94	96	71	97	94	452	▲ 90.40	1

管理規則

在工作表中加入了一堆的規則後，不管是要編輯規則內容或是刪除規則，都可以按下「**常用→樣式→條件式格式設定**」按鈕，於選單中點選**管理規則**選項，開啟「設定格式化的條件規則管理員」對話方塊，即可在此進行各種規則的管理工作。

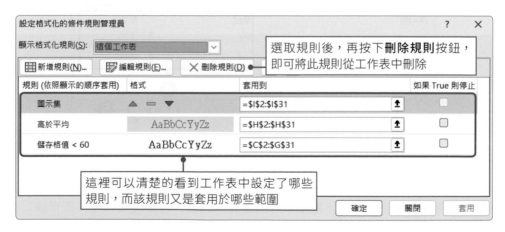

若要直接清除所有設定好的規則時，按下「**常用→樣式→條件式格式設定**」按鈕，於選單中點選**清除規則**選項，即可選擇清除方式。

Example 02 學期成績統計表

2-8 資料排序

　　當資料量很多時，為了搜尋方便，通常會將資料按照順序重新排列，這個動作稱為**排序**。同一「列」的資料為一筆「記錄」，排序時會以「欄」為依據，調整每一筆記錄的順序。在 Excel 中可以直接使用排序功能進行資料的排序，也可以使用函數來進行。

多重欄位排序

　　當資料進行排序時，有時會遇到相同數值的多筆資料，此時可以再設定一個依據，對下層資料進行排序。在範例中要使用排序功能將個人平均「**遞減排序**」，遇到個人平均相同時，就再根據國文、英文、科技成績做遞減排序。

01 選取**A1:J31**儲存格，按下「**資料→排序與篩選→排序**」按鈕，開啟「排序」對話方塊。

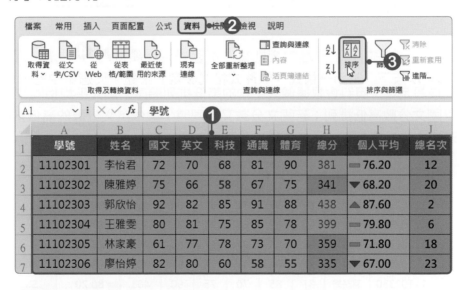

知識補充

此範例因為在 L、M 欄與第 32、33 列中還有不能被移動的資料，所以要進行排序前，必須先選取要排序的資料，再進行排序的設定。若資料中只有單純的資料，就可以不用先進行選取的動作，只要將滑鼠游標移至任一儲存格內，即可進行排序設定。

02 設定第一個排序方式，於「排序方式」中選擇**個人平均**欄位；再於「順序」中選擇**最大到最小**。

03 設定好後，按下**新增層級**，進行次要排序方式設定。將國文、英文、科技的排序順序設定為**最大到最小**，設定好後，按下**確定**按鈕。

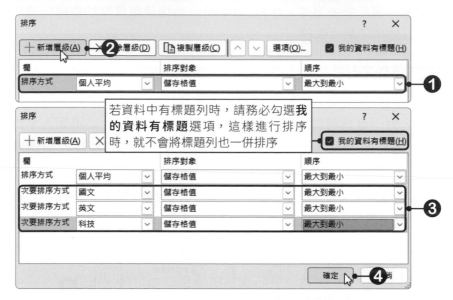

04 完成設定後，資料會根據個人平均的高低排列順序。個人平均相同時，會以國文分數高低排列；若國文分數又相同時，會依英文分數的高低排列；若英文分數又相同時，會依科技分數的高低排列。

	A	B	C	D	E	F	G	H	I	J
1	學號	姓名	國文	英文	科技	通識	體育	總分	個人平均	總名次
2	11102311	陳建宏	94	96	71	97	94	452	▲ 90.40	1
3	11102303	郭欣怡	92	82	85	91	88	438	▲ 87.60	2
4	11102309	吳志豪	88	85	85	91	88	437	▲ 87.40	3
5	11102322	高俊傑	91	84	72	74	95	416	▬ 83.20	4
6	11102330	郝詩婷	81	85	70	75	90	401	▬ 80.20	5
7	11102304	王雅雯	80	81	75	85	78	399	▬ 79.80	6
8	11102308	蔣雅惠	78	74	90	74	78	394	▬ 78.80	7
9	11102328	鄭冠宇	85	57	85	84	79	390	▬ 78.00	8
10	11102310	蘇心怡	81	69	72	85	80	387	▬ 77.40	9
11	11102320	朱怡伶	67	75	77	79	85	383	▬ 76.60	10
12	11102317	徐佩君	67	58	77	91	90	383	▬ 76.60	10
13	11102301	李怡君	72	70	68	81	90	381	▬ 76.20	12

Example 02 學期成績統計表

排序的時候，先決定好要以哪一欄作為排序依據，點選該欄中任何一個儲存格，再按下「**常用→編輯→排序與篩選**」按鈕，即可選擇排序的方式。也可以按下「**資料→排序與篩選**」群組中的「²」、「ᷳ」按鈕，進行排序。

◷使用SORT函數將姓名欄位依筆劃遞增排序

SORT函數是動態陣列函數，可以排序範圍或陣列的內容，並傳回一個溢出的陣列，當按下 **Enter** 鍵時，Excel就會自動建立陣列範圍。

說明	排序範圍或陣列的內容，Excel 2021新增的函數
語法	SORT(Array,[Sort_index],[Sort_order],[By_col])
引數	◆ **Array**：要排序的範圍或陣列。 ◆ **Sort_index**：要排序之欄或列。 ◆ **Sort_order**：要排序的順序，1表示遞增排序(預設)；-1表示遞減排序。 ◆ **By_col**：要排序的方向，false表示依列排序(預設)；true表示依欄排序。

這裡要使用SORT函數將姓名欄位依筆劃遞增排序，並將排序結果放置於其他欄位中，這樣就不會動到原本的內容。

01 點選 **O2** 儲存格，按下「**公式→函數庫→查閱與參照**」按鈕，於選單中點選 **SORT** 函數。

02 開啟「函數引數」對話方塊，將第1個引數(Array)的範圍設定為 **B2:B31** 儲存格，設定好後，按下**確定**按鈕。

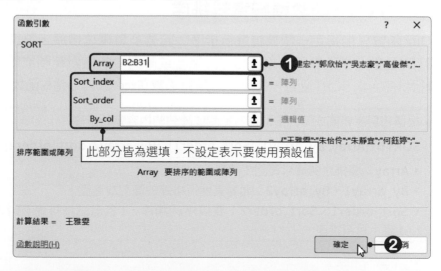

03 回到工作表後，公式就會自動溢出到 O2 儲存格，而溢出的結果是無法進行編輯的，只能修改 O2 儲存格中的公式，若要刪除自動產生的資料，只要將 O2 儲存格中的公式刪除即可。

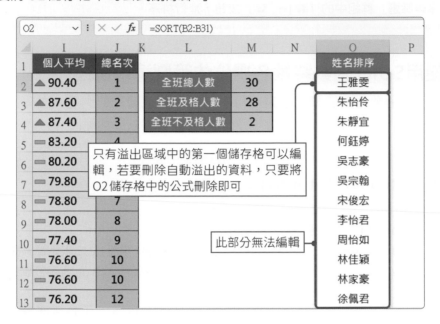

知識補充

SORT 函數只能指定一個欄位排序，英文的排序是依字母順序，且不分大小寫；中文字的排序是依筆劃多少的順序。

使用SORTBY函數進行資料排序

　　SORT 函數只能指定一個欄位進行排序，若要多重欄位排序，那就要使用 SORTBY 函數，該函數可以根據相對應範圍或陣列中的值對範圍或陣列的內容進行排序，與 SORT 函數一樣是動態陣列函數 (Excel 2021 新增的函數)。

說明	根據相對應範圍或陣列中的值對範圍或陣列的內容進行排序
語法	SORTBY(Array, By_array1, [Sort_order1], [By_array2, Sort_order2],…)
引數	◆ **Array**：要排序的資料範圍或陣列。 ◆ **By_array1、By_array2**：要對其進行排序的陣列或範圍。 ◆ **Sort_order1、Sort_order2**：要排序的順序，1表示遞增排序 (預設)；-1表示遞減排序。

Example 02 學期成績統計表

　　這裡要使用SORTBY函數將學號、姓名及國文等三個欄位提出,並依國文欄位的分數進行遞減排序。

01 點選 **Q2** 儲存格,按下「**公式→函數庫→查閱與參照**」按鈕,於選單中點選 **SORTBY**函數。

02 開啟「函數引數」對話方塊,將第1個引數(Array)的範圍設定為**A2:C31**儲存格;第2個引數(By_array1)的範圍設定為 **C2:C31**儲存格;第3個引數(Sort_order1)設定為「**-1**」,設定好後,按下**確定**按鈕。

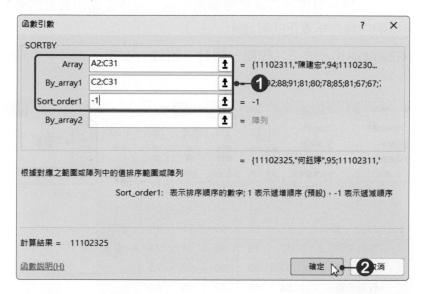

03 回到工作表後,就會自動溢出排序結果,而當原始資料有變化時,該範圍內的資料也會自動更新。

2-9 附註的使用

「附註」不是儲存格的內容,它只是儲存格的輔助說明,只有當游標移到儲存格上時,附註才會出現。

新增附註

附註可以幫助使用者了解儲存格的實質內容,尤其是用公式產生的資料,由於公式只是一堆運算符號和參照的組合,並不能看出實質的意義,透過附註可以明白儲存格真正的意涵。

01 點選 **G32** 儲存格,按下「**校閱→附註→附註**」按鈕,於選單中點選**新增附註**。

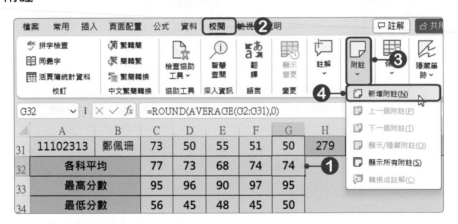

02 新增後,即可在黃色區域中輸入附註的內容。輸入完後,在工作表上任一位置按下**滑鼠左鍵**,即可完成附註的建立。

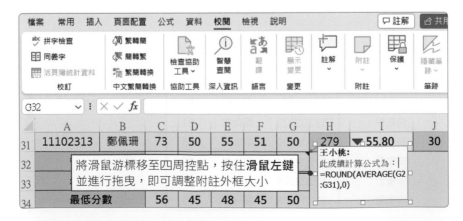

Example 02 學期成績統計表

03 使用相同方式即可再加入其他的附註。

04 含有附註的儲存格，右上角會有個紅色的小三角形，將滑鼠游標移至該儲存格上，就會自動顯示剛剛所建立的附註。

05 若要修改附註內容時，按下「**校閱→附註→附註**」按鈕，於選單中點選**編輯附註**，即可修改附註內容；也可以在含有附註的儲存格上按下**滑鼠右鍵**，點選**編輯附註**，即可修改附註的內容；點選**刪除附註**，可以清除附註。

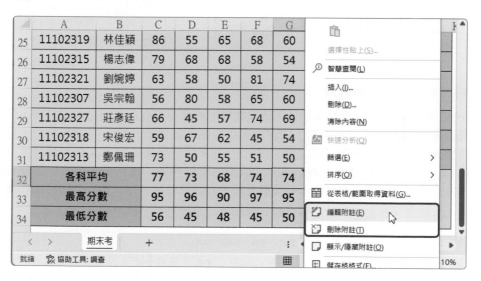

> **小技巧：**在儲存格中直接按下 **Shift+F2** 快速鍵，可以快速新增附註；若該儲存格已有附註時，按下 **Shift+F2** 快速鍵，則可編輯該附註內的文字。

顯示所有附註

要看儲存格上的附註內容時，只要將滑鼠游標移至儲存格，便會顯示該儲存格的附註內容，而若要直接將附註顯示於工作表中的話，可以按下「**校閱→附註→附註**」按鈕，於選單中點選**顯示所有附註**，即可將工作表中的所有附註顯示出來；要隱藏所有附註時，再按下「**校閱→附註→附註**」按鈕，於選單中點選**顯示所有附註**即可。

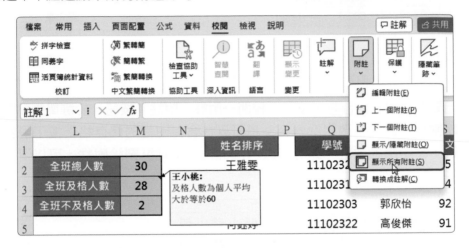

知識補充：附註與註解

Excel 2021 提供了附註與註解功能，這兩種功能都是可以在儲存格中新增文字，但附註是用來註釋或撰寫說明用的，它會以黃色自黏便箋的形式顯示在儲存格旁，且可以調整大小及位置，但是沒有回覆功能；而註解則是用來與其他人針對資料進行討論用的，它會以白色背景的對話串方式顯示在資料旁邊的窗格中，且可以回覆和編輯，但是無法調整大小和位置，若要與其他人討論此份文件時，可以使用註解功能。

要使用註解時，可以在「**校閱→註解**」群組中，選擇要執行的動作。

Example 02 學期成績統計表

自我評量

● 選擇題

( ) 1. 要計算出某個範圍的平均時,下列哪個函數最適合? (A) MODE　(B) MAX
(C) MIN　(D) AVERAGE。

( ) 2. 下列何項函數會將數字四捨五入至指定的位數? (A) SUM　(B) AVERAGE
(C) MIN　(D) ROUND。

( ) 3. 儲存格A1、A2、A3、A4、A5中的數值分別為5、6、7、8、9,若在A6
儲存格中輸入公式「=SUM(A$2:A$4,MAX($A$1:$A$5))」,則下列何者為
A6儲存格呈現的結果? (A) 23　(B) 28　(C) 30　(D) #VALUE!。

( ) 4. 要取出某個範圍的最大值時,下列哪個函數最適合? (A) MODE　(B) MAX
(C) MIN　(D) AVERAGE。

( ) 5. 若要幫某個範圍的數值排名次時,可以使用下列哪個函數? (A) RANK.
EQ　(B) QUARTILE　(C) FREQUENCY　(D) RAND。

( ) 6. 要計算含數值資料的儲存格個數時,可以使用下列哪個函數? (A) ISTEXT
(B) OR　(C) MID　(D) COUNT。

( ) 7. 下列哪個函數是計算某範圍內符合條件的儲存格數量? (A) COUNTIF
(B) MAX　(C) AVERAGE　(D) SUM。

( ) 8. 下列哪個功能,可以讓Excel根據條件去判斷,自動改變儲存格的格
式? (A)自動格式　(B)樣式　(C)條件式格式設定　(D)格式。

( ) 9. 下列關於「排序」的敘述何者不正確? (A)排序時會以「欄」為依據
(B)設定排序層級時,最多只能設二層　(C) 按下「⇅」按鈕,可以將資
料從大到小排序　(D) 按下「⇵」按鈕,可以將資料從小到大排序。

( ) 10.若想編輯儲存格中已插入的附註內容,應如何操作? (A)點選「檢視
→附註」　(B) 按右鍵,點選「編輯附註」　(C) 點選「編輯→清除→附
註」選項　(D) 直接在該儲存格中輸入要修改的內容。

● 實作題

1. 開啟「血壓紀錄表.xlsx」檔案，進行以下設定。

⊙ 將收縮壓欄位進行條件式格式設定：當數值>139時，儲存格填滿紅色、文字為深紅色。指定圖示集中的三箭號(彩色)格式，當>=140時，為上升箭號、>=120且<140時，為平行箭號、其他為下降箭號。

⊙ 將舒張壓欄位套用「資料橫條→藍色資料橫條」的條件式格式。

⊙ 將心跳欄位套用「色階→黃-紅色階」的條件式格式。

	A	B	C	D	E
1	日期	時間	收縮壓	舒張壓	心跳
2	12月1日	上午	⇨ 129	79	72
3	12月1日	下午	⇨ 133	80	75
4	12月2日	上午	⇧ 142	90	70
5	12月2日	下午	⇧ 141	84	68
6	12月3日	上午	⇨ 137	84	70
7	12月3日	下午	⇨ 139	83	72
8	12月4日	上午	⇧ 140	85	78
9	12月4日	下午	⇨ 138	85	69
10	12月5日	上午	⇨ 135	79	75
11	12月5日	下午	⇨ 136	81	72

2. 開啟「體操選手成績評分.xlsx」檔案，進行以下設定。

⊙ 算出每位選手的總得分(必須排除最高分與最低分)，然後訂定他們的名次，再以名次進行排序。

⊙ 計算出分數高於9分與低於8分的數量。

	A	B	C	D	E	F	G	H	I	J
1		裁判								
2	選手	日本籍	俄羅斯籍	美國籍	韓國籍	德國籍	法國籍	波蘭籍	總得分	名次
3	立陶宛選手	9.1	9.1	9.2	9	8.9	9.1	9.3	45.5	1
4	斯洛伐克選手	9	9.1	8.9	9.2	9	9.1	9.3	45.4	2
5	南斯拉夫選手	8.9	9.2	8.9	8.8	9.1	8.9	9.1	44.9	3
6	俄羅斯選手	8.8	8.9	8.7	8.9	9	8.9	8.8	44.3	4
7	日本選手	8.8	8.8	8.6	8.5	8.9	9	8.9	44	5
8	韓國選手	8.6	8.9	8.8	9	8.6	8.7	8.9	43.9	6
9	奧地利選手	8.6	8.9	8.8	8.7	8.5	8.8	8.6	43.5	7
10	芬蘭選手	8.8	8.9	8.6	8.7	8.6	8.7	8.6	43.4	8
11	波蘭選手	8.7	8.6	8.6	8.5	8.5	8.7	8.8	43.1	9
12	美國選手	8.6	8.6	8.9	8.7	8.5	8.5	8.6	43	10
13	加拿大選手	8.3	8.4	8.7	8.5	8.3	8.2	8.4	41.9	11
14	西班牙選手	8.3	8.1	8.3	8.5	8.4	8.5	7.9	41.6	12
15	分數高於9分的數量為：	18								
16	分數低於8分的數量為：	1								

Example 03

產品銷售報表

◑ 範例檔案

Example03→產品銷售報表 .txt

◑ 結果檔案

Example03→產品銷售報表 .xlsx

Example03→產品銷售報表 .pdf

在 Excel 中，除了直接在活頁簿的工作表輸入文字外，還可以利用「取得及轉換資料」功能，匯入各種不同格式的資料，然後在 Excel 中繼續進行編輯的工作，在此範例中，要先匯入文字檔，再將報表製作成表格，最後經過版面及列印的設定，變成一份正式的報表。

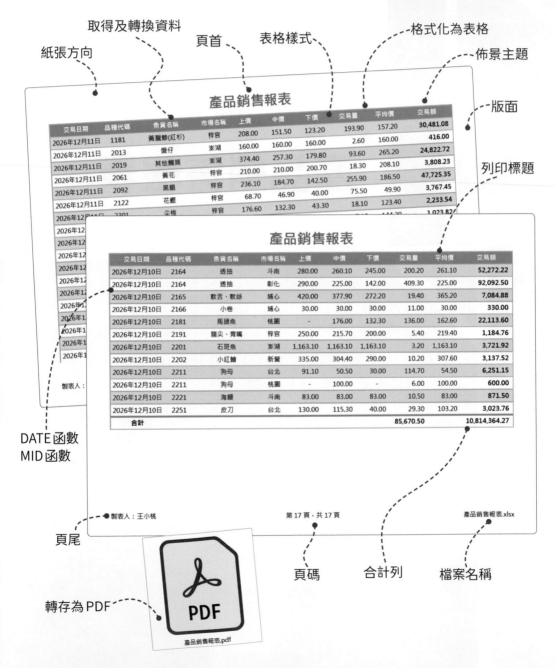

紙張方向　取得及轉換資料　頁首　表格樣式　格式化為表格　佈景主題

版面

列印標題

DATE函數
MID函數

頁尾

轉存為 PDF

頁碼　合計列　檔案名稱

產品銷售報表

交易日期	品種代碼	魚貨名稱	市場名稱	上價	中價	下價	交易量	平均價	交易額
				208.00	151.50	123.20	193.90	157.20	30,481.08
2026年12月11日	1181	黃鯔鰺(紅杉)	梓官	160.00	160.00	160.00	2.60	160.00	416.00
2026年12月11日	2013	盤仔	澎湖	374.40	257.30	179.80	93.60	265.20	24,822.72
2026年12月11日	2019	其他鯛類	澎湖	210.00	210.00	200.70	18.30	208.10	3,808.23
2026年12月11日	2061	黃花	梓官	236.10	184.70	142.50	255.90	186.50	47,725.35
2026年12月11日	2092	黑鯧	梓官	68.70	46.90	40.00	75.50	49.90	3,767.45
2026年12月11日	2122	花鯷	梓官	176.60	132.30	43.30	18.10	123.40	2,233.54
2026年12月11日	2201	尖梭	梓官					144.20	1,023.82

製表人：

產品銷售報表

交易日期	品種代碼	魚貨名稱	市場名稱	上價	中價	下價	交易量	平均價	交易額
2026年12月10日	2164	透抽	斗南	280.00	260.10	245.00	200.20	261.10	52,272.22
2026年12月10日	2164	透抽	彰化	290.00	225.00	142.00	409.30	225.00	92,092.50
2026年12月10日	2165	歎舌、歎絲	埔心	420.00	377.90	272.20	19.40	365.20	7,084.88
2026年12月10日	2166	小卷	埔心	30.00	30.00	30.00	11.00	30.00	330.00
2026年12月10日	2181	馬頭魚	桃園	-	176.00	132.30	136.00	162.60	22,113.60
2026年12月10日	2191	龍尖、青嘴	梓官	250.00	215.70	200.00	5.40	219.40	1,184.76
2026年12月10日	2201	石斑魚	澎湖	1,163.10	1,163.10	1,163.10	3.20	1,163.10	3,721.92
2026年12月10日	2202	小紅鱠	新營	335.00	304.40	290.00	10.20	307.60	3,137.52
2026年12月10日	2211	狗母	台北	91.10	50.50	30.00	114.70	54.50	6,251.15
2026年12月10日	2211	狗母	桃園	-	100.00	-	6.00	100.00	600.00
2026年12月10日	2221	海鱺	斗南	83.00	83.00	83.00	10.50	83.00	871.50
2026年12月10日	2251	皮刀	台北	130.00	115.30	40.00	29.30	103.20	3,023.76
合計							85,670.50		10,814,364.27

製表人：王小桃　第 17 頁，共 17 頁　產品銷售報表.xlsx

產品銷售報表.pdf

Example 03 產品銷售報表

3-1 取得及轉換資料

在 Excel 中除了直接在工作表輸入文字外，也可以利用「**取得及轉換資料**」功能，匯入**文字檔、CSV 檔、資料庫檔、網頁格式**等檔案。

📊 匯入文字檔

Excel 可以將純文字檔的內容，直接匯入 Excel，製作成工作表。所謂的純文字檔，指的是副檔名為「***.txt**」的檔案。要將純文字檔匯入 Excel 時，文字檔中不同欄位的資料之間必須要有分隔符號，可以是**逗點、定位點、空白**等，這樣 Excel 才能夠準確的區分出各欄位的位置。

在此範例中，要匯入「**產品銷售報表 .txt**」檔案，該文字檔中不同欄位已使用**定位點 (Tab)** 作為分隔。

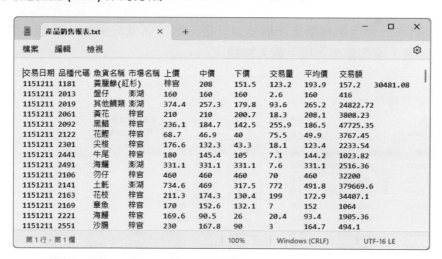

01 開啟 Excel 操作視窗，建立一個空白活頁簿，按下「**資料→取得及轉換資料→從文字 /CSV**」按鈕，開啟「**匯入資料**」對話方塊。

02 選擇要匯入資料的檔案，選擇好後按下**匯入**按鈕。

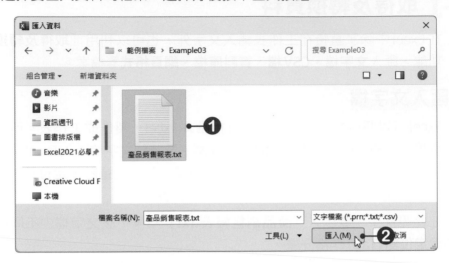

03 此時Excel會自動判斷文字檔是以什麼分隔符號做分隔的，並顯示匯入後的結果，沒問題後，按下**載入**按鈕。

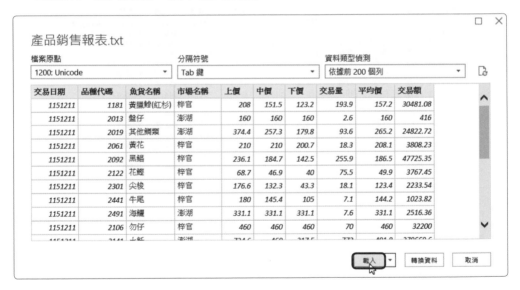

04 資料匯入後，會將資料格式化為表格，並套用表格樣式，還會加上自動篩選功能，並顯示「**表格設計**」及「**查詢**」索引標籤，讓我們進行相關的設定；而在視窗的右邊會開啟「查詢與連線」窗格。

Example 03 產品銷售報表

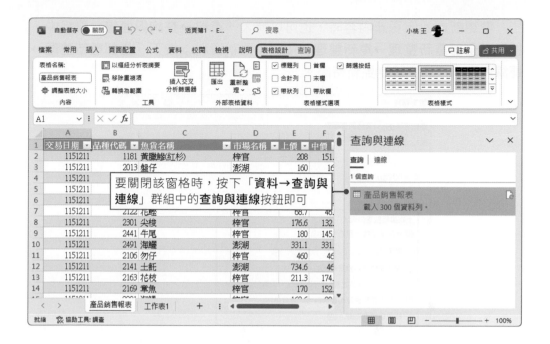

要關閉該窗格時,按下「**資料→查詢與連線**」群組中的**查詢與連線**按鈕即可

📊 資料更新

使用「取得及轉換資料」功能時,資料會與原來的資料有連結關係。也就是說,當原有的文字檔案內容變更時,只要按下「**表格設計→外部表格資料→重新整理→重新整理**」按鈕,即可更新資料。

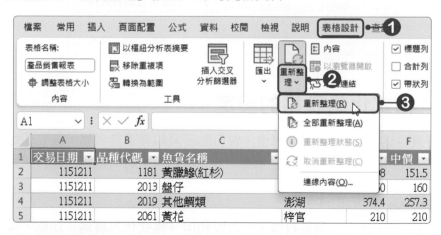

按下「**表格設計→外部表格資料→重新整理→連線內容**」按鈕,開啟「查詢屬性」對話方塊,可以設定更新時間。

　　要更新或設定更新內容時，也可以進入「**資料→查詢與連線**」群組中，按下「**全部重新整理→重新整理**」按鈕，更新資料；按下「**全部重新整理→連線內容**」按鈕，設定更新時間。

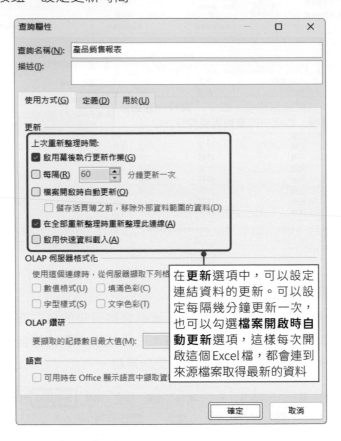

在**更新**選項中，可以設定連結資料的更新。可以設定每隔幾分鐘更新一次，也可以勾選**檔案開啟時自動更新**選項，這樣每次開啟這個 Excel 檔，都會連到來源檔案取得最新的資料

3-2 格式化為表格的設定

　　將資料從外部匯入到 Excel 後，會自動將資料轉換為表格，並立即套用表格樣式，此時，只要再進行一些相關的設定，即可將資料以另一種方式呈現。

表格及範圍的轉換

　　在 Excel 中建立各項資料後，也可以利用「**格式化為表格**」功能，快速地格式化儲存格範圍，並將它轉換為表格。只要點選工作表中的任一儲存格，按下「**常用→樣式→格式化為表格**」按鈕，於選單中選擇一個要套用的表格樣式，即可將範圍轉換為表格。

Example 03 產品銷售報表

轉換時，Excel 會要你選擇表格的資料來源，而 Excel 也會自動判斷表格的資料範圍，若範圍沒問題，直接按下**確定**按鈕即可。

資料轉換為表格後，可以幫助我們快速地套用表格樣式，減少表格的設計時間。但表格的使用，有時又會覺得不太方便，關於這點，別太擔心，因為你可以隨時將表格再轉換為一般的資料。

選取表格範圍中的任一儲存格，再按下「**表格設計→工具→轉換為範圍**」按鈕，即可進行轉換的動作。當表格轉換為一般資料時，「自動篩選」功能會跟著被取消，但工作表的格式，則會保留先前所套用的表格樣式。

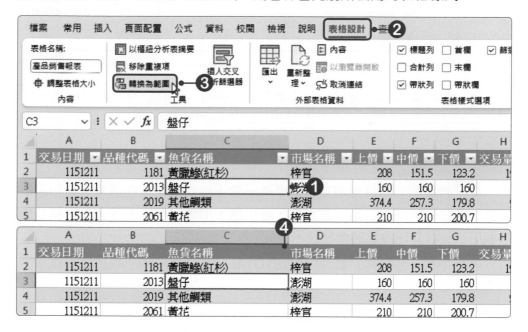

表格樣式設定

當資料範圍被設定為表格後，可以在「**表格設計→表格樣式**」群組中更換表格的樣式；在「**表格設計→表格樣式選項**」群組中，則可以設定表格要呈現的選項。

01 將「**表格設計→表格樣式選項**」群組中的**合計列**、**末欄**選項勾選，再將**篩選按鈕**的勾選取消。

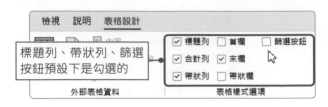

標題列、帶狀列、篩選按鈕預設下是勾選的

02 表格就會改變末欄的儲存格樣式，在最後加入合計列，並將標題列的篩選按鈕移除。

	交易日期	品種代碼	魚貨名稱	市場名稱	上價	中價	下價	交易量	平均價	交易額
294	1151210	2181	馬頭魚	桃園	0	176	132.3	136	162.6	22113.6
295					250	215.7	200	5.4	219.4	1184.76
296					1163.1	1163.1	1163.1	3.2	1163.1	3721.92
297					335	304.4	290	10.2	307.6	3137.52
298	1151210	2211	狗母	台北	91.1	50.5	30	114.7	54.5	6251.15
299	1151210	2211	狗母	桃園		0	6	100		600
300	1151210	2221	海鰻	斗南	65	65	83	10.5	83	871.5
301	1151210	2251	虎刀	台北	130	153	40	29.3	103.2	3023.76
302	合計									10814364
303										

J302 =SUBTOTAL(109,[交易額])

末欄

當資料列捲動到無法看到標題列時，欄名稱就會自動變更為標題列中的名稱

合計列

> **小技巧**：當工作表中的資料量龐大時，若要直接跳至最後一筆資料，可以按下 **Ctrl+End** 快速鍵；若要跳回第一筆資料，則可以按下 **Ctrl+Home** 快速鍵。

設定合計列的計算方式

在「合計列」的每個儲存格都會有一個下拉式清單，在清單中是預設的函數，像是平均值、計數、最大值、最小值、加總、標準差等，利用這些函數即可快速計算出你要的合計數。

表格中的「合計列」是使用 **SUBTOTAL** 函數來製作的，該函數可以求得 11 種的小計數值。

語法	SUBTOTAL(Function_num,Ref1,[Ref2],...)
說明	◆ **Function_num(小計方法)**：數字1到11(包含隱藏的值)或101到111(忽略隱藏的值)，用以指定要用來計算清單中的小計，對應各數值小計方法，如下表所示。 ◆ **Ref1(範圍1)**：取得小計值的第1個範圍或參照。 ◆ **Ref2(範圍2)**：取得小計值的第2個範圍或參照。

Example 03 產品銷售報表

數值1 (包含隱藏的值)	數值2 (忽略隱藏的值)	函數	函數說明
1	101	AVERAGE	平均值
2	102	COUNT	數值之個數
3	103	COUNTA	空白以外的資料個數
4	104	MAX	最大值
5	105	MIN	最小值
6	106	PRODUCT	乘積
7	107	STDEVA	根據樣本，傳回標準差估計值
8	108	STDEVPA	根據整個母體，傳回該母體的標準差
9	109	SUM	加總
10	110	VARA	根據抽樣樣本，傳回變異數估計值
11	111	VARPA	根據整個母體，傳回變異數

01 點選 **H302** 儲存格，再按下合計列選單鈕，於選單中點選**加總**。

02 選擇好後便會將交易量加總起來。

市場名稱	上價	中價	下價	交易量	平均價	交易額
桃園	0	176	132.3	136	162.6	22113.6
梓官	250	215.7	200	5.4	219.4	1184.76
澎湖	1163.1	1163.1	1163.1	3.2	1163.1	3721.92
新營	335	304.4	290	10.2	307.6	3137.52
台北	91.1	50.5	30	114.7	54.5	6251.15
桃園	0	100	0	6	100	600
斗南	83	83	83	10.5	83	871.5
台北	130	115.3	40	29.3	103.2	3023.76
						10814364

①

點選**無**，表示該儲存格不進行任何計算

無
平均值
計數
計算數字項數
最大
最小
加總 ②
標準差
變異數
其他函數...

交易量	平均價	交易額
136	162.6	22113.6
5.4	219.4	1184.76
3.2	1163.1	3721.92
10.2	307.6	3137.52
114.7	54.5	6251.15
6	100	600
10.5	83	871.5
29.3	103.2	3023.76
85670.5 ③		10814364

3-3 用DATE及MID函數將數值轉換為日期

在匯入的資料中，交易日期的資料因為是一連串的數字，所以 Excel 自動將該資料轉換為數值格式，因此這裡要使用 DATE 及 MID 函數，將數值轉換為日期格式。

認識DATE及MID函數

DATE 函數可以將數值資料轉變成日期資料。

說明	將數值資料轉變成日期資料
語法	DATE(Year,Month,Day)
引數	◆ **Year**：代表年份的數字，可以包含 1 到 4 位數。 ◆ **Month**：代表全年 1 月至 12 月的數字，如果該引數大於 12，則會將該月數加到指定年份的第 1 個月份上；若引數小於 1，則會從指定年份的第 1 個月減去該月數加 1。 ◆ **Day**：代表整個月 1 到 31 日的數字，如果該引數大於指定月份的天數，則會將天數加到該月份的第 1 天；若引數小於 1，則會從指定月份第 1 天減去該天數加 1。

MID 函數可以擷取從指定位置數過來的幾個字。

說明	擷取從指定位置數過來的幾個字
語法	MID(Text, Start_num, Num_chars)
引數	◆ **Text**：要擷取的文字串。 ◆ **Start_num**：指定從第幾個字元開始抽選。 ◆ **Num_chars**：指定要抽選的字元數目，也就是要抽出幾個字。

將數值資料轉換為日期格式

認識了 DATE 函數及 MID 函數後，即可利用這兩個函數將交易日期內的資料轉換為日期格式。

01 點選 B 欄中的任一儲存格，按下「**常用→儲存格→插入**」按鈕，於選單中點選**插入工作表欄**，在 B 欄的左方就會插入 1 欄。或直接在欄號上按下**滑鼠右鍵**，於選單中點選**插入**，即可在左方插入 1 欄。

Example 03 產品銷售報表

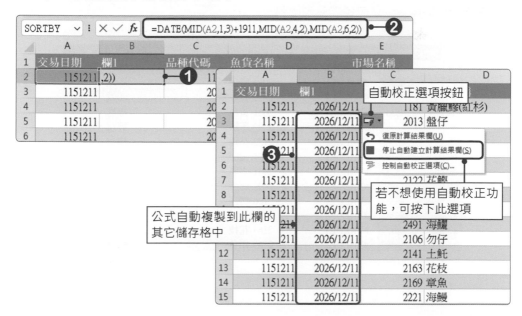

02 欄位插入後，於 B2 儲存格輸入「**=DATE(MID(A2,1,3)+1911,MID(A2,4,2), MID(A2,6,2))**」公式，輸入好後，按下 **Enter** 鍵。

MID(A2,1,3)：從 A2 儲存格中取出 1~3 碼做為日期的年，但日期要以西元年表示，所以要再加上「1911」。

MID(A2,4,2)：從 A2 儲存格中取出 4~5 碼做為日期的月。

MID(A2,6,2)：從 A2 儲存格中取出 6~7 碼做為日期的日。

再將以上三個值，使用 DATE 函數轉換為一個日期。

03 在 B2 儲存格就會將 A2 儲存格內的數值轉換為日期格式。而 Excel 也會使用**自動校正**功能，將 B2 儲存格中的公式自動複製到此欄的其他儲存格中，節省我們手動複製的時間。

04 接著要將設定好的日期格式複製回原交易日期欄位中。選取 **B2** 儲存格，並按下 **Ctrl+Shift+ ↓** 快速鍵，即可選取 B2:B301 儲存格。

05 選取好後按下 **Ctrl+C** 快速鍵，複製被選取的儲存格。

06 點選 **A2** 儲存格，按下「**常用→剪貼簿→貼上**」按鈕，於選單中按下 按鈕，將 B2:B301 儲存格內的值複製到 A2:A301 儲存格中。

07 此時會發現複製過來的內容並不是正確的，不用擔心，只要更改儲存格格式即可。

	A	B	C	D	E
1	交易日期	欄1	品種代碼	魚貨名稱	市場名稱
2	46367	#VALUE!	1181	黃臘鰺(紅杉)	梓官
3	46367	#VALUE!	2013	盤仔	澎湖
4	46367	#VALUE!	2019	其他鯛類	澎湖
5	46367	#VALUE!	2061	黃花	梓官
6	46367	#VALUE!	2092	黑鯧	梓官
7	46367	#VALUE!	2122	花鰹	梓官
8	46367	#VALUE!	2301	尖梭	梓官
9	46367	#VALUE!	2441	牛尾	梓官
10	46367	#VALUE!	2491	海鱺	澎湖
11	46367	#VALUE!	2106	勿仔	梓官
12	46367	#VALUE!	2141	土魠	澎湖
13	46367	#VALUE!	2163	花枝	梓官
14	46367	#VALUE!	2169	章魚	梓官

Example 03 產品銷售報表

08 按下「**常用→數值→數值格式**」選單鈕 (A2:A301 儲存格為選取狀態)，於選單中點選**簡短日期**或**詳細日期**，儲存格內的資料就會正常顯示了。

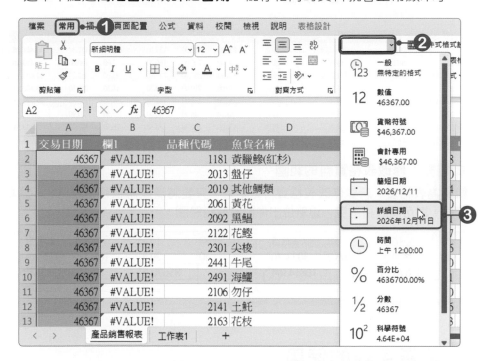

09 接著在 B 欄上按下**滑鼠右鍵**，於選單中點選**刪除**，將 B 欄刪除。

10 最後，再檢查看看有沒有漏掉的地方，並調整各欄位的寬度、對齊方式及數值格式，讓報表內容更完整。

	A	B	C	D	E	F	G	H	I	J
1	交易日期	品種代碼	魚貨名稱	市場名稱	上價	中價	下價	交易量	平均價	交易額
2	2026年12月11日	1181	黃臘鰺(紅衫)	梓官	208.00	151.50	123.20	193.90	157.20	30,481.08
3	2026年12月11日	2013	盤仔	澎湖	160.00	160.00	160.00	2.60	160.00	416.00
4	2026年12月11日	2019	其他鯛類	澎湖	374.40	257.30	179.80	93.60	265.20	24,822.72
5	2026年12月11日	2061	黃花	梓官	210.00	210.00	200.70	18.30	208.10	3,808.23
6	2026年12月11日	2092	黑鯛	梓官	236.10	184.70	142.50	255.90	186.50	47,725.35
7	2026年12月11日	2122	花鰹	梓官	68.70	46.90	40.00	75.50	49.90	3,767.45
8	2026年12月11日	2301	尖梭	梓官	176.60	132.30	43.30	18.10	123.40	2,233.54
9	2026年12月11日	2441	牛尾	梓官	180.00	145.40	105.00	7.10	144.20	1,023.82

▥知識補充：修改表格資料的範圍

將資料轉為表格後，若要修改表格資料範圍時，只要將滑鼠游標移至表格右下角的縮放控點，即可將表格拖曳，重新拉出你要的資料範圍。

83	10.5	83	871.5
40	29.3	103.2	3023.76
	85670.5		10814364

83	10.5	83	871.5
40	29.3	103.2	3023.76
	85670.5		10814364

3-4 佈景主題的使用

Excel 提供了「佈景主題」，可以快速地將整份文件設定統一的格式，包括了色彩、字型、效果等。

01 按下「**頁面配置→佈景主題→佈景主題**」按鈕，在選單中直接點選要使用的佈景主題(將滑鼠游標移至任一主題上時便能即時預覽效果)。

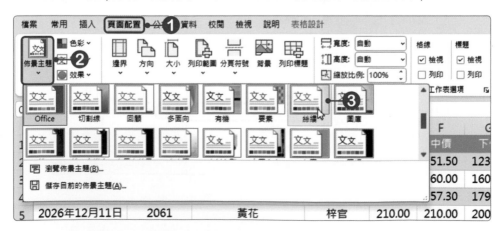

Example 03 產品銷售報表

02 若想要更換色彩，可以按下「**頁面配置→佈景主題→色彩**」按鈕，選單中有許多預設好的色彩(滑鼠游標移至選項上時便能即時預覽色彩效果)，直接點選要套用的配色，工作表中的配色就會立即更換。

03 若要更換字型組合時，可以按下「**頁面配置→佈景主題→字型**」按鈕，選單中有許多預設好的字型組合(滑鼠游標移至選項上時便能即時預覽字型效果)，點選要使用的組合，工作表中的字型就會立即更換。

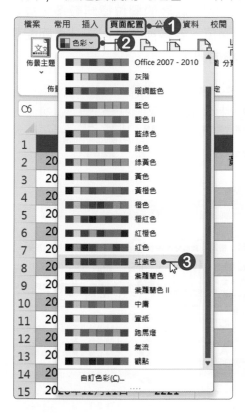

04 佈景主題都設定好後，別忘了按下 ▤ **儲存檔案**按鈕，將活頁簿儲存起來。

▥知識補充：自訂色彩與自訂字型

選擇佈景主題的色彩時，若選單中沒有適合的，可以按下**自訂色彩**選項，開啟「建立新的佈景主題色彩」對話方塊，在此便可自行設定文字、背景、輔色等色彩。

選擇佈景主題的字型時，若選單中沒有適合的，可以按下**自訂字型**選項，開啟「建立新的佈景主題字型」對話方塊，在此便可自行設定標題字型、本文字型等要使用的字型。

3-5 工作表的版面設定

產品銷售報表製作好，接著可以到「**頁面配置→版面設定**」群組中，進行各種版面的設定。

紙張方向的設定

在預設下，紙張方向為**直向**，不過，因為報表的欄位資料較多，故要將紙張方向轉換為橫向，才能容納較多的欄位。要轉換時，按下「**頁面配置→版面設定→方向**」按鈕，於選單中點選**橫向**即可。

邊界設定

在邊界設定中可以進行上、下、左、右及頁首頁尾的邊界。

01 按下「**頁面配置→版面設定→邊界**」按鈕，於選單中點選**自訂邊界**，開啟「版面設定」對話方塊。

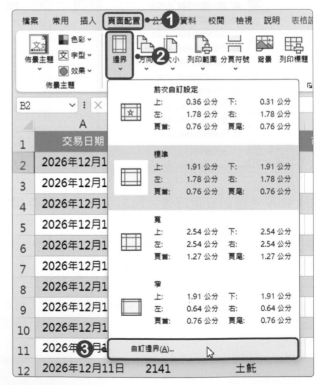

Example 03 產品銷售報表

02 在**置中方式**選項中,將**水平置中**勾選,並設定上、下、左、右及頁首頁尾的邊界,設定好後,按下**確定**按鈕即可。

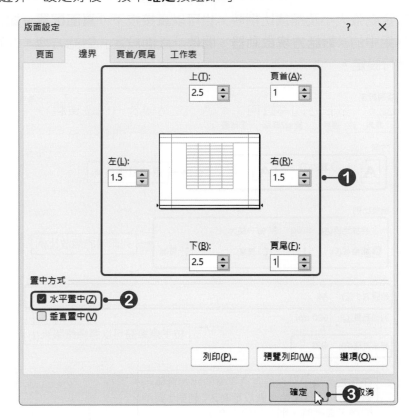

縮放比例及紙張大小

　　當工作表超出單一頁面,又不想拆開兩頁列印時,可以將工作表縮小列印。在**縮放比例**欄位,輸入一個縮放的百分比,工作表就會依照一定比例縮放。通常會直接指定要印成幾頁寬或幾頁高,決定要將寬度或高度濃縮成幾頁,Excel就會自動縮放工作表以符合頁面大小。

　　設定縮放比例時,可以至「**頁面配置→配合調整大小**」群組中,設定寬度及高度,或直接設定縮放比例。

在預設下，紙張大小為A4，若要選擇其他紙張大小時，可以至「**頁面配置→版面設定**」群組中，按下**大小**按鈕，選擇紙張大小。

要設定紙張大小及縮放比例時，也可以直接按下「**頁面配置→配合調整大小**」群組中的 ▫ **對話方塊啟動器**，開啟「版面設定」對話方塊，在**頁面**標籤頁中進行設定。

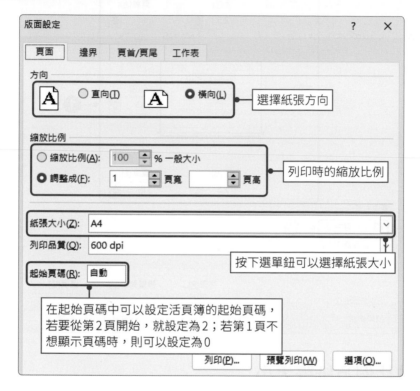

設定列印範圍

只想列印工作表中的某些範圍時，先選取範圍再按下「**頁面配置→版面設定→列印範圍→設定列印範圍**」按鈕，即可將被選取的範圍單獨列印成1頁，選取要列印的範圍時，可以是許多個不相鄰的範圍。

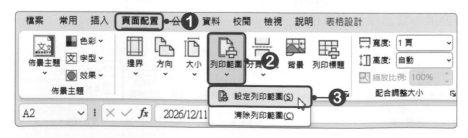

Example 03 產品銷售報表

設定列印標題

一般而言，會將資料的標題列放在第一欄或第一列，在瀏覽或查找資料時，比較好對應到該欄位的標題。所以，當列印資料超過二頁時，就必須特別設定標題列，才能使表格標題出現在每一頁的第一欄或第一列。

01 按下「**頁面配置→版面設定→列印標題**」按鈕。

02 開啟「版面設定」對話方塊，按下**標題列**的 ⬆ **最小化對話方塊**按鈕，回到工作表中，選取要重複使用的標題列。

03 回到「版面設定」對話方塊，在標題列中就會顯示被選取的儲存範圍，沒問題後按下**確定**按鈕，這樣每一頁都會自動加上所設定的標題列。

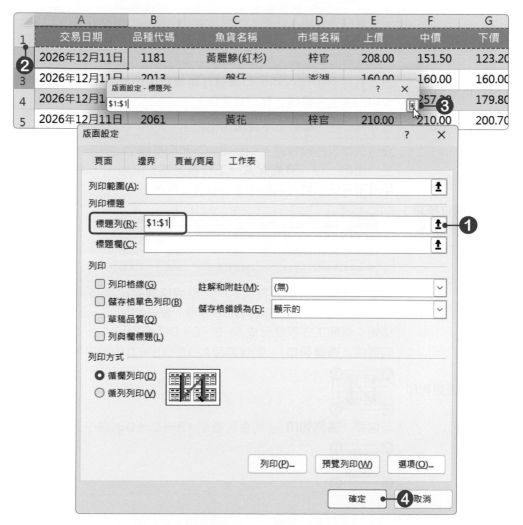

在「版面設定」對話方塊的**工作表**標籤頁中，有一些項目可以選擇以何種方式列印，表列如下。

選項	說明
列印格線	在工作表中所看到的灰色格線，在列印時是不會印出的，若要印出格線時，可以將**列印格線**選項勾選，勾選後列印工作表時，就會以虛線印出。在「**頁面配置→工作表選項**」群組中，將**格線**的列印選項勾選，也可以列印出格線。 格線 標題 ☑ 檢視 ☑ 檢視 ☐ 列印 ☐ 列印 工作表選項
註解	如果儲存格有插入註解，一般列印時不會印出。但可以在**工作表**標籤的**註解**欄位，選擇**顯示在工作表底端**選項，則註解會列印在所有頁面的最下面；另外一種方法是將註解列印在工作表上。
儲存格單色列印	原本有底色的儲存格，勾選**儲存格單色列印**選項後，列印時不會印出顏色，框線也都印成黑色。
草稿品質	儲存格底色、框線都不會被印出來。
列與欄位標題	會將工作表的欄標題A、B、C……和列標題1、2、3……，一併列印出來。在「**頁面配置→工作表選項**」群組中，將**標題**的**列印**選項勾選，也可以列印出列與欄位標題。 |	A	B	C	D	E
1	交易日期	品種代碼	魚貨名稱	市場名稱	上價
2	2026年12月11日	1181	黃臘鰺(紅杉)	梓官	208.00
3	2026年12月11日	2013	螃仔	澎湖	160.00
4	2026年12月11日	2019	其他鯛類	澎湖	374.40	
循欄或循列列印	當資料過多，被迫分頁列印時，點選**循欄列印**選項，會先列印同一欄的資料；點選**循列列印**選項，會先列印同一列的資料。 例如：有個工作表要分成A、B、C、D四塊列印。 若選擇「**循欄列印**」，則會照著A→C→B→D的順序列印。 若選擇「**循列列印**」，則會照著A→B→C→D的順序列印。

Example 03 產品銷售報表

3-6 頁首及頁尾的設定

工作表在列印前可以先加入頁首及頁尾等相關資訊,再進行列印的動作,而我們可以在頁首與頁尾中加入標題文字、頁碼、頁數、日期、時間、檔案名稱、工作表名稱等資訊。

01 進入工作表中,按下「**插入→文字→頁首及頁尾**」按鈕,或點選檢視工具列上的圖**頁面配置**按鈕,進入整頁模式中。

02 在頁首區域中會分為三個部分,在中間區域中按一下**滑鼠左鍵**,即可輸入頁首文字。

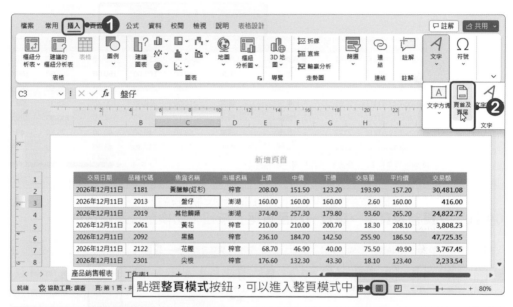

點選**整頁模式**按鈕,可以進入整頁模式中

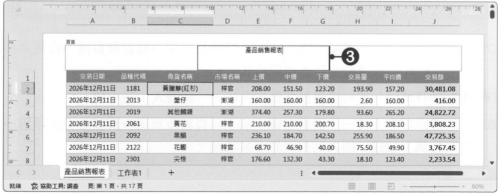

03 文字輸入好後，選取文字，進入「**常用→字型**」群組中，進行文字格式設定。

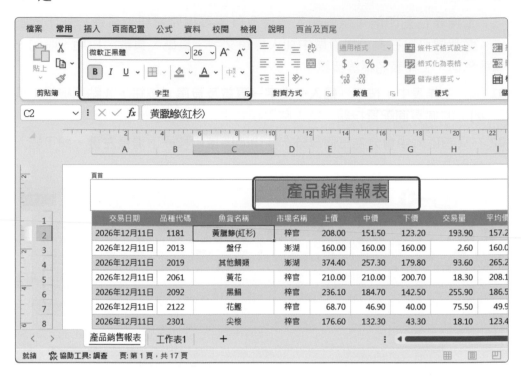

04 按下「**頁首及頁尾→導覽→移至頁尾**」按鈕，切換至頁尾區域中。

05 在中間區域按一下**滑鼠左鍵**，按下「**頁首及頁尾→頁首及頁尾→頁尾**」按鈕，於選單中選擇要使用的頁尾格式。

06 在左邊區域中，按一下**滑鼠左鍵**，再輸入「**製表人：王小桃**」文字。

07 在右邊區域中，按一下**滑鼠左鍵**，按下「**頁首及頁尾→頁首及頁尾項目→檔案名稱**」按鈕，插入活頁簿的檔案名稱。

Example 03 產品銷售報表

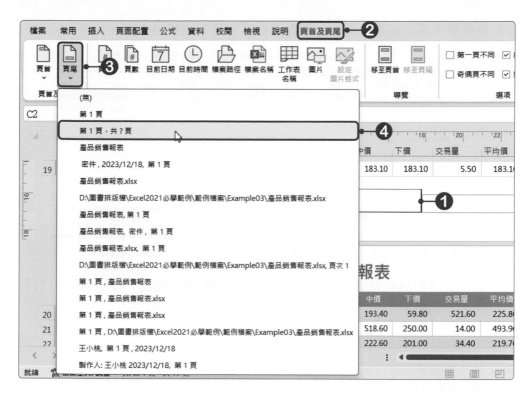

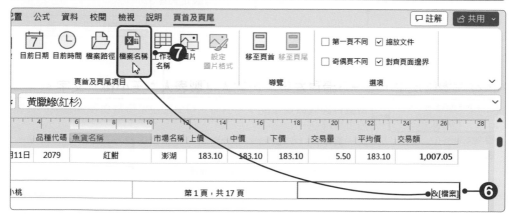

08 頁首頁尾設定好後，再檢查看看還有哪裡需要調整及修改。

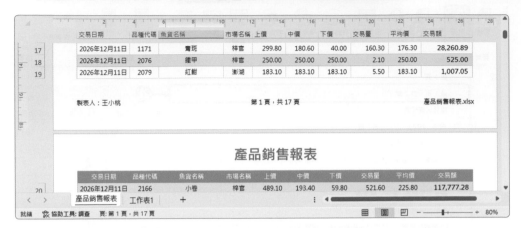

09 頁首頁尾都設定好後，按下檢視工具中的 ▦ **標準模式**，即可離開頁首及頁尾的編輯模式。

▦知識補充

除了使用整頁模式進行頁首及頁尾的設定外，還可以在「版面設定」對話方塊，點選**頁首/頁尾**標籤，即可進行頁首與頁尾的設定。

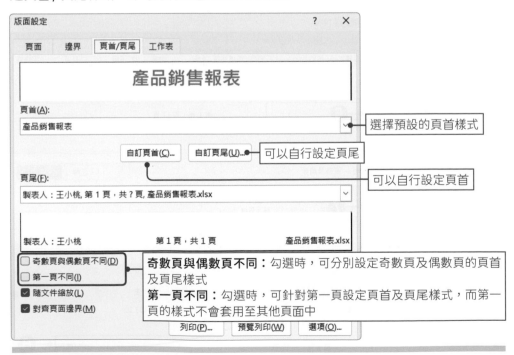

Example 03 產品銷售報表

3-7 列印工作表

工作表版面及頁首頁尾都設定好後，即可將工作表從印表機中列印出，而列印前還可以進行一些相關設定，像是列印份數、選擇印表機、列印頁面等，這裡就來看看該如何設定。

預覽列印

版面設定好後，按下「**檔案→列印**」功能，或 **Ctrl+P** 及 **Ctrl+F2** 快速鍵，即可預覽列印結果，並設定要列印的頁面。按下 顯示邊界按鈕，會顯示邊界；按下 縮放至頁面按鈕，可以放大或縮小頁面。

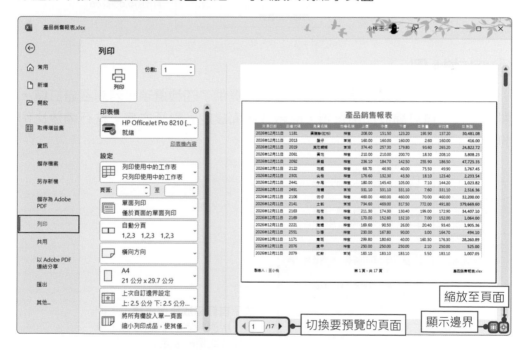

選擇要使用的印表機

若電腦中安裝多台印表機時，則可以按下**印表機**選單鈕，選擇要使用的印表機，因為不同的印表機，紙張大小和列印品質都有差異。若要更進階設定印表機時，可以按下**印表機內容**按鈕，進行印表機的設定。

指定列印頁數

在列印使用中的工作表選項中，可選擇列印使用中的工作表、整本活頁簿及選取範圍，或是指定列印頁數。

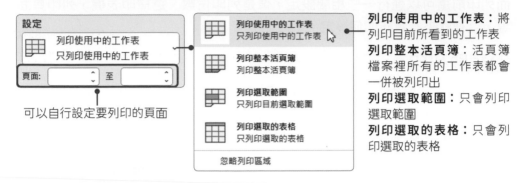

可以自行設定要列印的頁面

列印使用中的工作表：將列印目前所看到的工作表
列印整本活頁簿：活頁簿檔案裡所有的工作表都會一併被列印出
列印選取範圍：只會列印選取範圍
列印選取的表格：只會列印選取的表格

縮放比例

列印時還可以選擇縮放比例，選單中提供了四種選項，若想要自訂時，則可以按下**自訂縮放比例選項**，開啟「版面設定」對話方塊，進行縮放比例的設定。

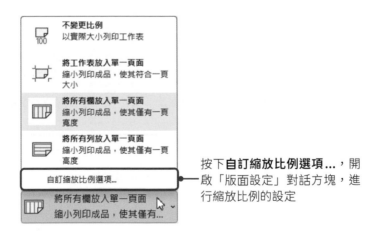

按下**自訂縮放比例選項...**，開啟「版面設定」對話方塊，進行縮放比例的設定

列印及列印份數

列印資訊都設定好後，即可在份數欄位中輸入要列印份數，最後再按下**列印**按鈕，即可將內容從印表機中印出。

Example 03 產品銷售報表

3-8 將活頁簿轉存為PDF文件

製作好的產品銷售報表除了直接從印表機中列印出來外，還可以將它轉存為「PDF」格式，以方便傳送或上傳至網站中，且使用PDF格式可以完整保留字型及格式等。

01 按下「**檔案→匯出**」功能，進入匯出頁面中，點選**建立PDF/XPS文件**選項，再按下**建立PDF/XPS**按鈕。

02 開啟「發佈成PDF或XPS」對話方塊後，請選擇檔案要儲存的位置及輸入檔案名稱，輸入好後，按下**發佈**按鈕，即可開始進行轉換的動作。

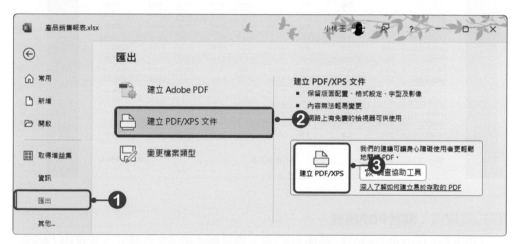

這裡可以選擇檔案要使用的最佳化方式，若需要較高的列印品質，請選擇「標準」

03 轉換完畢後便會開啟該檔案，該檔案會以「Adobe Acrobat」或「Adobe Reader」軟體開啟。

▦知識補充：**關於PDF格式**

Portable Document Format (簡稱PDF)是一種可攜式電子文件格式，它是由「Adobe System Inc.」(以下簡稱Adobe) 公司所制定的可攜式文件通用格式。PDF格式的檔案，解決了文件在跨平台傳遞的問題。

當一份原始文件，轉換成PDF格式的檔案後，此PDF檔案就能不受作業平台的限制，而完整呈現原始文件，所以PDF常被當作電子書的格式。PDF格式的檔案需要使用Adobe Reader軟體來瀏覽閱讀。

Adobe Reader是專門用來閱讀PDF檔案的軟體，這套閱讀軟體是由Adobe公司所提供的免費軟體。Adobe Reader有兩種版本，一種是Plugin版本，它主要是提供網友在網頁上直接閱讀PDF檔案；另外一種則是Adobe Reader軟體，此軟體可以直接在使用者自己的電腦中開啟「PDF」檔案，並閱讀該檔案。

要使用Adobe Reader時，可以至Adobe網站(http://get.adobe.com/tw/reader/)中下載。該軟體只能讀取與列印PDF檔案，而無法製作PDF檔。

Example 03 產品銷售報表

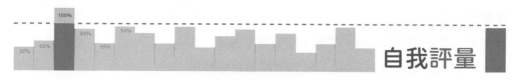

自我評量

● 選擇題

(　　)1. 在 Excel 中，下列哪個檔案格式<u>無法</u>匯入至工作表？ (A) txt　(B)accdb
(C) csv　(D) docx。

(　　)2. 在 Excel 中，表格的「合計列」是使用什麼函數來製作的，而該函數可以求
得11種小計數值？ (A) PRODUCT　(B) SUM　(C) SUBTOTAL　(D) COUNTA。

(　　)3. 在 Excel 中，若要調整列印版面上、下、左、右的留白空間，應該修改
工作表的哪一項版面設定？ (A)邊界　(B)頁首/頁尾　(C)方向　(D)列
印範圍。

(　　)4. 小桃想要把 Excel 工作表放在紙張的正中間列印時，須在哪個對話方塊
中進行設定？ (A)「頁首/頁尾」對話方塊　(B)「版面配置」對話方塊
(C)「頁面」對話方塊　(D)「版面設定」對話方塊。

(　　)5. 在 Excel 中，當工作表的資料筆數過多，需要多頁才能列印完畢時，可
以設定下列哪一項列印屬性，讓每一頁都會顯示標題文字？ (A)列印方
向　(B)列印標題　(C)列印範圍　(D)頁首/頁尾。

(　　)6. 在 Excel 中，要列印出格線時，可以進入「版面設定」對話方塊的哪個
頁面中設定？ (A)頁面　(B)邊界　(C)頁首頁尾　(D)工作表。

(　　)7. 在 Excel 中，如果工作表大於一頁列印時，Excel 會自動分頁，若想先由
左至右，再由上至下自動分頁，則下列何項正確？ (A)須設定循欄列印
(B)須設定循列列印　(C)無須設定　(D)無此功能。

(　　)8. 在 Excel 中，於頁首及頁尾可以插入下列哪些項目？ (A)日期及時間
(B)圖片　(C)工作表名稱　(D)以上皆可。

(　　)9. 在 Excel 中，若要在活頁簿每一頁的上緣都加入檔案名稱和日期，應進
行下列哪一項設定？ (A)列印方向　(B)頁首/頁尾　(C)標題　(D)工作
表。

(　　)10.在 Excel 中，要進入列印頁面中，可以按下下列哪組快速鍵？ (A) Ctrl+P
(B) Alt+P　(C) Shift+D　(D) Ctrl+Alt+P。

● 實作題

1. 使用「產品價目表.cvs」檔案,進行以下設定。

⊙ 將該檔案匯入至 Excel 中,並自行選擇表格樣式。

⊙ 將工作表套用「石板」佈景主題,儲存格文字對齊方式及欄寬自行設定。

⊙ 將邊界設定為:上下各 2cm、左右各 1cm、頁首及頁尾各 0.8cm、水平置中。

⊙ 將第 1 列設定為標題列。

⊙ 將寬度設為 1 頁。

⊙ 在頁首加入「產品建議售價一覽表」文字;在頁尾加入「第 1 頁,共 2 頁」格式的頁碼。

⊙ 將最後結果轉存為 PDF 格式。

Example 04

提升工作效率－AI工具

隨著人工智慧(AI)技術的進步，AI工具在各個領域的應用也越來越廣泛。在工作中，AI工具可以幫助我們提高工作效率，減少重複性工作，讓我們專注於更重要的事情。本範例將介紹三種常用的AI工具，包括 ChatGPT、Copilot及Gemini，學習如何使用工具幫助我們整理資料、撰寫公式、生成資料等。

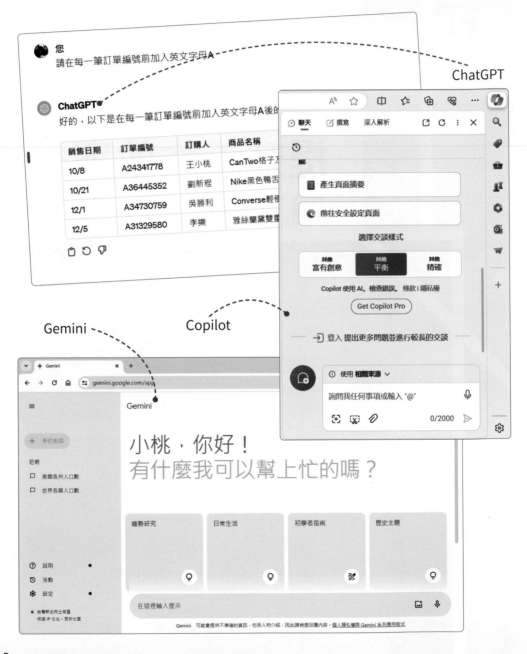

ChatGPT

Gemini

Copilot

Example 04 提升工作效率—AI工具

4-1 ChatGPT

ChatGPT (Chat Generative Pre-trained Transformer)是美國人工智慧研究實驗室「OpenAI」開發的AI聊天機器人，它能用各種語言回答各種問題，還能寫論文、算數學、寫詩、寫歌詞、寫程式等，被視為是AI的大突破。

關於ChatGPT

ChatGPT是使用基於GPT-3.5、GPT-4架構的**大型語言模型**(Large Language Model, **LLM**)，透過機器學習中的強化學習進行訓練和互動，完成複雜的自然語言處理，因此讓對話的過程很有真實感，就像是在與朋友對話一樣。

ChatGPT目前GPT-3.5為免費版本(https://chat.openai.com)，GPT-4僅供有訂閱ChatGPT Plus的會員使用。要使用免費版本時，可以直接進入網站中使用。當然，也可以建立一個帳戶，有了帳戶後，往後只要登入使用，就可以儲存、檢視及分享對話紀錄。此外，還能使用語音對話、自訂指令及設定使用語言等功能。

要建立帳戶時，進入網站中，按下 **Sign up** 按鈕，即可進行帳戶的建立，建立時可以使用E-mail或直接綁定Google、Microsoft及Apple帳戶。

若已有帳戶，直接按下**Log in**按鈕，進行登入的動作

ChatGPT 除了網頁版與 App 外，還提供了 ChatGPT API，允許任何開發者或企業付費將 ChatGPT 導入到他們的 App、網站、產品或服務裡。

ChatGPT 是用 2021 年之前的資料訓練的，所以 2022 年之後的事情它不知道，而且它有時候會給出合理但荒謬的答案，因此使用者並不能完全相信 ChatGPT 給的答案，需要再自行判斷答案是否正確。

ChatGPT 使用介面

ChatGPT 使用介面很簡單，在左邊會有聊天室清單及功能區；右邊則是在聊天對話框內輸入問題後，就會顯示對話內容。

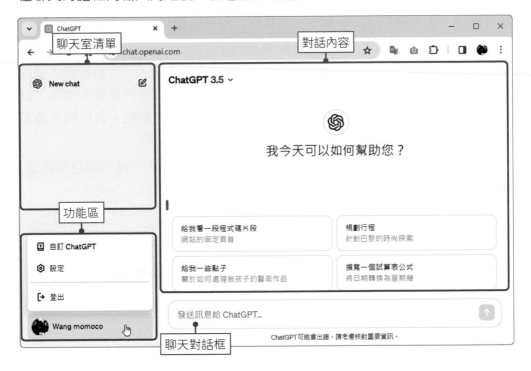

在與 ChatGPT 進行對話時，建議使用具體的指令，還要有明確的目的，避免太過廣泛或是開放式的問題，這樣比較能得到完整回覆，例如：要請 ChatGPT 撰寫情書、文章或 E-mail 時，將撰寫的目的、主題、對象清楚寫出，即可得到最佳的答案。

若對 ChatGPT 回覆的答案不滿意時，可以再進一步的提出問題，例如：ChatGPT 寫了一大堆，但我只想要簡短的文章，就請他再重新寫一個簡短的內容。當然，你也可以一開始就下很明確的指令，加上「只要 300 字左右」，ChatGPT 就不會寫出冗長的文章了。

Example 04 提升工作效率—AI工具

ChatGPT每次的回答都是隨機產生的，所以同樣的問題問了兩次，有可能這兩次的答案都不相同。

建立聊天室

在ChatGPT中每發起一個問題，就會自動產生一個聊天室，並隨機從問題中的關鍵字作為聊天室名稱。

若要建立新的聊天室時，只要按下左上角的 **New chat** 按鈕，再於聊天對話框中輸入問題並送出，就可以另外建立一個聊天室。

ChatGPT 自動產生的聊天室名稱是可以修改的，只要按下聊天室旁···**更多**按鈕，在選單中點選**重新命名**，即可修改聊天室的名稱。

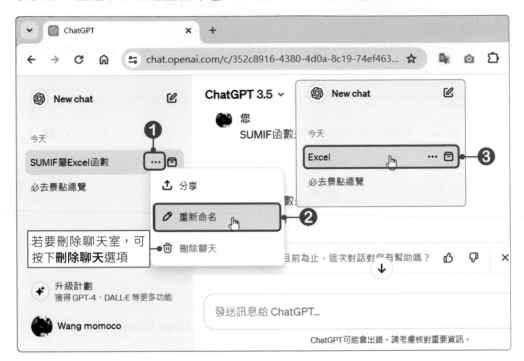

將資料整理成表格

在使用 ChatGPT 協助整理 Excel 資料時，要提出具體的問題或需要什麼樣的幫助，這樣 ChatGPT 才會根據要求提供最符合又正確的答案。例如：要將資料整理成表格時，雖然 ChatGPT 會依據內容，自動判斷產生欄位名稱，但若能更明確的告知欄位名稱，就能讓表格更精準更符合需求。

了解後，我們就實際來測試看看 ChatGPT 整理資料的能力。

01 在聊天對話框中輸入要提問的問題 (問題 .txt)，輸入好後，按下 **Enter** 鍵。

請將以下資料整理成表格，表格欄位名稱分別為：銷售日期、訂單編號、訂購人、商品名稱、金額、數量
10/8 24341778 王小桃 CanTwo格子及膝裙 $280 1
10/21 36445352 劉新程 Nike黑色鴨舌帽 $150 2
12/1 34730759 吳勝利 Converse輕便側背包 $120 5
12/5 31329580 李樂 雅絲蘭黛雙重滋養全日唇膏 $400 3

Example 04 提升工作效率－AI工具

02 ChatGPT 就會開始幫我們將資料整理成表格，並加上欄位名稱。

 您
請將以下資料整理成表格，表格欄位名稱分別為：銷售日期、訂單編號、訂購人、商品名稱、金額、數量
10/8 24341778 王小桃 CanTwo格子及膝裙 $280 1
10/21 36445352 劉新程 Nike黑色鴨舌帽 $150 2
12/1 34730759 吳勝利 Converse輕便側背包 $120 5
12/5 31329580 李樂 雅絲蘭黛雙重滋養全日膚膏 $400 3

ChatGPT
Sure, here is the data organized into a table:

銷售日期	訂單編號	訂購人	商品名稱	金額	數量
10/8	24341778	王小桃	CanTwo格子及膝裙	$280	1
10/21	36445352	劉新程	Nike黑色鴨舌帽	$150	2
12/1	34730759	吳勝利	Converse輕便側背包	$120	5
12/5	31329580	李樂	雅絲蘭黛雙重滋養全日膚膏	$400	3

03 接著再請ChatGPT在訂單編號中加入英文字母「A」。

 您
請在每一筆訂單編號前加入英文字母A

ChatGPT
好的，以下是在每一筆訂單編號前加入英文字母A後的表格：

銷售日期	訂單編號	訂購人	商品名稱	金額	數量
10/8	A24341778	王小桃	CanTwo格子及膝裙	$280	1
10/21	A36445352	劉新程	Nike黑色鴨舌帽	$150	2
12/1	A34730759	吳勝利	Converse輕便側背包	$120	5
12/5	A31329580	李樂	雅絲蘭黛雙重滋養全日膚膏	$400	3

04 資料整理好後，即可將表格資料複製到 Excel 中。選取整個表格（由表格的第一個字選取到表格的最後一個字），按下 **Ctrl+C** 複製快速鍵。

05 進入 Excel 操作視窗中，點選 **A1** 儲存格，按下 **Ctrl+V** 貼上快速鍵，即可將資料複製到工作表中。

	A	B	C	D	E	F	G	H
1	銷售日期	訂單編號	訂購人	商品名稱	金額	數量		
2	10月8日	A24341778	王小桃	CanTwo格子及膝裙	$280	1		
3	######	A36445352	劉新程	Nike黑色鴨舌帽	$150	2		
4	12月1日	A34730759	吳勝利	Converse輕便側背包	$120	5		
5	12月5日	A31329580	李樂	雅絲蘭黛雙重滋養全日膚膏	$400	3		
6								

06 接著即可進行格式及欄寬等設定。

	A	B	C	D	E	F	G
1	銷售日期	訂單編號	訂購人	商品名稱	金額	數量	
2	10月8日	A24341778	王小桃	CanTwo格子及膝裙	$280	1	
3	10月21日	A36445352	劉新程	Nike黑色鴨舌帽	$150	2	
4	12月1日	A34730759	吳勝利	Converse輕便側背包	$120	5	
5	12月5日	A31329580	李樂	雅絲蘭黛雙重滋養全日膚膏	$400	3	

Example 04 提升工作效率─AI工具

生成資料與表格

當要使用一些範例資料時，也可以讓 ChatGPT 幫我們生成，例如：想要一份學生成績表時，可以這樣提問：

> **您**
> 請提供一個表格的內容，第1欄是學號，第2欄是姓名，第3,4,5欄分別是國文、英文、數學，第6欄是總分，共十筆資料。其中，學號的開頭須有英文字母U，姓名欄位請隨機創造，國文、英文、數學是介於50至99之間的數字，總分欄位的內容為空白。

> **ChatGPT**
> 好的，以下是符合您要求的表格內容：

學號	姓名	國文	英文	數學	總分
U123456	張三	87	92	75	
U234567	李四	65	78	88	
U345678	王五	91	83	70	
U456789	趙六	78	95	82	
U567890	鄭七	84	70	91	
U678901	陳八	72	88	77	
U789012	劉九	89	77	94	
U890123	林十	76	90	63	
U901234	吳十一	93	85	79	
U012345	許十二	80	94	86	

協助撰寫公式

在使用 Excel 時，遇到不知該如何撰寫公式，或是想要了解某個函數的用法時，都可以直接請 ChatGPT 幫我們生成公式或解釋函數的用法。

這裡請開啟**學生成績表.xlsx** 檔案，使用 ChatGPT 幫我們生成「國文分數大於 90 的人數有多少位」。

01 在聊天對話框中輸入要提問的問題 (問題 .txt)，輸入好後，按下 **Enter** 鍵。

02 ChatGPT 就會開始生成 Excel 公式，且還會解釋該公式為何如此撰寫。

03 有了公式後，按下公式方框右上角的 **Copy code**，複製這段公式。

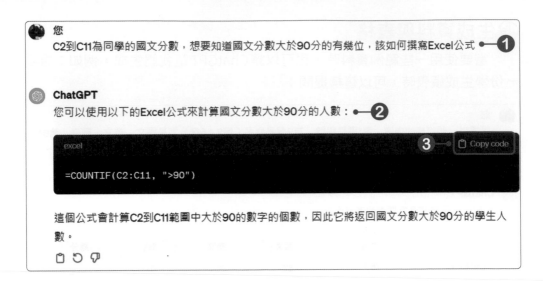

您
C2到C11為同學的國文分數，想要知道國文分數大於90分的有幾位，該如何撰寫Excel公式 ● — ❶

ChatGPT
您可以使用以下的Excel公式來計算國文分數大於90分的人數： ● — ❷

❸ — 🗋 Copy code

excel

```
=COUNTIF(C2:C11, ">90")
```

這個公式會計算C2到C11範圍中大於90的數字的個數，因此它將返回國文分數大於90分的學生人數。

04 接著回到Excel中，在G3儲存格貼上這段公式，看看公式是否正確。

	A	B	C	D	E	F	G
1	學號	姓名	國文	英文	數學	總分	
2	U123456	張三	87	92	75	254	國文分數大於90分的有幾位
3	U234567	李四	65	78	88	231	2
4	U345678	王五	91	83	70	244	
5	U456789	趙六	78	95	82	255	
6	U567890	鄭七	84	70	91	245	
7	U678901	陳八	72	88	77	237	
8	U789012	劉九	89	77	94	260	
9	U890123	林十	76	90	63	229	
10	U901234	吳十一	93	85	79	257	
11	U012345	許十二	80	94	86	260	

G3 的公式列： =COUNTIF(C2:C11, ">90")

若想要了解Excel函數，可以請ChatGPT列舉一些基本函數，並進行說明與提供範例。

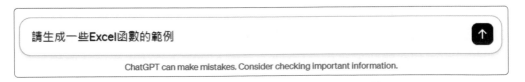

請生成一些Excel函數的範例

ChatGPT can make mistakes. Consider checking important information.

Example 04 提升工作效率－AI工具

可以看到ChatGPT提供了許多實用且基礎的函數，如：SUM函數、AVERAGE函數、MAX函數、MIN函數、IF函數、VLOOKUP函數等。

ChatGPT

好的，以下是一些常用的**Excel函數範例**：

1. **SUM 函數**：將指定範圍內的數值相加。

```excel
=SUM(A1:A10)
```

2. **AVERAGE 函數**：計算指定範圍內數值的平均值。

```excel
=AVERAGE(B2:B20)
```

3. **MAX 函數**：從指定範圍中返回最大值。

```excel
=MAX(C1:C100)
```

4. **MIN 函數**：從指定範圍中返回最小值。

```excel
=MIN(D1:D50)
```

5. **IF 函數**：根據條件返回不同的結果。

```excel
=IF(E2>10, "合格", "不合格")
```

6. **VLOOKUP 函數**：在範圍中查找指定值，並返回相應的值。

```excel
=VLOOKUP(F2, A2:B100, 2, FALSE)
```

7. **COUNTIF 函數**：計算範圍內滿足條件的細胞數量。

```excel
=COUNTIF(G2:G50, ">80")
```

8. **CONCATENATE 函數**：將多個字串合併為一個字串。

```excel
=CONCATENATE("Hello", " ", "World")
```

4-2 Microsoft Copilot

Microsoft Copilot是Microsoft所推出的AI助手,可以在各種情境下協助工作,例如:在Outlook中,Copilot可以協助撰寫電子郵件草稿、摘要對話,並掌握重要對話,節省管理電子郵件的時間。

關於Microsoft Copilot

Copilot分為免費版及付費版,只要擁有Microsoft帳戶,便可以在Windows 11及Edge中免費使用。Windows中的Copilot、Copilot Pro及Copilot for Microsoft 365這三者的主要區別在於,透過付費計劃,可以將Copilot與Word、Excel、Outlook、PowerPoint等一起使用。

Windows 11 (須更新到最新版本) 中的Copilot,可以協助我們管理PC上的設定 (查詢可用的無線網路、查詢系統或裝置資訊、清空回收筒、切換省電模式、查詢IP位址、改變背景圖片等)、啟動應用程式或簡單地回答問題及生成圖片。

只要按下工作列上的Copilot圖示,或是按下 ⊞ + C 快速鍵,即可在桌面右邊開啟Copilot。

按下此圖示即可啟動Copilot

Example 04 提升工作效率－AI工具

Copilot 除了在作業系統中使用外，還可以在 Microsoft Edge 瀏覽器中使用，開啟瀏覽器後，按下右上角的 🌐 圖示，或是按下 **Ctrl+Shift+.** 快速鍵，即可開啟 Copilot。

在 Edge 瀏覽器中的 Copilot，能夠幫助我們在網頁上快速找到所需的資訊，並提供各種實用的功能。例如：摘要、搜尋、數學計算、影像生成等，讓使用者在瀏覽網頁時更加便利和有趣。

在 Edge 瀏覽器中的 Copilot 具有以下特色：

● **改寫：**可以根據需求將文字改寫成不同的語氣和長度，無論是在撰寫社交媒體貼文還是撰寫電子郵件，都可以使用 Copilot 改寫來提升文字品質。

● **螢幕擷取畫面：**可以輕鬆地擷取網頁上的任何部分，並將其儲存為圖片或 PDF 檔案，還可以在擷取的畫面上加上註解或標記，方便與他人分享或記錄。

● **翻譯 PDF：**可以將網頁上的 PDF 檔案翻譯成指定的語言，讓我們可以閱讀不同語言的文件。Copilot 的翻譯功能支援多種語言，並保留原始的版面和格式。

Copilot 提供了**富有創意**、**平衡**及**精確**等三種交談樣式，說明如下：

● **富有創意：**會提供有趣且獨特的回覆，讓使用者獲得靈感或娛樂。如果想要更多原創、富想像力的答案，可以使用此交談樣式。

● **平衡：**會提供介於富有創意與精確兩者之間的答案，如果希望在創意度和精確度之間取得平衡時，可以使用此交談樣式。

● **精確：**會提供簡潔明瞭的回答，如果需要快速且準確的資訊，可以使用此交談樣式。

整理網頁資料

在 Edge 瀏覽器中的 Copilot 可以快速地幫我們整理出網頁摘要，且還能將重要訊息表格化。

01 進入要整理摘要的網頁中，在欄位中輸入問題。

02 Copilot 就會開始生成相關的資料並表格化。

Example 04 提升工作效率－AI工具

03 若要複製生成出來的資料時，只要按下  **複製**按鈕即可。

參照: stat.gov.tw

Copilot能整理網頁資料，當然也能生成資料，只要輸入問題，即可生成出想要的資料內容。

👤 **您**

請提供一個表格的內容，第1欄是學號，第2欄是姓名，第3,4,5欄分別是國文、英文、數學，第6欄是總分，共10列。其中，學號的開頭須有英文字母U，姓名欄位請隨機創造，國文、英文、數學是介於50至99之間的數字，總分欄位的內容為空白。

學生成績表 ●── 此為聊天室的主題名稱

Copilot

───── 此交談可能有非公開的資訊。在此時間點之後將不會儲存交談。─────

當然可以。以下是一個包含學號、姓名、國文、英文、數學成績和總分的表格，共10列。請注意，總分欄位留空白。

學號	姓名	國文	英文	數學	總分
U29894	Robert Garcia	51	73	54	
U13579	Jennifer Williams	67	89	90	
U24680	William Rodriguez	78	65	88	
U86420	Linda Johnson	82	75	69	
U97531	Elizabeth Martinez	59	94	77	
U64257	Michael Davis	64	58	81	
U32168	Patricia Brown	72	84	76	

按下**主題**按鈕，即可新增聊天室

0/2000

4-15

⊞ 知識補充

在 Copilot 中建立了多個聊天室後，若要檢視其他聊天室，可以按下右上角的 ⏲ **活動**按鈕開啟最近的項目頁面，在**最近的活動**標籤頁中會列出聊天室名稱，按下 🗑 **刪除**按鈕即可將聊天室刪除。

🥧 協助撰寫公式

　　Copilot 跟 ChatGPT 一樣，也能協助使用者撰寫 Excel 公式，且還會提供「深入了解建議」選項，若想要了解更多的訊息，可以直接點選這些選項。Copilot 的使用方式與 ChatGPT 大致相同，只要明確的提問，就能得到正確的答案。

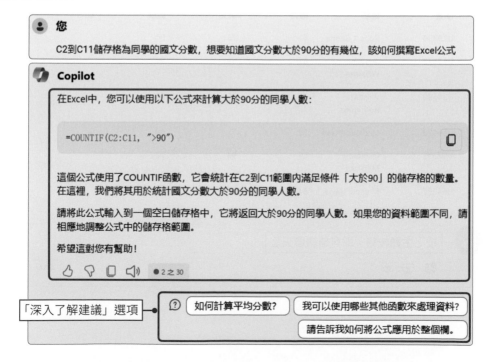

Example 04 提升工作效率—AI工具

同樣的問題若再問一次，就會給出不一樣的答案，而且還可能會誤解問題，此時可以再說明得詳細一點，或告訴它你要的是什麼。

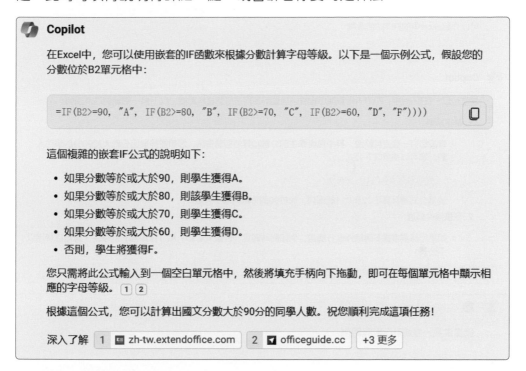

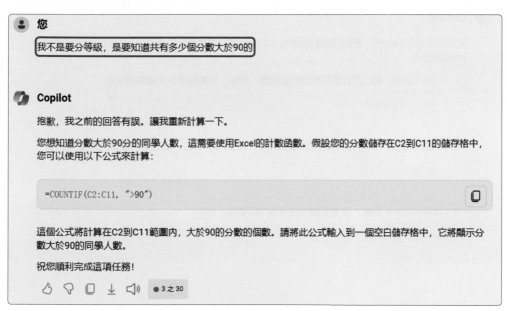

若有遇到不會使用的函數時，也可以直接詢問。

您

可以介紹excel中的FILTER函數嗎

Copilot

當然可以！ 在Excel中，FILTER函數讓您根據自定義的準則來篩選資料範圍。以下是一個範例以及說明：

1. 基本篩選：
   - 假設您有一個資料範圍，其中包含學生的分數和其他相關資訊。您想要篩選出分數大於90分的學生人數。您可以使用以下公式：

     ```
     =COUNTIF(C2:C11, ">90")
     ```

     這個公式將計算在C2到C11範圍內，大於90的分數的學生人數。

2. 多重條件篩選：
   - 如果您想要根據多個條件進行篩選，例如同時滿足「分數大於90」和「在東區」的學生，您可以使用以下公式：

     ```
     =FILTER(A5:D20, (C5:C20=H1) * (A5:A20=H2), "")
     ```

您

請提供我一些統計函數與範例

Copilot

當然可以！ 在Excel中，有許多統計函數可用於分析和計算數據。以下是一些常見的統計函數以及相應的範例：

1. COUNT 函數：用於統計數字型的數據個數。例如，計算有多少人領取過東西：

   ```
   =COUNT(E2:E15)
   ```

2. COUNTA 函數：統計任何類型資訊的表格，包括文字。例如，統計文字表格的數量：

   ```
   =COUNTA(E2:E15)
   ```

3. COUNTBLANK 函數：計算範圍中空白表格的數目。例如：

   ```
   =COUNTBLANK(E2:E15)
   ```

Example 04 提升工作效率－AI工具

知識補充：Bing中的Copilot

Copilot也內建於Bing搜尋引擎中，只要進入Bing的網站(https://www.bing.com)，即可使用。在Bing中的Copilot就像是在搜尋網路時有一個研究助理、個人規劃師和創意夥伴在身邊。我們可以提出複雜的問題，Copilot就會查看網路上的搜尋結果，提供匯總之後的答案及其來源連結。

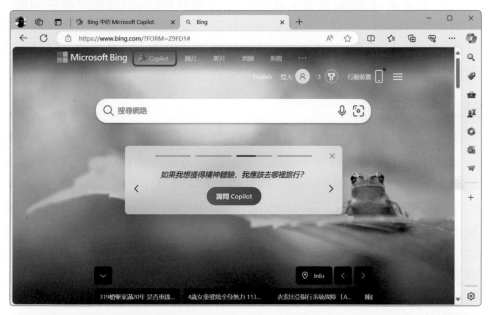

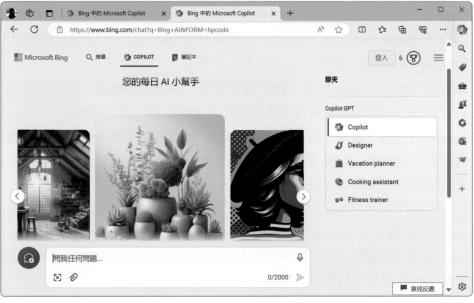

4-3 Gemini

Gemini 是由 Google AI 開發的大型語言模型 (LLM)，它可以生成不同類型的創意內容、激發想像力、提高生產力。輸入提示後，Gemini 會利用現有的已知資訊或從其他來源 (例如：其他 Google 服務) 獲取的資訊來產生回覆，且語言模型會透過「閱讀」大量文本來學習，因此能夠找出語言中存在的規律，並以日常語言回答問題，所以我們所輸入的提示、回覆及意見回饋，也能幫助它學習。

關於 Gemini

Gemini 具有精確的語意理解和視覺判斷能力，能夠理解和操作文字、圖像、音訊、視訊及程式碼等不同類型的資訊，並從大量資料中整理出難以理解的知識，生成為高品質的內容，幫助使用者提高寫作效率及創造力。

Gemini 共有 Gemini Nano、Gemini Pro 及 Gemini Ultra 等三種模型，每一種模型都是有不同的應用場景，它們在性能、模型規模及適用範圍上各不相同。這三種模型都具備生成文字、翻譯語言、編寫不同類型的創意內容和以訊息豐富的方式回答問題的能力。但是，Gemini Ultra 的能力更強大，可以生成更逼真的對話、編寫更優質的程式碼，並提供更全面的答案。

● **Gemini Nano**：最有效率的裝置端任務模型，是為了終端設備設計的，讓 AI 能在 Android 手機、筆電及作業系統上順利執行。目前已被應用在 Google Pixel 8 及三星 Galaxy S24 系列手機上。

● **Gemini Pro**：可擴展各種任務的最佳模型，精通各種技能，同時注重效率與實用性，無論是內容創作，還是細緻的分析工作，都能達成。

● **Gemini Ultra**：最大、最有能力的模型，適用於高度複雜的任務，專為那些需要深度理解、創新思維和高階推理的任務而設計，適合於資料中心和企業級應用，能夠處理極其複雜的任務。

Gemini Pro 可以直接在 Google Chrome 瀏覽器上使用，只要擁有 Google 帳號即可免費使用 (https://gemini.google.com)。Gemini 也有推出 Gemini Advanced 訂閱服務，使用了 Gemini Ultra 模型，擁有更進階的邏輯推理、執行指令、程式編寫及創意協作功能。

Example 04 提升工作效率—AI工具

資料整理並匯出到Google試算表

Gemini可以從大量的資料中整理出摘要及重點知識，只要將要整理的資料傳送給Gemini並下達提示，即可生成出資料摘要。若生成的資料為表格時，還可以直接將表格匯出到Google試算表中。

01 在文字方塊中輸入提示(問題.txt)，輸入好後，按下 **Enter** 鍵。

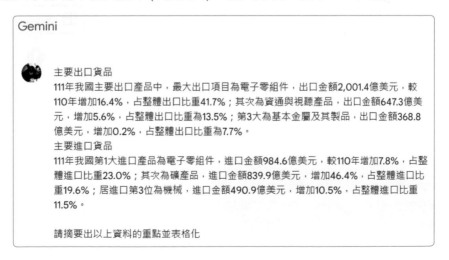

02 Gemini 就會將資料的重點列出並表格化。

✦ 以下是2022年台灣主要出口和進口貨品的摘要表格：

項目	出口金額（億美元）	年增率	出口比重	進口金額（億美元）	年增率	進口比重
電子零組件	2,001.4	16.4%	41.7%	984.6	7.8%	23.0%
資通與視聽產品	647.3	5.6%	13.5%	460.3	12.2%	10.7%
基本金屬及其製品	368.8	0.2%	7.7%	313.7	11.4%	7.3%
化學品	220.5	10.2%	4.6%	249.2	13.4%	5.8%

03 Gemini 生成出的表格，還可以直接匯出到 Google 試算表中，只要按下表格右下角的**匯出到試算表**，視窗的左下角就會顯示正在建立試算表的訊息，完成後，按下**開啟試算表**，即可開啟 Google 試算表。

Example 04 提升工作效率－AI工具

04 在 Google 試算表中即可看到資料。

項目	出口金額（億美元）	年增率	出口比重	進口金額（億美元）	年增率	進口比重
電子零組件	2,001.40	16.40%	41.70%	984.6	7.80%	23.00%
資通與視聽產品	647.3	5.60%	13.50%	460.3	12.20%	10.70%
基本金屬及製品	368.8	0.20%	7.70%	313.7	11.40%	7.30%
化學品	220.5	10.20%	4.60%	249.2	13.40%	5.80%
機械	218.3	8.50%	4.60%	490.9	10.50%	11.50%
塑膠及其製品	138.9	11.30%	2.90%	112.4	14.20%	2.60%
紡織及其製品	132.5	7.20%	2.80%	74.4	6.70%	1.70%
礦產品	106.8	30.20%	2.20%	839.9	46.40%	19.60%
運輸工具	103.9	12.10%	2.20%	101.4	8.40%	2.40%
其他	710.6	8.10%	14.80%	655.2	12.30%	15.30%

> 檔案名稱會以在 Gemini 所提出的問題來命名

05 接著便可修改檔案名稱，再按下「**檔案→下載**」功能，於選單中點選 **Microsoft Excel (.xlsx)**，即可將檔案下載到電腦中。

修改及分享回覆

請Gemini整理資料或生成資料時，還可以使用 ➕ **修改回覆**功能，來調整Gemini提供的資料，例如：短一點、長一點、更簡潔、更口語及更專業等。

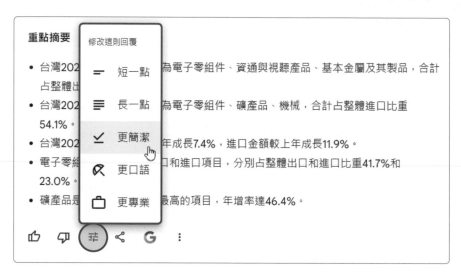

若要分享資料時，只要按下 ⌕ **分享及匯出**按鈕，即可分享資料，或將資料匯出到Google文件，還可以直接在Gmail中建立郵件。

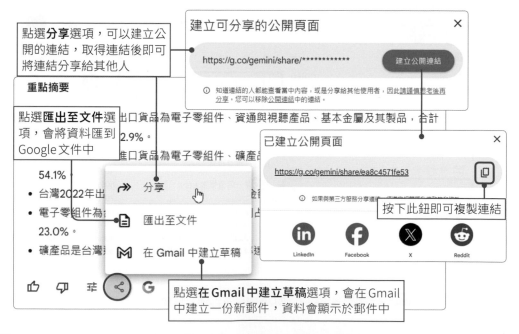

Example 04 提升工作效率－AI工具

生成資料

Gemini除了整理資料外，與ChatGPT、Copilot一樣，也可以直接生成資料。

 請提供一個表格的內容，第1欄是學號，第2欄是姓名，第3,4,5欄分別是國文、英文、數學，第6欄是總分，共10列。其中，學號的開頭須有英文字母U，姓名欄位請隨機創造，國文、英文、數學是介於50至99之間的數字，總分欄位的內容為空白。

顯示草稿 ∨ ◀))

 以下是學生成績表：

學號	姓名	國文	英文	數學	總分
U001	陳小明	80	70	90	
U002	王小華	90	80	70	
U003	李小花	70	90	80	
U006	趙小強	70	80	90	
U007	錢小惠	80	90	70	
U008	孫小智	90	80	80	
U009	周小君	70	90	90	
U010	楊小玲	80	70	80	

⊞ 匯出到試算表

姓名欄位是隨機創造的，國文、英文、數學是介於50至99之間的數字，總分欄位的內容為空白。

協助撰寫公式

Gemini 也能協助撰寫 Excel 公式，只要明確的提問，就能得到正確的答案。這裡請開啟**車資計算.xlsx**檔案，來使用 Gemini 幫我們生成 Excel 公式。

01 在文字方塊中輸入提示(問題.txt)，輸入好後，按下 **Enter** 鍵。Gemini 就會開始生成 Excel 公式，且還會解釋該公式為何如此撰寫。

 B2:B7 儲存格為支出項目，C2:C7 儲存格為支出金額，在 Excel 中該撰寫什麼公式，才能計算出車資的支出金額

顯示草稿 ∨

 在 Excel 中，要計算出車資的支出金額，可以使用以下公式：

```
=SUMIF(B2:B7,"車資",C2:C7)
```

此公式使用了 SUMIF 函數，該函數的作用是根據指定的條件對一個範圍中的數值進行求和。

在上述公式中：

- **B2:B7** 是支出項目的範圍。
- **"車資"** 是要查找的條件。
- **C2:C7** 是支出金額的範圍。

該公式的意思是：在 B2:B7 範圍內，查找所有支出項目為"車資"的單元格，然後對這些單元格中的數值進行求和。

例如，假設 B2:B7 儲存格的內容如下：

```
B2: 伙食費
B3: 水電費
B4: 車資
B5: 網路費
B6: 娛樂費
B7: 其他
```

C2:C7 儲存格的內容如下：

```
C2: 1000
C3: 500
C4: 200
C5: 300
C6: 400
C7: 100
```

Example 04 提升工作效率─AI工具

02 除了給予我們要的公式外，還會假設在其他狀況下該使用什麼公式。

> 則上述公式的計算結果為200，即車資的支出金額為200。
>
> 如果支出項目的範圍不連續，可以使用SUMIFS函數來代替SUMIF函數。SUMIFS函數可以根據多個條件對一個範圍中的數值進行求和。
>
> ```
> =SUMIFS(C2:C7,B2:B7,"車資")
> ```
>
> 上述公式的意思是：在C2:C7範圍內，查找所有支出項目為"車資"的單元格，然後對這些單元格中的數值進行求和。
>
> 在實際應用中，可以根據需要修改公式中的條件和範圍。例如，可以根據日期、月份、年份等條件來計算車資的支出金額。
>
> 👍 👎 ⇄ 🔗 G ⋮

03 有了公式後，選取該公式，再按下 **Ctrl+C** 複製快速鍵，複製這段公式。

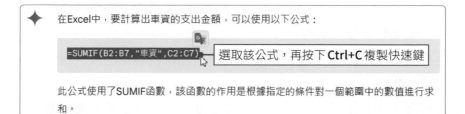

> ✦ 在Excel中，要計算出車資的支出金額，可以使用以下公式：
>
> `=SUMIF(B2:B7,"車資",C2:C7)` ← 選取該公式，再按下 **Ctrl+C** 複製快速鍵
>
> 此公式使用了SUMIF函數，該函數的作用是根據指定的條件對一個範圍中的數值進行求和。

04 進入**車資計算.xlsx**檔案中，在C8儲存格按下 **Ctrl+V** 貼上快速鍵，再按下 **Enter** 鍵，即可計算出車資的支出總金額。

NPER	=SUMIF(B2:B7,"車資",C2:C7)

	A	B	C	D	E
1	日期	支出項目	金額		
2	12月1日	車資	$150		
3	12月2日	書籍	$1,200		
4	12月3日	油資	$1,800		
5	12月4日	車資	$200		
6	12月5日	車資	$210		
7	12月6日	文具用品	$180		
8	車資支出總金額為：		資",C2:C7)		

按下 **Ctrl+V** 貼上快速鍵

C8	=SUMIF(B

	A	B	C
1	日期	支出項目	金額
2	12月1日	車資	$150
3	12月2日	書籍	$1,200
4	12月3日	油資	$1,800
5	12月4日	車資	$200
6	12月5日	車資	$210
7	12月6日	文具用品	$180
8	車資支出總金額為：		$560

查證回覆內容

　　Gemini 在生成資料時，有可能提供錯誤的資訊，此時可以使用**G查證回覆內容**功能，該功能會使用 Google 搜尋來尋找可能與 Gemini 陳述類似或相異的內容，Gemini 也會在回覆下方提供相關搜尋建議。

　　查證回覆會使用顏色來標記，各標記顏色的意義如下：

● **綠色標記**：Google 搜尋找到與回覆內容相似的資訊，並提供連結，使用者可以點選連結查看相關內容。

● **橘色標記**：Google 搜尋找到的資訊可能與回覆內容有出入，或沒有找到任何相關資訊。

● **沒有標記**：沒有足夠資訊可用來評估回覆內容的可信度，或回覆內容未涉及事實資訊。

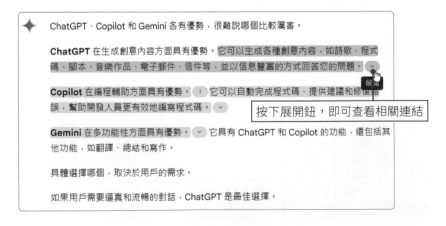

Example 04 提升工作效率—AI工具

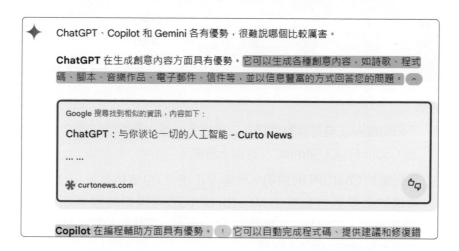

Gemini仍在實驗階段，所以有時可能會提供不準確或不合適的回覆，此時可以按下☹**有待加強**按鈕，來回報問題，提供意見回饋。

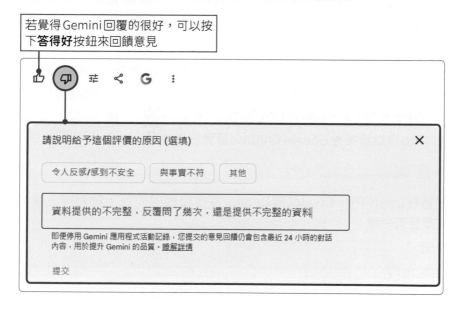

若覺得Gemini回覆的很好，可以按下**答得好**按鈕來回饋意見

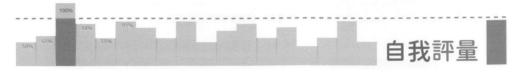

自我評量

● 選擇題

(　　) 1. 下列何種 AI 工具可以幫助提升工作效率並減少重複性工作？ (A) ChatGPT (B) Copilot　(C) Gemini　(D) 以上皆是。

(　　) 2. 下列關於 ChatGPT 的說明，何者<u>不正確</u>？ (A) 使用基於 GPT-3.5、GPT-4 架構的大型語言模型 (LLM)　(B) GPT-3.5 可以即時搜尋網頁中的資料 (C) 是美國人工智慧研究實驗室「OpenAI」開發的 AI 聊天機器人　(D) 免費版本是使用 GPT-3.5 模型。

(　　) 3. 下列關於 Copilot 的說明，何者<u>不正確</u>？ (A) 在 Windows 11 最新版本中可以直接開啟 Copilot　(B) 在瀏覽器中的 Copilot 提供了螢幕擷取畫面功能　(C) 內建於 Google Chrome　(D) 提供了富有創意、平衡及精確等三種交談樣式。

(　　) 4. 下列關於 Gemini 的說明，何者<u>不正確</u>？ (A) 內建於 Windows 11 最新版本作業系統中　(B) 具有精確的語意理解和視覺判斷能力　(C) 共有 Gemini Nano、Gemini Pro 及 Gemini Ultra 等三種模型　(D) Gemini Pro 可以直接在 Google Chrome 瀏覽器上使用。

● 實作題

1. 請試著在 ChatGPT、Copilot 及 Gemini 中提問相同問題，看看這三種 AI 工具的答案是否一樣。

⊙ 範例

> 請提供 Excel 公式
> 當 A 欄位等於「蘋果」時，在 B 欄位輸入「水果」
> 當 A 欄位等於「高麗菜」時，在 B 欄位輸入「蔬菜」
> 當 A 欄位等於「龍蝦」時，在 B 欄位輸入「海鮮」

```
=IF(A1="蘋果", "水果", IF(A1="高麗菜", "蔬菜", IF(A1="龍蝦", "海鮮", "")))
```

```
=IF(A1="蘋果","水果",IF(A1="高麗菜","蔬菜",IF(A1="龍蝦","海鮮","其他")))
```

```
=IF(A1="蘋果","水果",IF(A1="高麗菜","蔬菜",IF(A1="龍蝦","海鮮")))
```

Example 05

大量資料整理與驗證

● 範例檔案

Example05→好客民宿清單.xlsx

資料來源：旅宿網(https://taiwanstay.net.tw)

● 結果檔案

Example05→好客民宿清單-OK.xlsx

大數據時代來臨，如何使用 Excel 整理資料，善用各種函數處理大數據資料已成為必備技能。在這個範例中，要學習如何透過函數及資料驗證快速有效驗證數據正確性，找出錯誤資料。

TODAY 函數

圈選錯誤資料

資料驗證

使用快速鍵產生公式填滿相同內容

資料剖析

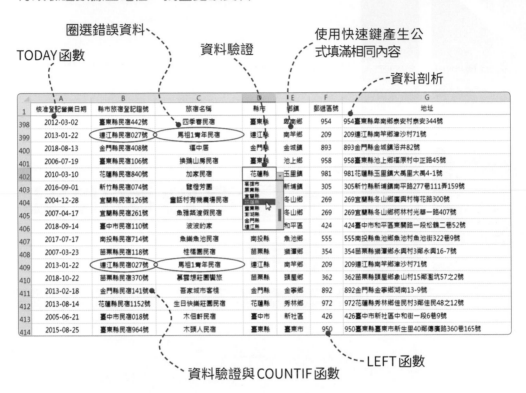

LEFT 函數

資料驗證與 COUNTIF 函數

LOWER、UPPER、PROPER 函數

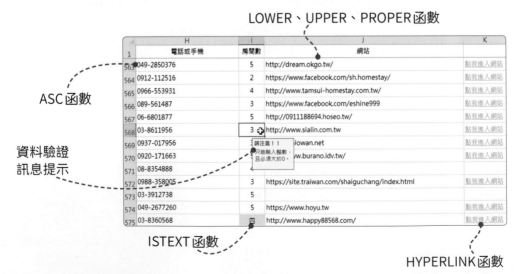

ASC 函數

資料驗證訊息提示

ISTEXT 函數

HYPERLINK 函數

Example 05 大量資料整理與驗證

5-1 將缺失的資料自動填滿

　　建立資料時，當遇到與上一項目相同的重複性內容時，往往會以空白呈現，而這些空白在分析數據時，可能會產生錯誤，導致資料不正確，此時可能會利用複製貼上方式一個一個補齊，但如果資料量龐大時，這樣的作法就太浪費時間了。此時，可以利用快速鍵產生公式的方式，來自動填滿內容。

　　在**好客民宿清單.xlsx**中，可以看到**縣市**與**鄉鎮**二個欄位有許多空格，在此就要運用快速鍵產生公式的方式，來自動填滿相同內容。

01 選取工作表中的**D欄**與**E欄**，按下「**常用→編輯→尋找與選取→特殊目標**」按鈕。

02 開啟「特殊目標」對話方塊後，點選**空格**，點選好後，按下**確定**按鈕。

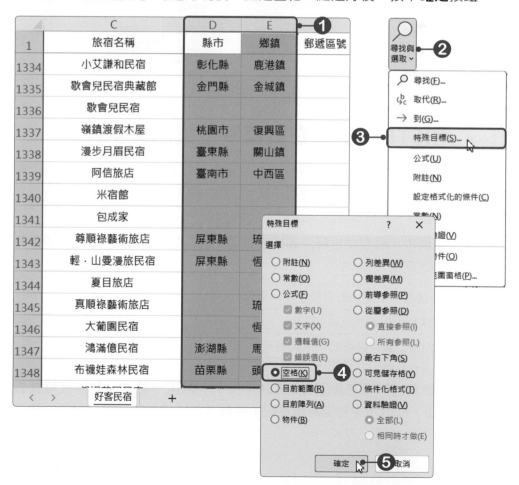

03 此時 D 欄與 E 欄內的空格就會被選取。

04 在空格被選取的狀態下，直接按下鍵盤上的 ☰ 按鍵，再按下 ↑ 按鍵，此時會產生一個公式，取得上一格儲存格的資料內容。

05 按下 **Ctrl+Enter** 快速鍵，就會看到所有空格都被空格上方資料的內容填滿了。

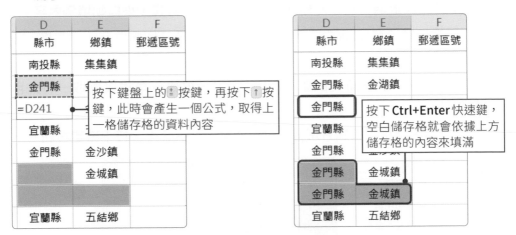

5-2 用ISTEXT函數在數值欄位挑出文字資料

在數據資料中有些欄位的資料必須要是數值才正確，但在輸入時可能會不小心摻雜了文字，此時可以使用 ISTEXT 函數來檢查儲存格範圍內的資料是否為字串。

在此範例中，將要使用**條件式格式設定**功能與 **ISTEXT** 函數找出**房間數**為文字資料的儲存格。

說明	檢查儲存格範圍內的資料是否為字串
語法	ISTEXT(Value)
引數	◆ **Value**：儲存格或儲存格範圍。

01 選取要檢查的儲存格範圍I2:I1564，按下「**常用→樣式→條件式格式設定**」按鈕，於選單中點選**新增規則**，開啟「新增格式化規則」對話方塊。

Example 05 大量資料整理與驗證

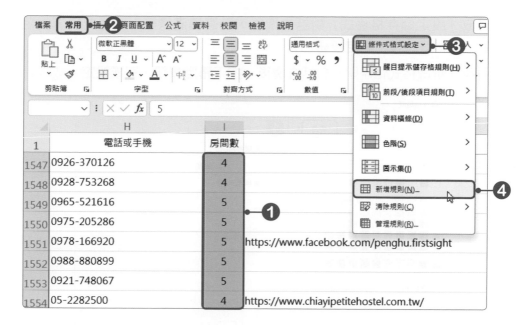

02 於**選取規則類型**中點選**使用公式來決定要格式化哪些儲存格**，點選後於**格式化在此公式為 True 的值**欄位中輸入「=ISTEXT(I2)」，輸入好後，按下**格式**按鈕。

03 開啟「設定儲存格格式」對話方塊後，點選**填滿**標籤，選擇要填滿的色彩，選擇好後按下**確定**按鈕。

04 回到「新增格式化規則」對話方塊後，按下**確定**按鈕，完成設定。

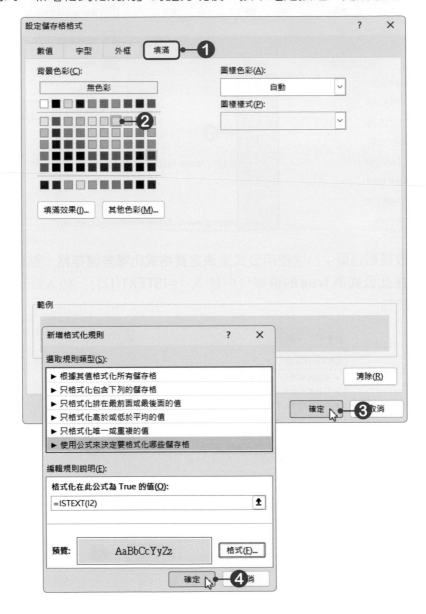

Example 05 大量資料整理與驗證

05 回到工作表後，若為文字的儲存格就會被填滿色彩，此時便可檢查該內容
是否有誤，並修訂錯誤。

1	H 電話或手機	I 房間數
35	049-2781868	5
36	0926-684801	5
37	049-2912403	四
38	082-324489	5
39	05-2561219	5
40	0917-371606	2
41	049-2898057	九
42	0910-885809	2

1	H 電話或手機	I 房間數
1558	0932-897821	5
1559	0975-393054	2
1560	0973-861818	5
1561	0983-740760	1
1562	0836-23332	2
1563	0919-919127	3
1564	0836-23353	無
1565		

知識補充：ISNUMBER

ISTEXT函數可以檢查儲存格範圍內的資料是否為字串；若要檢查資料是否為數值
時，則可以使用ISNUMBER函數。

說明	檢查儲存格範圍內的資料是否為數值
語法	ISNUMBER(Value)
引數	◆ Value：儲存格或儲存格範圍。

5-3 用LEFT函數擷取左邊文字

在範例中，郵遞區號欄位內的資料要從地址欄位中擷取，這裡可以使用
文字函數中的 **LEFT 函數**來達成。

說明	擷取從左邊數過來的幾個字
語法	LEFT(Text, Num_chars)
引數	◆ Text：要抽選的文字串。 ◆ Num_chars：指定抽選的字元數，也就是指定從左邊數來幾個字。

01 點選 **F2** 儲存格，按下「**公式→函數庫→文字**」按鈕，於選單中點選 **LEFT** 函數。

02 於第1個引數(Text)中輸入「**G2**」，於第2個引數(Num_chars)中輸入「**3**」，設定好後，按下**確定**按鈕。

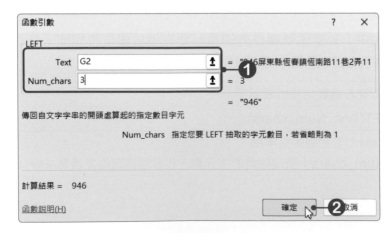

Example 05 大量資料整理與驗證

03 回到工作表後，F2 儲存格就會顯示 G2 儲存格字串中的前三個字。

04 最後將公式複製到其他儲存格中。

| F2 | ✓ | fx | =LEFT(G2,3) |

	C	D	E	F	G
1	旅宿名稱	縣市	鄉鎮	郵遞區號	地址
2	凱悅會館	屏東縣	恆春鎮	946	946屏東縣恆春鎮恆南路11巷2弄
3	樂活民宿	臺東縣	臺東市		950臺東縣臺東市岩灣里文昌路6

| F2 | ✓ | fx | =LEFT(G2,3) |

	C	D	E	F	G
1	旅宿名稱	縣市	鄉鎮	郵遞區號	地址
2	凱悅會館	屏東縣	恆春鎮	946	946屏東縣恆春鎮恆南路11巷2弄
3	樂活民宿	臺東縣	臺東市	950	950臺東縣臺東市岩灣里文昌路6
4	默默旅宿	臺中市	后里區	421	421臺中市后里區安眉路116巷10
5	純舍民宿	花蓮縣	吉安鄉	973	973花蓮縣吉安鄉東昌村22鄰東洋
6	童心園民宿	宜蘭縣	員山鄉	264	264宜蘭縣員山鄉八甲路22-21號
7	瑪拉松民宿	臺東縣	臺東市	950	950臺東縣臺東市知本路三段398
8	慧來農莊民宿	南投縣	埔里鎮	545	545南投縣埔里鎮桃米里桃米巷2
9	晴意天空	臺南市	玉井區	714	714臺南市玉井區中正里16鄰玉安

▦知識補充

假設要將郵遞區號欄位中的區號合併到地址欄位中，可以怎麼做呢？很簡單，只要將公式設定為「**=A1&" "&B1**」即可（「" "」表示要在二個合併的字串中加入空白）。

▦知識補充：文字函數

「文字函數」可以在公式中處理文字，像是取出左邊、中間、右邊的字串，或是找出某個字的位置、計算字數，以下介紹幾個常用的文字函數。

◐ RIGHT 函數

說明	擷取從右邊數過來的幾個字
語法	RIGHT(Text, Num_chars)
引數	◆ **Text**：要抽選的文字串。 ◆ **Num_chars**：指定抽選的字元數，也就是指定從右邊數來幾個字。

● MID 函數

說明	擷取從指定位置數過來的幾個字
語法	MID(Text, Start_num, Num_chars)
引數	◆ Text：要抽選的文字串。 ◆ Start_num：指定從第幾個字元開始抽選。 ◆ Num_chars：指定抽選的字元數目，也就是指定要抽出幾個字。

● LEN 函數

說明	取得文字的字數
語法	LEN(Text)
引數	◆ Text：要計算的文字串。(字串中的空白亦視為字元)

5-4 使用資料剖析分割資料

　　Excel 提供了「資料剖析」功能，可以將一個欄位中的資料分割成多個欄位，而分割的方式是依據**分割符號**(遇到特定的符號，就會將前後的資料切割開)或**固定寬度**(每隔幾個字就把資料切割開)。

　　上一節使用了 LEFT 函數擷取出郵遞區號，除了使用此方式外，也可以直接使用「資料剖析」功能，將郵遞區號與地址分割開。

01 進入「地址」工作表中，選取 **B2:B1564** 儲存格，按下「**資料→資料工具→資料剖析**」按鈕。

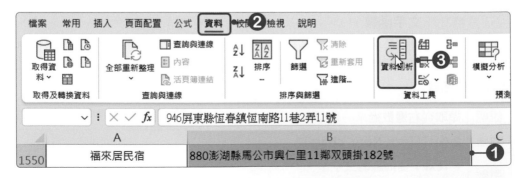

02 開啟「資料剖析精靈」對話方塊後，點選**固定寬度**選項，點選好後，按**下一步**按鈕。

Example 05 大量資料整理與驗證

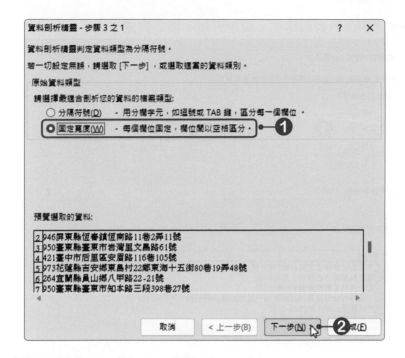

03 在要建立分欄線的位置按一下**滑鼠左鍵**，建立分欄線，設定好後，按**下一步**按鈕。

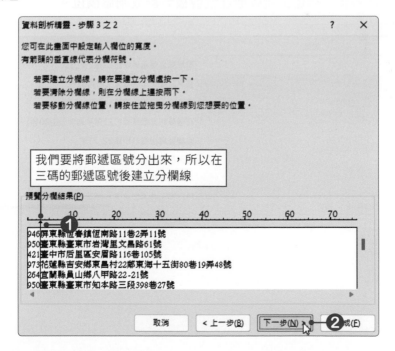

04 接著設定欄位的資料格式，設定好後，按下**完成**按鈕。

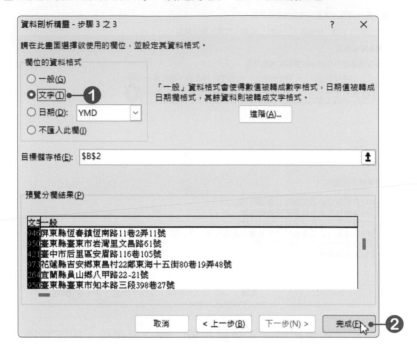

05 回到工作表後，郵遞區號與地址就會被分割成兩個欄位。

Example 05 大量資料整理與驗證

5-5 轉換英文字母的大小寫

在輸入資料時，常常會有英文字母大小寫摻雜在一起，這樣的資料看起來很凌亂，而在 Excel 中又沒有可以變更英文字母大小寫的按鈕，所以要轉換英文字母大小寫時，那就得使用 **UPPER**、**LOWER** 或 **PROPER** 函數。

UPPER

說明	將文字字串中的所有小寫字母轉換成大寫字母
語法	**UPPER(Text)**
引數	◆ **Text**：要轉換的文字串。

LOWER

說明	將文字字串中的所有大寫字母轉換成小寫字母
語法	**LOWER(Text)**
引數	◆ **Text**：要轉換的文字串。

PROPER

說明	將文字字串中的第一個字母轉換為大寫
語法	**PROPER(Text)**
引數	◆ **Text**：要轉換的文字串。

下表為 UPPER、LOWER 及 PROPER 函數使用範例。

A1儲存格資料	公式	結果
i love you	=UPPER(A1)	I LOVE YOU
I Love You	=LOWER(A1)	i love you
i love you	=PROPER(A1)	I Love You
0678ILoveYou	=PROPER(A1)	0678Iloveyou
this is a BOOK	=PROPER(A1)	This Is A Book

了解各種大小寫轉換函數後，接著就來使用LOWER函數，將範例中網址裡的大寫英文字母全部轉換為小寫。

01 點選**K2**儲存格，按下「**公式→函數庫→文字**」按鈕，於選單中點選**LOWER**函數。

02 於引數 (Text) 中輸入 **J2**，設定好後，按下**確定**按鈕。

03 K2儲存格的公式建立完成後，將滑鼠游標移至**儲存格控點**，**雙擊滑鼠左鍵**，公式就會自動填入到其它儲存格中，此時所有儲存格處於選取狀態，接著按下**Ctrl+C**複製快速鍵。

04 點選**J2**儲存格，按下**Ctrl+V**貼上快速鍵，此時資料會亂掉，不用擔心，請按下 💼(Ctrl)▾ 貼上選項智慧標籤，於選單中點選**貼上值**中的 💼 **值**按鈕，儲存格內的資料就會變成文字而非公式。

Example 05 大量資料整理與驗證

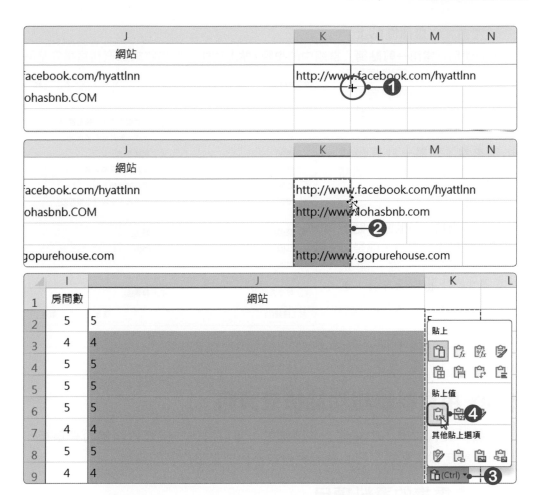

05 最後,點選 **K 欄**,按下**滑鼠右鍵**,於選單中點選**刪除**,將 K 欄刪除。

▦知識補充：**選擇性貼上**

若單純使用「**常用→剪貼簿**」群組中的**複製/貼上**功能，是指將來源資料直接完整貼在新的儲存格上。而選擇性貼上功能，就可以選擇想要複製的項目，例如：只複製格式、公式、值、欄位寬度等。

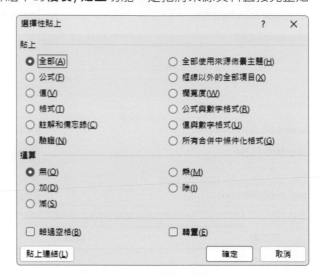

舉例來說，若將一計算公式「6*5」的儲存格複製至其他儲存格時，會將公式複製過去，而非複製其值「30」。這時可以按下「**常用→剪貼簿→貼上→選擇性貼上**」選項，或是按下 **Ctrl+Alt+V** 快速鍵，開啟「選擇性貼上」對話方塊，選擇只複製「**值**」即可。

5-6 用資料驗證功能檢查資料

　　將「資料驗證」功能配上各種函數，可以快速地檢查資料是否有重複，還可以設定輸入格式，如此就能更有效率的檢查工作表的資料。

檢查重複的資料項目

　　在龐大的數據資料中，該如何檢查是否有重複的資料呢？可以使用**資料驗證**功能與 COUNTIF 函數建立資料驗證條件，再以**圈選錯誤資料**功能，將不符合資料驗證條件的資料圈選出來。

說明	計算符合條件的儲存格個數
語法	**COUNTIF(Range,Criteria)**
引數	◆ **Range**：比較條件的範圍，可以是數字、陣列或參照。 ◆ **Criteria**：用以決定要將哪些儲存格列入計算的條件，可以是數字、表示式、儲存格參照或文字。

Example 05 大量資料整理與驗證

01 選取工作表中要設定資料驗證的範圍**C欄**,按下「**資料→資料工具→資料驗證**」按鈕,於選單中點選**資料驗證**;也可直接點選**資料驗證**按鈕。

02 開啟「**資料驗證**」對話方塊後,點選**設定**標籤,按下**儲存格內允許**選單鈕,選擇**自訂**;在**公式**欄位中輸入「**=COUNTIF(C:C,C1)=1**」,輸入好後,按下**確定**按鈕。

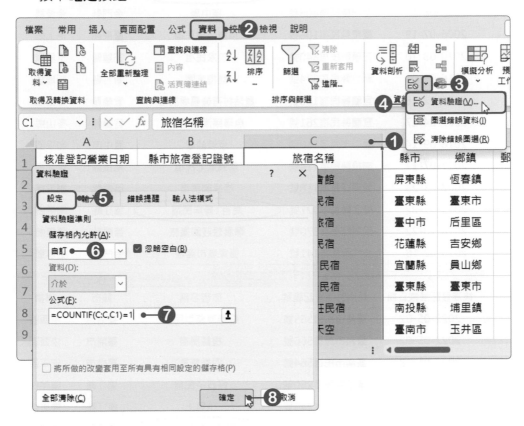

03 回到工作表後,按下「**資料→資料工具→資料驗證**」選單鈕,於選單中點選**圈選錯誤資料**。

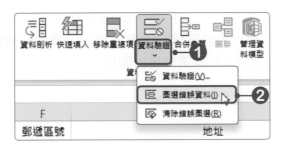

04 此時工作表中不符合資料驗證條件的資料就會被圈選出來。

	A	B	C	D	E
1	核准登記營業日期	縣市旅宿登記證號	旅宿名稱	縣市	鄉鎮
398	2012-03-02	臺東縣民宿442號	四季春民宿	臺東縣	卑南鄉
399	2013-01-22	連江縣民宿027號	馬祖1青年民宿	連江縣	南竿鄉
400	2018-08-13	金門縣民宿408號	福中居	金門縣	金城鎮
401	2006-07-19	臺東縣民宿106號	換鵝山房民宿	臺東縣	池上鄉
402	2010-03-10	花蓮縣民宿840號	加家民宿	花蓮縣	玉里鎮
403	2016-09-01	新竹縣民宿074號	馥橙芳園	新竹縣	新埔鎮
404	2004-12-28	宜蘭縣民宿126號	童話村有機農場民宿	宜蘭縣	冬山鄉
405	2007-04-17	宜蘭縣民宿261號	魚雅築渡假民宿	宜蘭縣	冬山鄉
406	2018-09-14	臺中市民宿110號	波波的家	臺中市	和平區
407	2017-07-17	南投縣民宿714號	魚樂魚池民宿	南投縣	魚池鄉
408	2007-03-23	苗栗縣民宿118號	桂橘園民宿	苗栗縣	獅潭鄉
409	2013-01-22	連江縣民宿027號	馬祖1青年民宿	連江縣	南竿鄉
410	2018-10-22	苗栗縣民宿370號	慕雲想莊園饗旅	苗栗縣	頭屋鄉
411	2013-02-18	金門縣民宿141號	吾家城市客棧	金門縣	金寧鄉

	A	B	C	D	E
1	核准登記營業日期	縣市旅宿登記證號	旅宿名稱	縣市	鄉鎮
1559	2022-05-02	臺南市民宿565號	好壽商務型民宿	臺南市	中西區
1560	2022-05-02	臺南市民宿566號	橙館民宿	臺南市	中西區
1561	2022-05-18	臺南市民宿564號	四季春風	臺南市	安平區
1562	2022-06-01	連江縣民宿250號	好日子民宿	連江縣	南竿鄉
1563	2022-06-07	連江縣民宿249號	小島上	連江縣	東引鄉
1564	2013-01-22	連江縣民宿027號	馬祖1青年民宿	連江縣	南竿鄉
1565					

05 找出重複資料後(注意:有些民宿名稱相同,但地點不同),即可將重複資料進行刪除的動作,若要移除圈選,按下「**資料→資料工具→資料驗證**」選單鈕,於選單中點選**清除錯誤圈選**。

Example 05 大量資料整理與驗證

限定不能輸入重複資料

使用**資料驗證**功能與**COUNTIF**函數可以建立資料驗證條件，找出不符合資料驗證條件的資料。而這樣的功能組合也可以限定使用者在建立資料時不能輸入重複的資料。

01 選取**B**欄，按下「**資料→資料工具→資料驗證**」按鈕。

02 點選**設定**標籤，按下**儲存格內允許**選單鈕，選擇**自訂**；在**公式**欄位中輸入「**=COUNTIF(B:B,B1)=1**」。

03 點選**錯誤提醒**標籤，於**標題**及**訊息內容**欄位中輸入相關文字，輸入好後，按下**確定**按鈕。

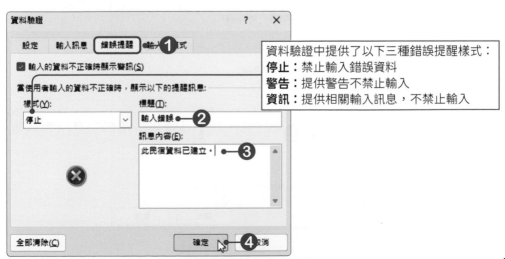

> 資料驗證中提供了以下三種錯誤提醒樣式：
> **停止**：禁止輸入錯誤資料
> **警告**：提供警告不禁止輸入
> **資訊**：提供相關輸入訊息，不禁止輸入

04 設定好後，輸入資料若重複時，會顯示錯誤訊息，此時可以按下**重試**按鈕，再重新輸入。

1561	2022-05-18	臺南市民宿564號	四季春風	臺南市	安平區
1562	2022-06-01	連江縣民宿250號			
1563	2022-06-07	連江縣民宿249號			
1564	2013-01-22	連江縣民宿027號			
1565		連江縣民宿246號			

輸入錯誤 ✕
❌ 此民宿資料已建立。
重試(R)　取消　說明(H)

🥧 用ASC函數限定只能輸入半形字元

使用**ASC**函數可以將全形文字、數字轉換成半形，若再搭配**資料驗證**功能，就能在輸入資料時自動檢查輸入的資料是否為半形字元。

說明	將全形字元轉換成半形字元
語法	**ASC(Text)**
引數	◆ **Text**：要轉換的文字串。

01 選取工作表中要設定資料驗證的範圍**H2:H1564**，按下「**資料→資料工具→資料驗證**」按鈕。

02 點選**設定**標籤，按下**儲存格內允許**選單鈕，選擇**自訂**；在**公式**欄位中輸入「**=H2=ASC(H2)**」。

資料驗證 ? ✕

〔設定〕 輸入❶ 錯誤提醒　輸入法模式

資料驗證準則

儲存格內允許(A):
自訂 ❷　☑ 忽略空白(B)

資料(D):
介於

公式(F):
=H2=ASC(H2) ❸ 　⬆

☐ 將所做的改變套用至所有具有相同設定的儲存格(P)

全部清除(C)　確定　取消

Example 05 大量資料整理與驗證

03 點選**錯誤提醒**標籤，於**標題**及**訊息內容**欄位中輸入相關文字，輸入好後，
按下**確定**按鈕。

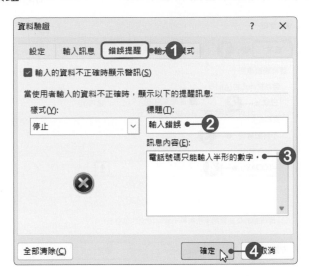

04 設定好後，輸入全形數字時，會顯示錯誤訊息，此時可以按下**重試**按鈕，
再重新輸入。

用TODAY函數限定輸入的日期

使用 **TODAY** 函數可以顯示當天日期，若再搭配資料驗證功能，就能在輸
入資料時自動檢查是否輸入了未來日期。

說明	顯示當天日期
語法	TODAY()

01 選取工作表中要設定資料驗證的範圍**A欄**，按下「**資料→資料工具→資料
驗證**」按鈕。

02 點選**設定**標籤,按下**儲存格內允許**選單鈕,選擇**日期**;按下**資料**選單鈕,選擇**小於或等於**;在**結束日期**欄位中輸入「=TODAY()」。

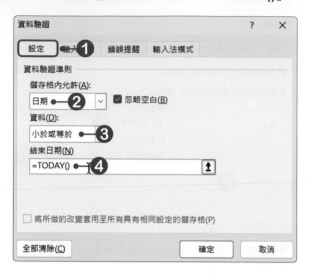

清除資料驗證

要清除資料驗證時,只要進入「資料驗證」對話方塊,按下**全部清除**按鈕即可。

03 點選**錯誤提醒**標籤,於**標題**及**訊息內容**欄位中輸入相關文字,輸入好後,按下**確定**按鈕。

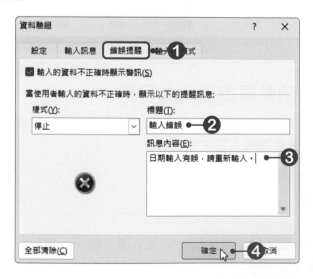

Example 05 大量資料整理與驗證

04 設定好後，在儲存格中若輸入未來日期時，會顯示錯誤訊息，此時可以按下**重試**按鈕，再重新輸入。

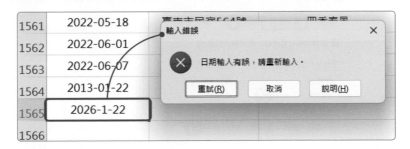

限定輸入的數值為整數

要在工作表中輸入數值資料時，可以先設定數值的資料驗證，來限定數值資料的有效範圍，以減少輸入錯誤的問題產生。

在範例中，要利用資料驗證功能，來限定房間數**只能輸入整數，且必須大於0**。

01 選取工作表中要設定資料驗證的範圍I欄，按下「**資料→資料工具→資料驗證**」按鈕。

02 點選**設定**標籤，按下**儲存格內允許**選單鈕，選擇**整數**；按下**資料**選單鈕，選擇**大於**；在**最小值**欄位中輸入「0」。

03 點選**輸入訊息**標籤，於**標題**及**提示訊息**欄位中輸入相關文字。

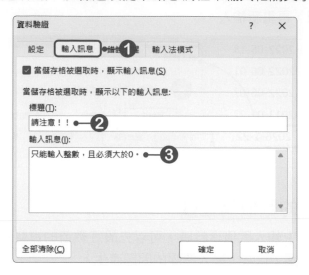

04 點選**錯誤提醒**標籤，於**標題**及**訊息內容**欄位中輸入相關文字，輸入好後，按下**確定**按鈕。

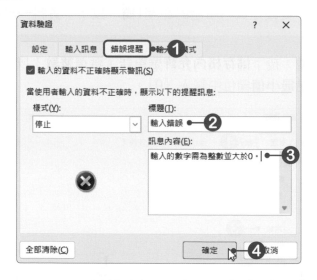

05 設定好後，將滑鼠游標移至儲存格後，就會出現提示訊息。

06 輸入的資料若非整數或小於等於0時，會顯示錯誤訊息，此時可以按下**重試**按鈕，再重新輸入。

Example 05 大量資料整理與驗證

填入重複性的資料

在儲存格中輸入重複性資料時,可以使用資料驗證功能,將項目建立成下拉式選單,在建立資料時,便可直接透過選單來選擇要輸入的項目。

01 選取工作表中要設定資料驗證的範圍**D欄**,按下「**資料→資料工具→資料驗證**」按鈕。

02 點選**設定**標籤,按下**儲存格內允許**選單鈕,選擇**清單**;按下**來源**欄位中的 🔼**最小化對話方塊**按鈕。

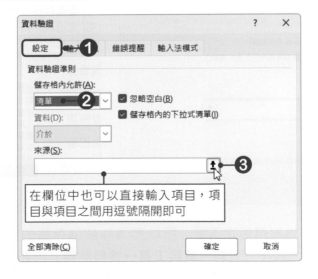

03 點選**縣市清單**工作表標籤,選取**A1:A21**儲存格,按下圖**展開對話方塊**按鈕,回到「資料驗證」對話方塊中。

04 回到「資料驗證」對話方塊後,按下**確定**按鈕,完成設定。

05 回到工作表後,在儲存格旁就會顯示**下拉式清單鈕**,點選該按鈕,即可選取清單中的資料。

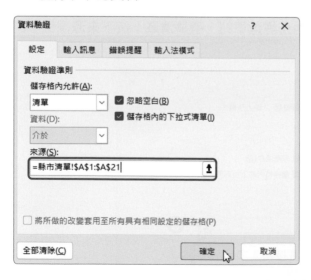

當儲存格為作用儲存格時,便會出現下拉式清單鈕,按下後即可開啟清單選項

06 由於D1儲存格不用設定清單,所以要清除該儲存格的資料驗證,請點選**D1**儲存格,按下「**資料→資料工具→資料驗證**」按鈕,進入「資料驗證」對話方塊中,再按下**全部清除**按鈕即可。

Example 05 大量資料整理與驗證

5-7 用HYPERLINK函數建立超連結

使用HYPERLINK函數可以建立超連結，並顯示指定的連結位址或名稱。在此範例中，要建立一個「點我進入網站」的連結，使用者點選後便可以進入民宿的網站中。

說明	建立超連結，並顯示指定的連結位址或名稱
語法	HYPERLINK(Link_location,[Friendly_name])
引數	◆ Link_location：指定超連結的目標。 ◆ Friendly_name：在儲存格中要顯示的文字或數值，若省略不寫會直接顯示Link_location的資料。

01 點選**K2**儲存格，按下「**公式→函數庫→查閱與參照**」按鈕，於選單中點選**HYPERLINK**函數。

🏛**知識補充**

在進行超連結設定時，網址內的資料必須以「**http://**」為開頭，才能順利連結至該網站，若無「http://」，則會出現錯誤訊息。

若要連結的是電子郵件時，在建立公式時要加入「**mailto:**」字串，例如：A1儲存格的內容為「123456@chwa.com.tw」，那麼公式就要設定為「=HYPERLINK("mailto:"&A1),電子郵件」。

02 於第1個引數(Link_location)中輸入 **J2**；於第2個引數(Friendly_name) 中輸入「**點我進入網站**」文字，設定好後，按下**確定**按鈕。

03 回到工作表後，K2 儲存格就會出現「**點我進入網站**」文字，並呈綠字底線的超連結狀態(超連結文字色彩會依佈景主題的色彩不同而有所不同)。最後將公式複製到其他有提供網址的儲存格中。

04 若要進入該網站時，只要點選該連結，即可跳轉至網站中。

Example 05 大量資料整理與驗證

▦知識補充：**連結功能**

Excel 提供了**連結**功能，可以將圖片、儲存格等連結至文件檔案、圖片及電子郵件等外部資料。要加入超連結時，按下「**插入→連結→連結**」按鈕，或是 **Ctrl+K** 快速鍵，開啟「插入超連結」對話方塊，即可進行設定。

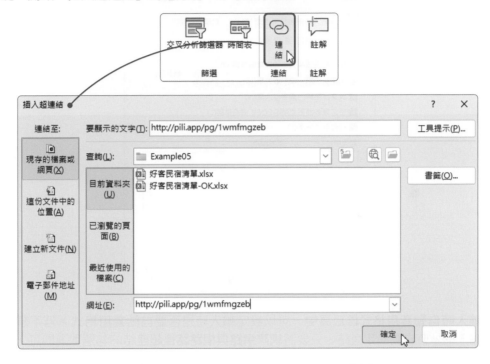

▦知識補充：**自動校正選項**

在儲存格中輸入網址資料時，輸入好後，按下 **Enter** 鍵，該網址就會自動加上超連結功能。若不想加入超連結可以按下 **Ctrl+Z** 快速鍵，或按下 <kbd>⊡▾</kbd> **自動校正選項**按鈕，於選單中點選**復原超連結**選項；若之後也都不想自動建立超連結的話，可以點選**停止自動建立超連結**選項。

若想要查看 Excel 提供了哪些自動校正選項，可以點選**控制自動校正選項**，開啟「自動校正」對話方塊，在**自動校正**標籤頁中，有勾選的選項就會在執行該動作時進行自動校正，若都不想使用該功能，可以將**顯示 [自動校正選項] 按鈕**選項的勾選取消。

在**輸入時自動套用格式**標籤頁中，可以設定輸入時是否要自動套用格式，若不想要在輸入網址時自動設定連結，只要將**網際網路與網路路徑超連結**的勾選取消即可。

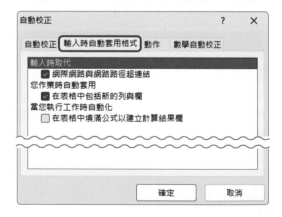

自我評量

● 選擇題

( ) 1. 若要找出工作表中未填入資料的儲存格時，可以使用「尋找與選取」中的何項功能來達成？ (A)公式 (B)取代 (C)尋找 (D)特殊目標。

( ) 2. 下列哪個函數可以檢查儲存格範圍內的資料是否為字串？ (A) ISTEXT (B) ASC (C) TODAY (D) COUNFIF。

( ) 3. 下列哪個函數可以將全形文字、數字轉換成半形？ (A) ISTEXT (B) ASC (C) TODAY (D) COUNFIF。

( ) 4. 假設A1儲存格內的值為：excel，在B1儲存格中輸入「=UPPER(A1)」公式，會顯示為？ (A) Excel (B) excel (C) EXCEL (D) exceL。

( ) 5. 假設A1儲存格內的值為：excel，在B1儲存格中輸入「=PROPER(A1)」公式，會顯示為？ (A) Excel (B) excel (C) EXCEL (D) exceL。

( ) 6. 假設A1儲存格內的值為：王小桃，在B1儲存格中輸入「=LEFT(A1,1)」公式，會顯示為？ (A)王小桃 (B)王 (C)小 (D)桃。

( ) 7. 假設A1儲存格內的值為：王小桃，在B1儲存格中輸入「=RIGHT(A1,1)」公式，會顯示為？ (A)王小桃 (B)王 (C)小 (D)桃。

( ) 8. 在Excel中，有關資料驗證的描述下列哪個不正確？ (A)資料驗證主要功能在於規範資料輸入的限制，以確保資料輸入的正確性 (B)資料驗證可以在儲存格內設定「整數、實數、文字長度、日期」等驗證準則 (C)資料驗證功能無法在儲存格內自行設定函數與公式的驗證準則 (D)資料驗證功能可以設定錯誤提醒訊息。

( ) 9. 在Excel「資料驗證」功能中，「提示訊息」的作用為下列何者？ (A)指定該儲存格的輸入法模式 (B)輸入的資料不正確時顯示警訊 (C)設定資料驗證準則 (D)當儲存格被選定時，顯示訊息。

( ) 10.若要在儲存格加入超連結的設定，可以使用哪一組快速鍵來達成？ (A) Ctrl+U (B) Ctrl+K (C) Ctrl+E (D) Ctrl+O。

● 實作題

1. 開啟「人事資料.xlsx」檔案，進行以下設定。

⊙ 將部門欄位中的空白儲存格填入與上一儲存格相同的資料。

⊙ 將「員工編號」中的小寫英文字母改為大寫。

⊙ 在「姓」欄位中擷取「員工姓名」中的姓氏；在「名」欄位中擷取「員工姓名」的名字。

⊙ 使用資料驗證功能在「部門」欄位中加入「部門」清單 (清單內容位於部門工作表中)。

⊙ 限定「工作表現分數」中只能輸入整數，且數值不能超過100。

	A	B	C	D	E	F	G
1	員工編號	員工姓名	姓	名	部門	到職日	工作表現分數
2	A0716	陳家豪	陳	家豪	行銷部	90年2月17日	82
3	A0721	林淑芬	林	淑芬	商管部	91年3月19日	75
4	A0712	張志明	張	志明	版權部	87年5月14日	84
5	A0717	李淑惠	李	淑惠	版權部	90年8月7日	88
6	A0702	王承恩	王	承恩	商管部	77年7月5日	78
7	A0704	吳品妍	吳	品妍		79年12月7日	81
8	A0706	蔡婷婷	蔡	婷婷		82年2月7日	74
9	A0707	楊玲玲	楊	玲玲		83年5月10日	70
10	A0703	許莉莉	許	莉莉		78年7月7日	68
11	A0730	鄭彬彬	鄭	彬彬	產銷部	94年10月2日	80
12	A0710	謝安安	謝	安安	軟體部	86年1月17日	85
13	A0718	郭明明	郭	明明	軟體部	90年10月2日	71
14	A0724	朱宥廷	朱	宥廷	軟體部	92年10月12日	82
15	A0711	廖苡菲	廖	苡菲	業務部	87年4月10日	77
16	A0719	劉子睿	劉	子睿	業務部	90年12月12日	80
17	A0720	王小桃	王	小桃	業務部	91年3月11日	95
18	A0722	古詠晴	古	詠晴	業務部	91年8月10日	74
19	A0723	林雨霏	林	雨霏	業務部	91年9月14日	65
20	A0728	王建宏	王	建宏	業務部	94年2月8日	87
21	A0725	陳冠宇	陳	冠宇	資訊部	92年12月21日	78
22	A0726	陳怡君	陳	怡君	資訊部	93年2月4日	83
23	A0701	魯沐宸	魯	沐宸	資圖部	74年10月17日	86
24	A0705	王雅嬉	王	雅嬉	資圖部	80年7月4日	80

下拉清單：行銷部、版權部、商管部、產銷部、軟體部、業務部、資訊部、資圖部

〈 〉 人事資料 部門 ＋

Example 06

用圖表呈現數據

● 範例檔案

Example06→營收統計 .xlsx

● 結果檔案

Example06→營收統計 -OK.xlsx

圖表是Excel中很重要的功能，因為一大堆的數值資料，都比不上圖表的一目了然，透過圖表能夠很容易解讀出資料的意義。所以，這裡要學習如何輕鬆又快速地製作出美觀的圖表。

走勢圖

	第一季	第二季	第三季	第四季	
鮮菇排	$136,245	$97,915	$91,070	$93,720	
鮮菇塊	$88,630	$114,000	$143,650	$166,200	
炸圈圈	$90,110	$75,300	$108,420	$125,530	
薯條	$107,170	$134,405	$92,170	$143,470	

建立圖表　資料標籤　圖案外框　圖表標題　群組直條圖　圖表格式

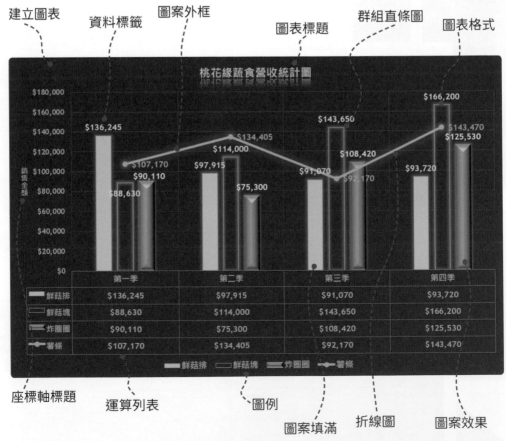

座標軸標題　運算列表　圖例　圖案填滿　折線圖　圖案效果

Example 06 用圖表呈現數據

6-1 使用走勢圖分析營收的趨勢

走勢圖可以快速地於單一儲存格中加入圖表，了解該儲存格的變化。

建立走勢圖

Excel 提供了**折線**、**直條**、**輸贏分析**等三種類型的走勢圖，建立時，可以依資料的特性選擇適當的類型。這裡請使用「營收統計.xlsx」範例，建立各季的走勢圖。

01 選取要建立走勢圖的 **B2:E5** 資料範圍，按下「**插入→走勢圖→直條**」按鈕，開啟「建立走勢圖」對話方塊。

02 在資料範圍欄位中就會直接顯示被選取的範圍，若要修改範圍，按下 🔼 **最小化對話方塊**按鈕，即可於工作表中重新選取資料範圍。

03 接著選取走勢圖要擺放的位置範圍。按下 🔼 **最小化對話方塊**按鈕，於工作表中選取 **F2:F5** 範圍，選取好後按下 🔲 **展開對話方塊**按鈕。

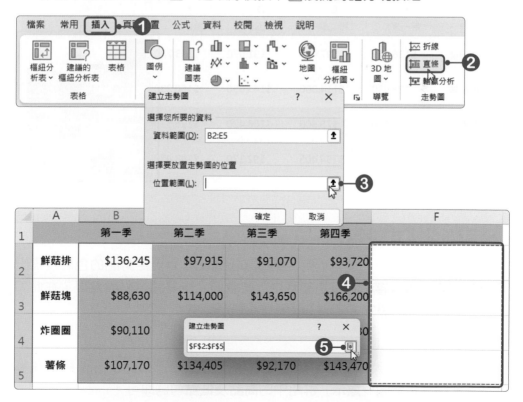

04 回到「建立走勢圖」對話方塊，按下**確定**按鈕。

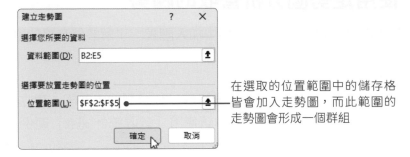

在選取的位置範圍中的儲存格
皆會加入走勢圖，而此範圍的
走勢圖會形成一個群組

05 回到工作表後，位置範圍中就會顯示走勢圖。

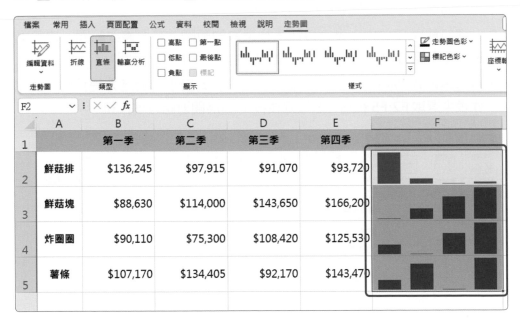

走勢圖格式設定

建立好走勢圖後，還可以幫走勢圖加上標記、變更走勢圖的色彩及標記
色彩等。將作用儲存格移至走勢圖中，便會顯示**走勢圖**索引標籤頁，在此即
可進行各種格式的設定。

顯示高點及低點

在走勢圖中加入標記，可以立即看出走勢圖的最高點及最低點落在哪
裡，只要將「**走勢圖→顯示**」群組中的**高點**及**低點**勾選即可。

Example 06 用圖表呈現數據

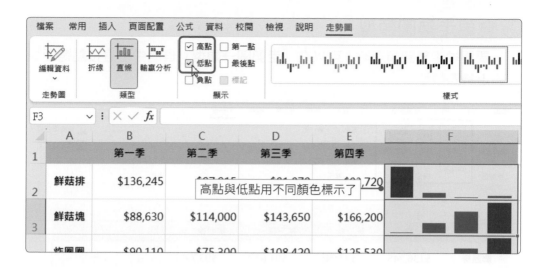

高點與低點用不同顏色標示了

知識補充

F2:F5 儲存格中的走勢圖是一個群組，所以當設定走勢圖時，群組內的走勢圖都會跟著變動，若要單獨設定某個儲存格的走勢圖時，可以先按下「**走勢圖→群組→取消群組**」按鈕，將群組取消後，再進行設定。列印含有走勢圖的工作表時，也會一併將走勢圖列印出來。

走勢圖樣式

在「**走勢圖→樣式**」群組中，可以選擇走勢圖樣式、色彩及標記色彩。

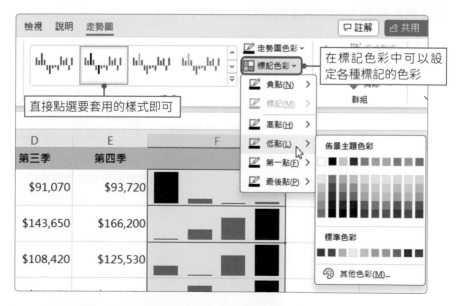

直接點選要套用的樣式即可

在標記色彩中可以設定各種標記的色彩

變更走勢圖類型

要更換走勢圖類型時，可以在「**走勢圖→類型**」群組中，直接點選要更換的走勢圖類型。

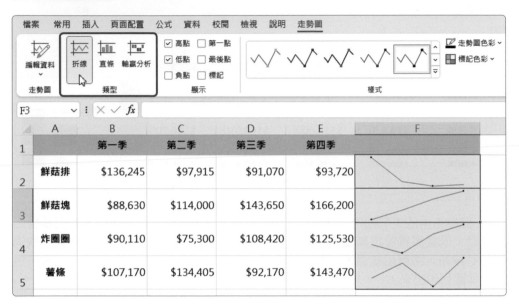

清除走勢圖

要清除走勢圖時，按下「**走勢圖→群組→清除**」選單鈕，於選單中點選**清除選取的走勢圖**，即可將走勢圖從儲存格中清除。

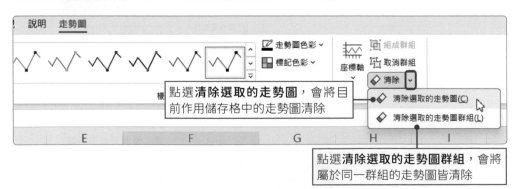

點選**清除選取的走勢圖**，會將目前作用儲存中的走勢圖清除

點選**清除選取的走勢圖群組**，會將屬於同一群組的走勢圖皆清除

Example 06 用圖表呈現數據

6-2 用直條圖呈現營收統計數據

圖表是 Excel 很重要的功能，因為一大堆的數值資料，都比不上圖表的一目了然，透過圖表能夠很容易解讀出資料的意義。

認識圖表

Excel 提供了許多圖表類型，每一個類型下還有副圖表類型，下表所列為各圖表類型的說明。

類型		說明
	直條圖	比較同一類別中數列的差異。
	折線圖	表現數列的變化趨勢，最常用來觀察數列在時間上的變化。
	圓形圖	顯示一個數列中，不同類別所占的比重。
	橫條圖	比較同一類別中，各數列比重的差異。
	區域圖	表現數列比重的變化趨勢。
	XY 散佈圖	沒有類別項目，它的水平和垂直座標軸都是數值，因為它是專門用來比較數值之間的關係。
	股票圖	呈現股票資訊。
	曲面圖	呈現兩個因素對另一個項目的影響。
	雷達圖	表現數列偏離中心點的情形，以及數列分布的範圍。
	矩形式樹狀結構圖	適合用來比較階層中的比例。
	放射環狀圖	適合用來顯示階層式資料。每一個層級都是以圓圈表示，最內層的圓圈代表最上面的階層。
	長條圖	適合呈現不同區塊資料集的分布情形，通常用來表示不連續資料，每一條長條之間沒有什麼順序性。

類型		說明
	盒鬚圖	會將資料分散情形顯示為四分位數，並醒目提示平均值及異常值，是統計分析中最常使用的圖表。
	瀑布圖	使用長條圖來呈現新的值與起始值之間的增減關係，可快速顯示收益和損失。
	漏斗圖	只用來表示一個數列，形狀有如漏斗般，由上而下的線條寬度會越來越窄，適用於表達具有階段性或循序性的資料。

在工作表中建立圖表

在「營收統計」範例中，要將每一季的總營業額建立為群組直條圖。

01 選取要建立圖表的資料範圍，或將作用儲存格移至任一有資料的儲存格，Excel 在製作圖表時，會自行判斷資料範圍。

02 按下「**插入→圖表→ 插入直條圖或橫條圖**」按鈕，於選單中點選**群組直條圖**。

03 點選後，圖表就會插入於工作表中。

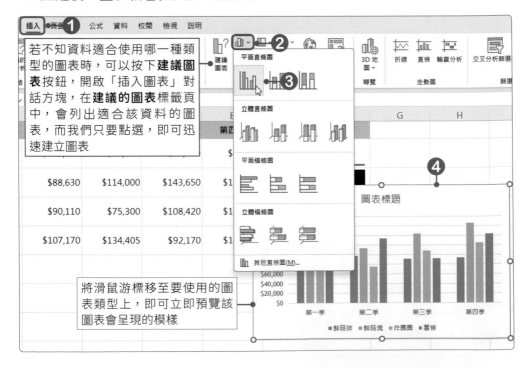

若不知資料適合使用哪一種類型的圖表時，可以按下**建議圖表**按鈕，開啟「插入圖表」對話方塊，在**建議的圖表**標籤頁中，會列出適合該資料的圖表，而我們只要點選，即可迅速建立圖表

將滑鼠游標移至要使用的圖表類型上，即可立即預覽該圖表會呈現的模樣

Example 06 用圖表呈現數據

圖表建立好後，在圖表的右上方會看到田**圖表項目**、✎**圖表樣式**及▽**圖表篩選**等三個按鈕，利用這三個按鈕可以快速地進行圖表的基本設定。

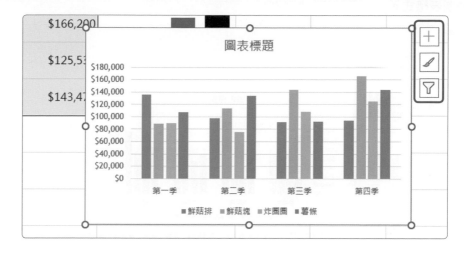

● 田**圖表項目**：用來新增、移除或變更圖表的座標軸、標題、圖例、資料標籤、格線、圖例等項目。

● ✎**圖表樣式**：用來設定圖表的樣式及色彩配置。

● ▽**圖表篩選**：可篩選圖表上要顯示哪些數列及類別。

▦知識補充：**使用 ⚡ 快速分析按鈕建立圖表**

建立圖表時，也可以使用**快速分析**按鈕來建立圖表，當選取資料範圍後，按下⚡**快速分析**按鈕，點選**圖表**標籤，即可選擇要建立的圖表類型。

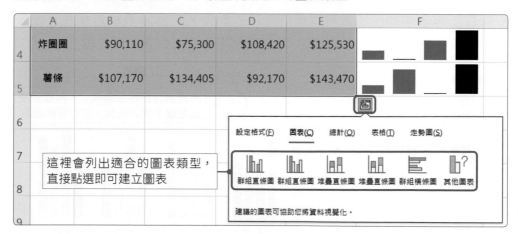

若選單中沒有適當的圖表可供選擇，按下**其他圖表**，會開啟「插入圖表」對話方塊，在**建議的圖表**標籤頁中點選建議使用的圖表類型；或是點選**所有圖表**標籤選擇其他圖表樣式。

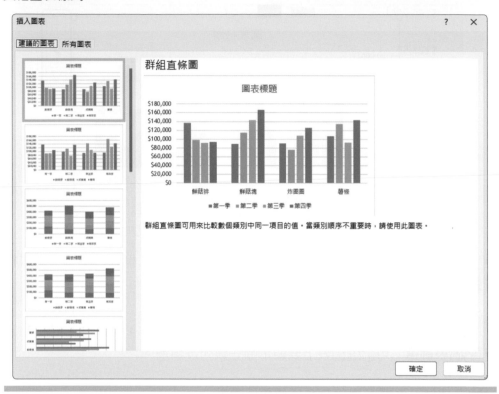

調整圖表位置及大小

在工作表中的圖表，可以進行搬移的動作，只要將滑鼠游標移至圖表上，再按著**滑鼠左鍵**不放並拖曳，即可調整圖表在工作表中的位置。

將滑鼠游標移至圖表上，再按著**滑鼠左鍵**不放並拖曳，即可搬移圖表

Example 06 用圖表呈現數據

要調整圖表的大小時，只要將滑鼠游標移至圖表周圍的控制點上，再按著**滑鼠左鍵**不放並拖曳，即可調整圖表的大小。

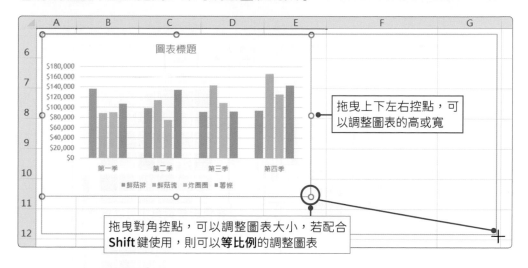

拖曳上下左右控點，可以調整圖表的高或寬

拖曳對角控點，可以調整圖表大小，若配合 **Shift** 鍵使用，則可以**等比例**的調整圖表

套用圖表樣式

Excel 預設了一些圖表樣式，可以快速地製作出專業又美觀的圖表，只要在「**圖表設計→圖表樣式**」群組中，直接點選要套用的樣式即可；而按下**變更色彩**按鈕，可以變更圖表的色彩。

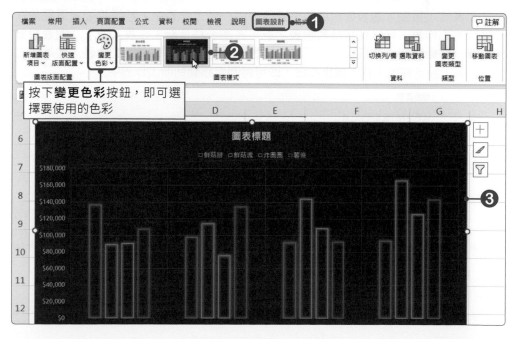

按下**變更色彩**按鈕，即可選擇要使用的色彩

要變更圖表樣式及色彩時，也可以直接按下☑圖表樣式按鈕，在樣式標籤頁中可以選擇要使用的樣式，在色彩標籤頁中可以選擇要使用的色彩。

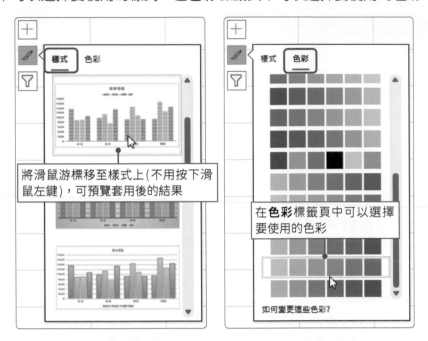

將滑鼠游標移至樣式上(不用按下滑鼠左鍵)，可預覽套用後的結果

在色彩標籤頁中可以選擇要使用的色彩

知識補充：將圖表移動到新工作表中

建立圖表時，預設下圖表會和資料來源放在同一個工作表中，若想將圖表單獨放在一個新的工作表，可以使用移動圖表功能，將圖表移至新工作表。按下「圖表設計→位置→移動圖表」按鈕，開啟「移動圖表」對話方塊，點選新工作表，並輸入工作表名稱，設定好後，按下確定按鈕，即可將圖表移動到新工作表中。

Example 06 用圖表呈現數據

6-3 圖表的版面配置

建立圖表後，還可以幫圖表加上一些相關資訊，讓圖表更完整。

圖表的組成

一個圖表的基本構成，包含了：資料標記、資料數列、類別座標軸、圖例、數值座標軸、圖表標題等物件。在圖表中的每一個物件都可以個別修改。

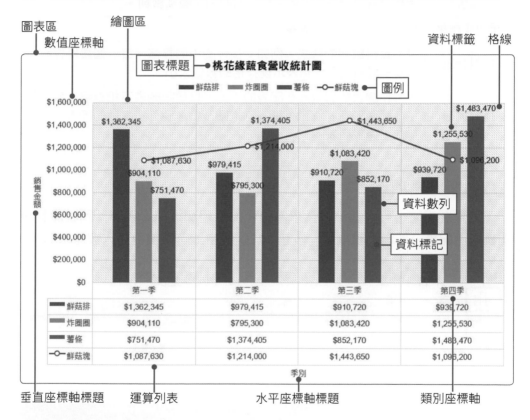

名稱	說明
圖表區	整個圖表區域。
數值座標軸	根據資料標記的大小，自動產生衡量的刻度。
繪圖區	不包含圖表標題、圖例，只有圖表內容，可以拖曳移動位置、調整大小。
座標軸標題	座標軸分為水平與垂直兩座標軸，座標軸標題分別顯示在水平與垂直座標軸上，為數值刻度或類別座標軸的標題名稱。

名稱	說明
圖表標題	圖表的標題。
資料標籤	在數列資料點旁邊，標示出資料的數值或相關資訊，例如：百分比、泡泡大小、公式。
格線	數值刻度所產生的線，用以衡量數值的大小。
圖例	顯示資料標記屬於哪一組資料數列。
資料數列	同樣的資料標記，為同一組資料數列，簡稱**數列**。
類別座標軸	將資料標記分類的依據。
資料標記	是指資料數列的樣式，例如：長條圖中的長條。每一個資料標記，就是一個資料點，也表示儲存格的數值大小。
運算列表	將製作圖表的資料放在圖表的下方，以便跟圖表互相對照比較。除了各類圓形圖、XY散佈圖、泡泡圖及雷達圖外，其他的圖表類型都能加上運算列表。

新增圖表項目

製作圖表時，可依據實際需求為圖表加上相關資訊。按下「**圖表設計→圖表版面配置→新增圖表項目**」按鈕，於選單中即可選擇要加入哪些項目。

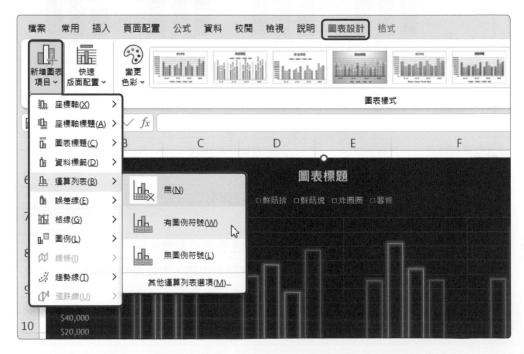

Example 06 用圖表呈現數據

要新增圖表項目時，也可以直接按下田**圖表項目**按鈕，於選單中選擇要加入哪些項目，勾選表示該項目已加入圖表中。

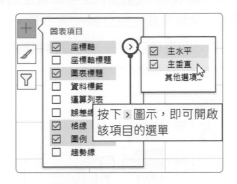

修改圖表標題及圖例位置

建立圖表時，預設下便會有圖表標題及圖例，但圖表標題內容並不是正確的，而圖例位置也沒有在理想的位置，所以這裡要來修改。

01 選取圖表標題物件中的「圖表標題」文字，接著輸入要呈現的文字。

02 圖表標題修改好後，選取圖表物件，按下田**圖表項目**按鈕，於選單中按下**圖例**的 > 圖示，再點選**下**，圖例就會置於圖表的下方。

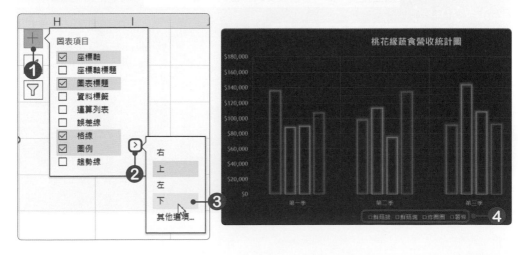

加入資料標籤

　　因圖表將數值以長條圖表現,因此不能得知真正的數值大小,此時可以在數列上加入**資料標籤**,讓數值或比重立刻一清二楚。

01 選取圖表物件,按下⊞**圖表項目**按鈕,將**資料標籤**項目勾選,再按下⟩圖示,點選**終點外側**,即可加入資料標籤。

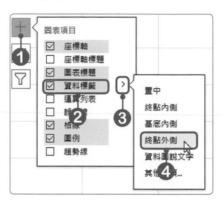

02 加入資料標籤後,點選**鮮菇排**資料標籤,此時其他數列的資料標籤也會跟著被選取,接著就可以針對資料標籤進行文字大小及格式的修改,或是調整資料標籤的位置。

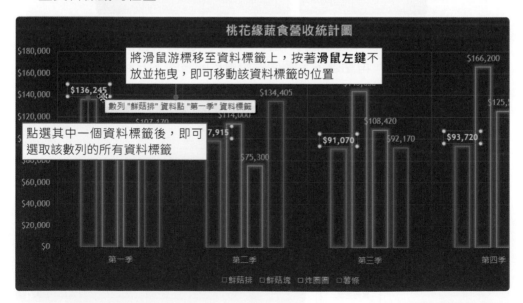

Example 06 用圖表呈現數據

03 除了在數列上顯示「值」資料標籤外，還可以顯示數列名稱、類別名稱及百分比大小等，按下「**格式→目前的選取範圍→格式化選取範圍**」按鈕，開啟「資料標籤格式」窗格，在**標籤選項**中可以勾選想要顯示的標籤；在**數值**中可以設定類別及格式。

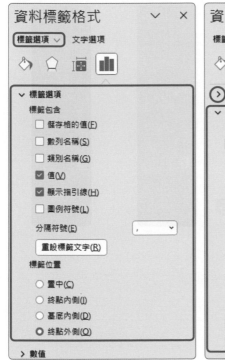
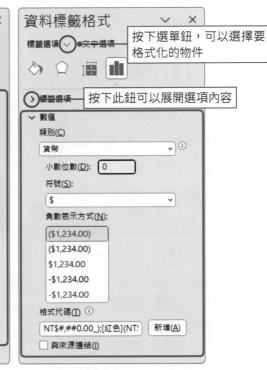

加入座標軸標題

加入座標軸標題可以清楚知道該座標軸所代表的意義。

01 選取圖表物件，按下⊞**圖表項目**按鈕，將**座標軸標題**項目勾選，再按下⟩圖示，將**主水平**選項的勾選取消，因為我們只要加入主垂直座標軸標題。

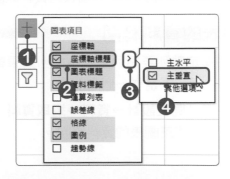

02 垂直座標軸標題加入後，按下「**格式→目前的選取範圍→格式化選取範圍**」按鈕，開啟「座標軸標題格式」窗格，點選**標題選項**標籤，按下 🔳 **大小與屬性**按鈕，將**垂直對齊**設定為**正中**；**文字方向**設定為**垂直**。

03 設定好後，再將「座標軸標題」文字修改為「**銷售金額**」。

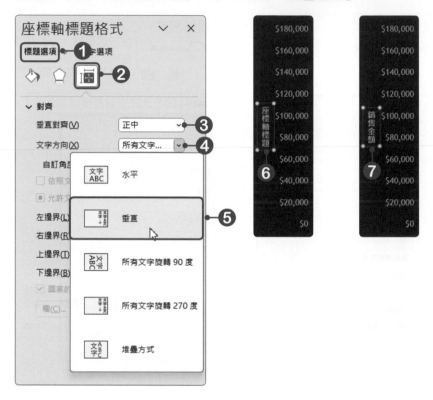

6-4 變更資料範圍及圖表類型

建立好圖表之後，若發現選取的資料範圍錯了，或是圖表類型不適合時，不用擔心，因為 Excel 可以輕易的變更圖表的資料範圍及圖表類型。

🕐 修正已建立圖表的資料範圍

製作圖表時，必須指定數列要循列還是循欄。如果數列資料選擇列，則會把一列當作一組數列；把一欄當作一個類別。

點選圖表物件，按下「**圖表設計→資料→選取資料**」按鈕，開啟「選取資料來源」對話方塊，即可修正圖表的資料範圍。

Example 06 用圖表呈現數據

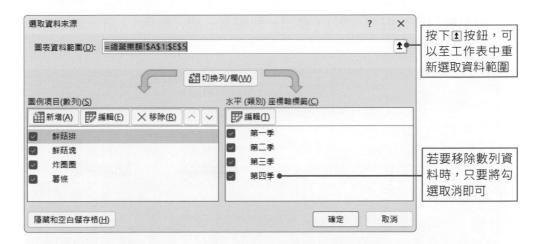

變更資料範圍時，也可以直接在工作表中進行，在工作表中的資料範圍會以顏色來區分數列及類別，直接拖曳範圍框，即可變更資料範圍。

切換列/欄

資料數列取得的方向有**循列**及**循欄**兩種，若要切換時，可以按下「**圖表設計→資料→切換列/欄**」按鈕，進行切換的動作。

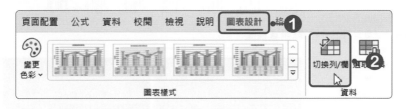

如果數列資料選擇「列」，會把一列視為一組「數列」；將一欄視為一個「類別」。

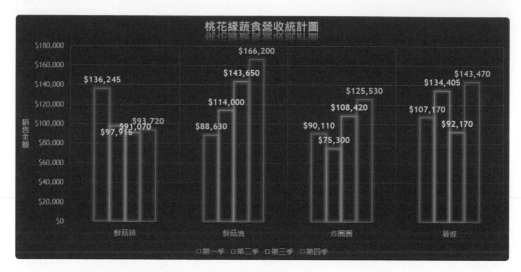

變更圖表類型

製作好的圖表可以隨時變更類型，只要按下「**圖表設計→類型→變更圖表類型**」按鈕，開啟「變更圖表類型」對話方塊，即可重新選擇要使用的圖表類型。

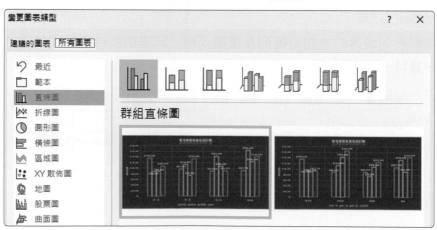

Example 06 用圖表呈現數據

變更數列類型

變更圖表類型時，還可以只針對圖表中的某一組數列進行變更，這裡要將**薯條數列**變更為折線圖。

01 點選圖表中的任一數列，按下**滑鼠右鍵**，於選單中選擇**變更數列圖表類型**，開啟「變更圖表類型」對話方塊。

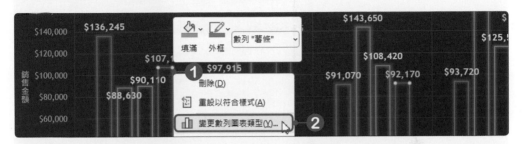

02 按下**薯條**的圖表類型選單鈕，於選單中選擇要使用的圖表類型。

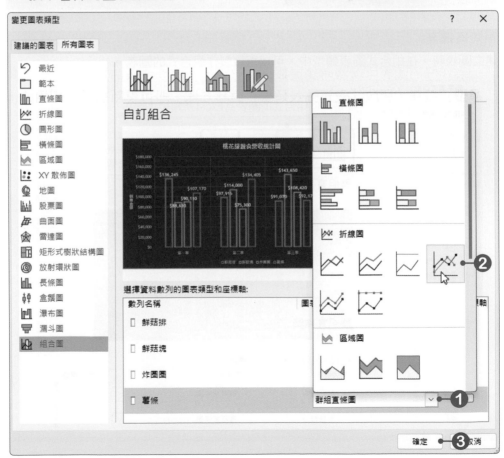

03 選擇好圖表類型後，按下**確定**按鈕，圖表中的**薯條數列**就會被變更為折線圖了。

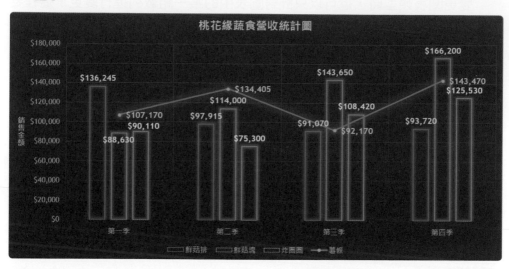

知識補充

建立圖表時，在組合式圖表類型中，可以直接製作組合式的圖表。

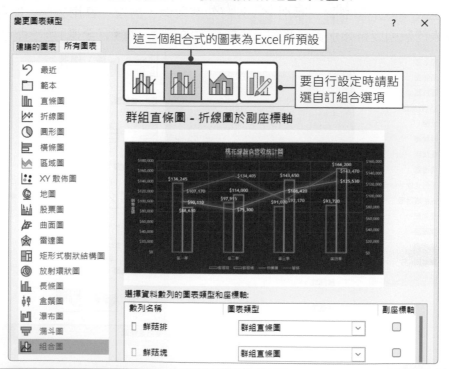

Example 06 用圖表呈現數據

圖表篩選

若要快速地變更圖表的數列或是類別時,可以按下 圖表篩選按鈕,於值標籤頁中,即可設定要顯示或隱藏的數列或類別。

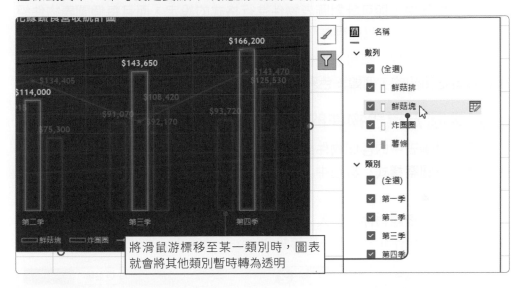

將滑鼠游標移至某一類別時,圖表就會將其他類別暫時轉為透明

若要隱藏某個數列或類別時,先將勾選取消,再按下套用按鈕,即可變更圖表的數列或是類別資料範圍,若要再次顯示時,勾選(全選)選項即可。

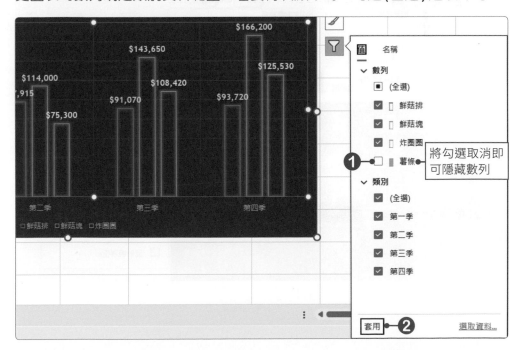

將勾選取消即可隱藏數列

6-5 圖表的美化

在圖表裡的物件，都可以進行格式的設定及文字的修改，只要進入「**格式**」索引標籤中，即可針對圖表物件進行格式的設定，而且每個圖表物件經過格式設定後，都可以達到美化圖表的效果。

圖表裡的物件，都可以進行格式化的設定，雖然物件眾多，但有些格式設定其實是相同的，例如：色彩的變化、線條的粗細、文字的大小和方向。

變更圖表標題物件的樣式

要針對圖表中的各個物件設定樣式時，只要先點選圖表中的物件，再進入「**格式→圖案樣式**」群組中，即可設定樣式、填滿色彩、外框色彩、效果等。

點選**圖表標題物件**，進入「**格式→文字藝術師樣式**」群組中，即可進行文字填滿、文字外框、文字效果等設定。

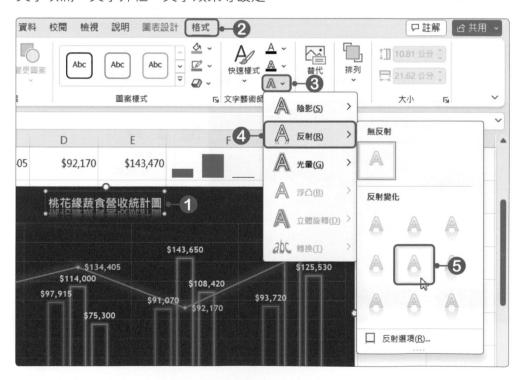

Example 06 用圖表呈現數據

📖知識補充：變更圖表物件的文字格式

若要針對圖表中的各個物件設定文字格式時，只要先點選圖表中的物件，再進入「**常用→字型**」群組中，設定文字格式。若要統一圖表內的文字字型時，可以直接點選圖表物件，再進入「**常用→字型**」群組中，選擇要使用的字型即可。

🔵 變更圖表物件格式

要變更圖表物件格式時，可以在「**格式→圖案樣式**」群組中進行，可以選擇要使用的圖案樣式。

01 選取要變更的數列，按下「**格式→圖案樣式**」群組中的**圖案填滿**按鈕，可以設定色彩，也可以使用圖片、漸層及材質等來填滿圖表。

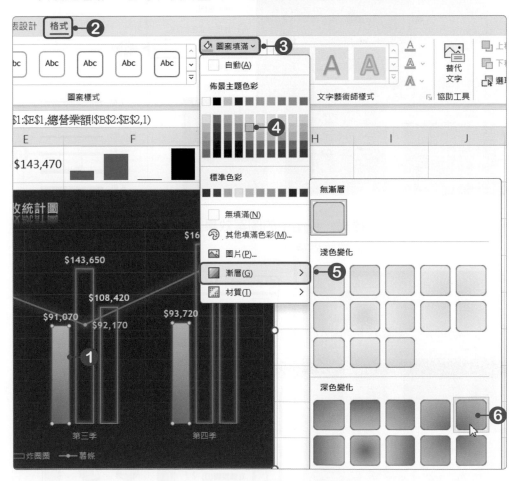

02 按下「**格式→圖案樣式**」群組中的**圖案外框**按鈕,可以設定外框的色彩。

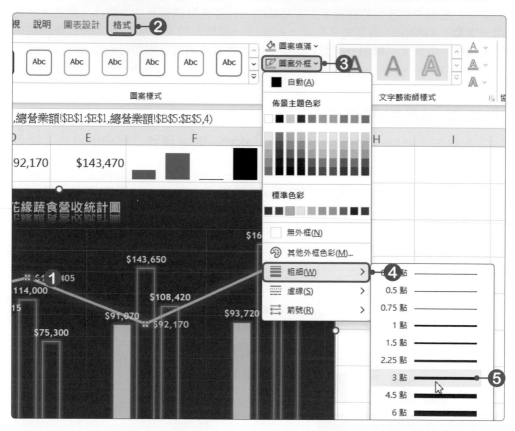

03 按下「**格式→圖案樣式**」群組中的**圖案效果**按鈕,可以設定陰影、光暈、浮凸、柔邊及立體旋轉等效果。

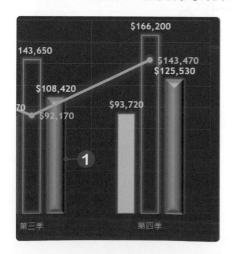

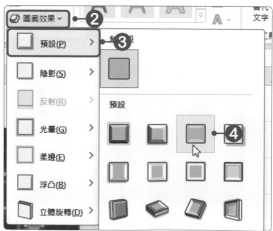

Example 06 用圖表呈現數據

設定物件格式時，也可以按下「**格式→圖案樣式**」群組的 ▫ **對話方塊啟動器**按鈕，開啟「格式」窗格。

- ◈**填滿與線條**：可以設定填滿色彩、框線樣式及色彩。

- ⬠**效果**：可以設定陰影、光暈、柔邊、立體旋轉等。

- ▦**大小與屬性**：可以設定對齊方式、物件大小、屬性及替代文字。

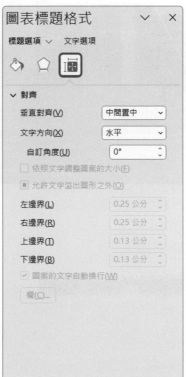

　　圖表美化完成後，最後再看看還有哪裡需要調整修正，或是再加入其他的圖表項目，例如：加入運算列表，以便跟圖表互相對照比較。加入運算列表時，位於運算列表上方的圖表會被壓縮高度，此時只要再調整圖表的大小即可，這樣才能清楚的呈現圖表中的資訊。

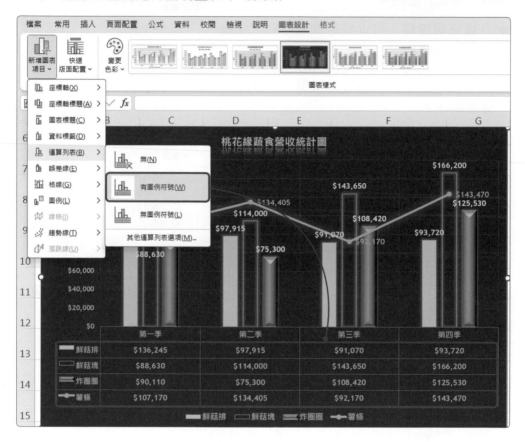

Example 06 用圖表呈現數據

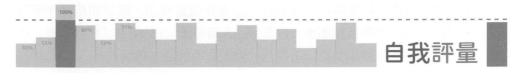

自我評量

● 選擇題

(   ) 1. 下列關於「走勢圖」的敘述，何者<u>不正確</u>？ (A)走勢圖是一種內嵌在儲存格中的小型圖表 (B)列印包含走勢圖的工作表時，無法一併列印走勢圖 (C)可將走勢圖中最高點的標記設定為不同顏色 (D)可為多個儲存格資料同時建立走勢圖。

(   ) 2. 在Excel中，<u>無法</u>製作出下列哪種類型的圖表？ (A)魚骨圖 (B)股票圖 (C)立體長條圖 (D)曲面圖。

(   ) 3. 在Excel中，下列哪個圖表類型只適用於包含一個資料數列所建立的圖表？ (A)環圈圖 (B)圓形圖 (C)長條圖 (D)泡泡圖。

(   ) 4. 在Excel中，下列哪個圖表<u>無法</u>建立運算列表？ (A)折線圖 (B)直線圖 (C)圓形圖 (D)橫條圖。

(   ) 5. 在Excel中，製作好圖表後，可以透過下列哪一項操作來調整圖表的大小？ (A)拖曳圖表四周的控制點 (B)按下「移動圖表」按鈕 (C)利用滑鼠拖曳圖表 (D)選取圖表，按下＋、－鍵。

(   ) 6. 下列敘述何者正確？ (A)在Excel中建立圖表後，就無法修改其來源資料 (B)由同樣格式外觀的資料標記組成的群組，稱作「類別」 (C)圖表工作表中的圖表，不會隨視窗大小自動調整圖表大小 (D)當來源資料改變時，圖表也會跟著變化。

(   ) 7. 在Excel中，下列哪個是直條圖<u>無法</u>使用的資料標籤？ (A)顯示百分比 (B)顯示類別名稱 (C)顯示數列名稱 (D)顯示數值。

(   ) 8. 在Excel中，下列哪個元件是用來區別「資料標記」屬於哪一組「數列」，所以可以把它看成是「數列」的化身？ (A)資料表 (B)資料標籤 (C)圖例 (D)圖表標題。

(   ) 9. 下列敘述何者<u>不正確</u>？ (A)資料標記表示儲存格的數值大小 (B)圖例用來顯示資料標記屬於哪一組數列 (C)相同類別的資料標記，不屬於同一組資料數列 (D)類別座標軸是將資料標記分類的依據。

(　　) 10. 在 Excel 中，若要將已建立的折線圖改變成直條圖，應該如何操作最有效率？ (A) 刪除折線圖後，再重新插入直條圖　(B) 使用「移動圖表」功能　(C) 套用圖表樣式　(D) 使用「變更圖表類型」功能。

● 實作題

1. 開啟「吳郭魚市場交易行情.xlsx」檔案，進行以下設定。

  ◎ 建立一個綜合圖表 (直條圖加上折線圖)，「交易量」數列為群組直條圖，「平均價格」數列為含有資料點的折線圖。

  ◎ 水平 (類別) 軸的日期格式改為只顯示月份和日期，將日期的文字方向設定為「堆疊方式」。

  ◎ 將「平均價格」數列的資料繪製於副座標軸。

  ◎ 顯示「平均價格」的數值資料標籤，資料標籤的位置放在上方。

  ◎ 將左側數值座標軸的單位設成「10000」。

  ◎ 加入副垂直軸標題，標題文字為「平均價格 (元)」。

  ◎ 圖表格式請自行設定。

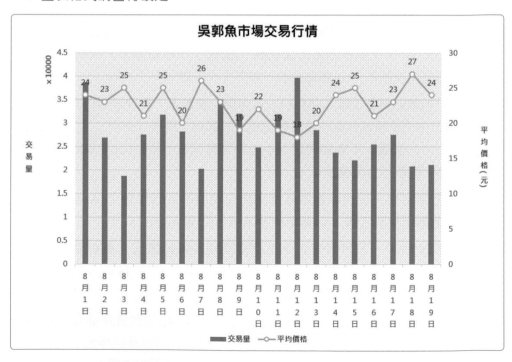

Example 07

3D視覺化圖表

● 範例檔案

Example07→臺灣人口數.xlsx

● 結果檔案

Example07→美國人口數.xlsx

Example07→美國人口數-地圖.xlsx

Example07→臺灣人口數-OK.xlsx

　　Excel 提供了地圖圖表及 3D 地圖功能，可以用來將資料在地圖上進行視覺化呈現，讓使用者可以更直觀地了解資料的分佈情況。此範例將使用地圖圖表及 3D 地圖來製作視覺化圖表。

　　首先，將說明如何使用 AI 工具生成資料，再介紹地圖圖表的基礎知識，包括建立地圖及格式設定等。接著，再介紹 3D 地圖的功能，並示範如何使用 3D 地圖製作出視覺化圖表。

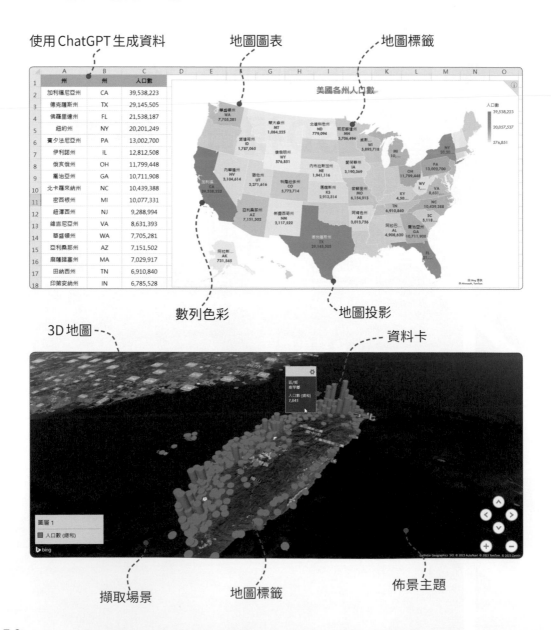

Example 07 3D視覺化圖表

7-1 使用AI工具生成資料

在地圖圖表範例中,將使用AI工具生成美國各州的人口數,而要將資料製作成地圖圖表時,資料中要包含**地理屬性**,例如:國家、地區、州、省、縣市或郵遞區號等(不支援緯度/經度),所以要請AI工具生成出各州名稱、人口數及英文簡稱。

這裡我們使用了Windows 11內建的Copilot、Gemini及ChatGPT三個AI工具來生成美國50州的人口數,在生成資料時,這些工具生成的資料有時正常,有時又不正常,所以使用時可以多試試不同的提問方式。

Windows 11內建的Copilot

要使用Copilot時,只要按下工作列上的**Copilot**按鈕,或是按下 **⊞+C** 快速鍵,即可開啟Copilot (Windows 11須為最新版本)。

在使用Windows 11內建的Copilot生成資料時,只給了簡短的列表,沒有生成出全部的資料。

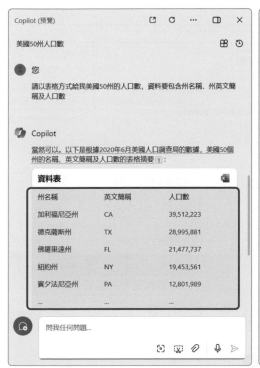

Gemini

在使用Gemini來生成美國人口數的資料時，總是無法完整的生成出50個州。雖然資料不完整，但生成出來的資料會依人口數的多寡來排名。

只產生了40個州

繼續提問

資料更不完整了

Example 07 3D視覺化圖表

ChatGPT

這裡要使用 ChatGPT 生成美國人口數的資料,並將資料複製到 Excel 中。

01 進入 ChatGPT,接著輸入問題,輸入好後,按下 **Enter** 鍵,將問題送出。此時 ChatGPT 就會開始生成資料。

02 接著選取生成出的資料,選取好後,按下 **Ctrl+C** 複製快速鍵。

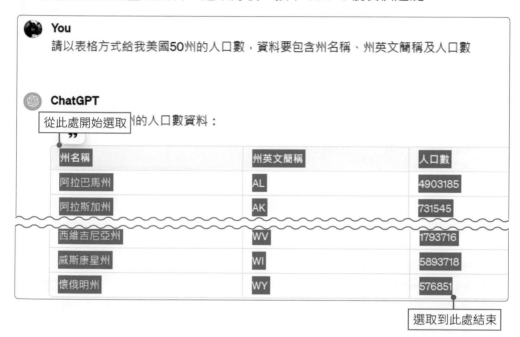

03 開啟 Excel 操作視窗,並新增一個空白活頁簿,接著點選 A1 儲存格,再按下 **Ctrl+V** 貼上快速鍵,將 ChatGPT 生成的資料複製到工作表中。

04 資料複製完成後，將A1及B1儲存格的名稱皆更改為「州」。

05 接著即可調整資料格式，例如：設定文字大小、字型、色彩、對齊方式、欄寬、列高、佈景主題等。

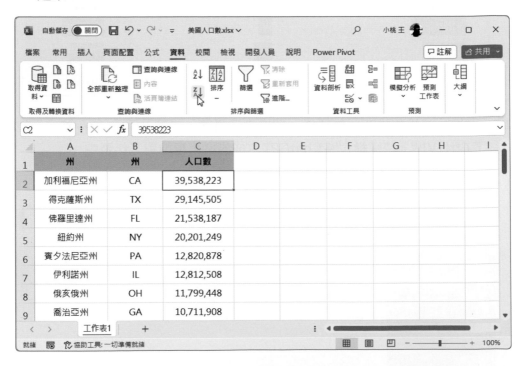

06 格式都設定好後，再將人口數「從最大到最小排序」，最後再將檔案儲存起來。

Example 07 3D視覺化圖表

7-2 地圖圖表

　　Excel 提供了地圖圖表功能，可以根據值或類別來顯示地理資料，以比較不同地區的數據。

製作地圖圖表

　　有了美國各州人口數的資料後，就可以開始使用該資料製作地圖圖表。如果，你在使用 AI 工具生成資料時，若資料也一直不完整，可以直接開啟**美國人口數.xlsx** 檔案，進行以下的練習。

01 點選資料中的任一儲存格，按下「**插入→圖表→地圖**」按鈕，於選單中點選**區域分布圖**。

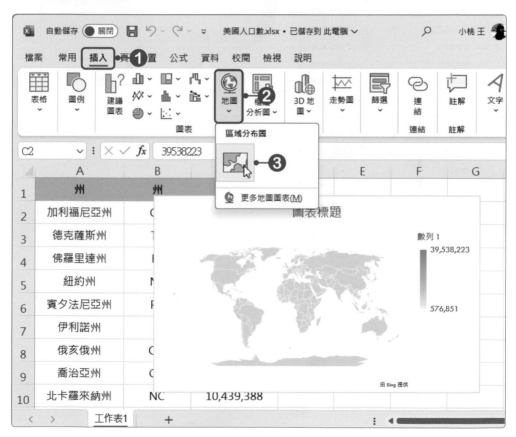

02 繪製地圖時需要將資料上傳至 Bing，若是第一次插入地圖物件時，在圖表的上方會顯示一個**我接受**按鈕，請按下此按鈕，即可建立地圖。地圖會以顏色深淺來表示人口數，顏色較深的表示人口數較多。

03 地圖建立後，便可調整地圖位置與大小。

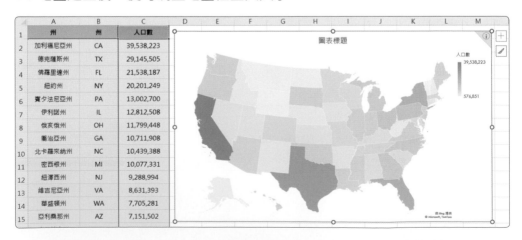

Example 07 3D視覺化圖表

新增圖表項目

　　地圖圖表能新增的圖表項目不多，只有**圖表標題**、**資料標籤**及**圖例**等項目，這是與其它圖表不同的地方。

地圖圖表只提供了圖表標題、資料標籤及圖例三種項目

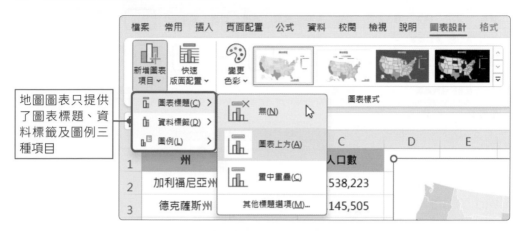

　　建立地圖圖表時，會包含圖表標題及圖例，此時可以再加入資料標籤，讓人口數呈現在地圖上。

01 點選地圖圖表，按下「**圖表設計→圖表版面配置→新增圖表項目→資料標籤**」按鈕，於選單中點選**顯示**，地圖上就會顯示各州的人口數。

02 除了在數列上顯示「值」資料標籤外,還可以顯示數列名稱及類別名稱。先點選人口數資料標籤,再按下「**格式→目前的選取範圍→格式化選取範圍**」按鈕,開啟「資料標籤格式」窗格。

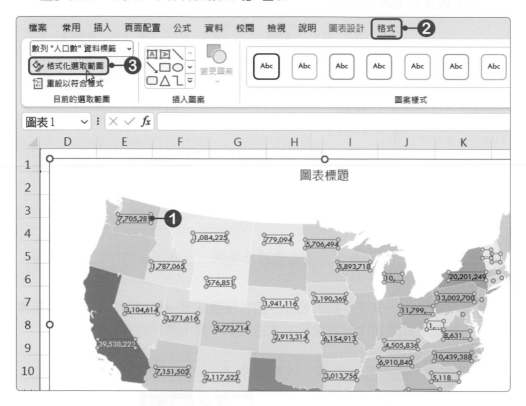

03 在**標籤選項**中勾選**類別名稱**,再將**分隔符號**設定為**(換行)**。

Example 07 3D視覺化圖表

04 地圖圖表就會顯示各州的英文簡稱及人口數,而這兩項資料會分行呈現。

資料數列格式設定

地圖圖表提供了地圖投影、地圖區域、地圖標籤、數列色彩等資料數列格式設定,使用這些設定可以改變地圖的呈現方式。

01 點選地圖圖表,按下「**格式→目前的選取範圍→資料項目**」按鈕,於選單中點選**數列 "人口數 "**,點選好後再按下**格式化選取範圍**按鈕,開啟「資料標籤格式」窗格。

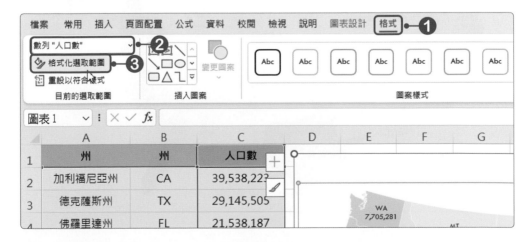

02 在**數列選項**中可以設定地圖投影方式、地圖區域及地圖標籤；在**數列色彩**中可以設定連續(2色)或發散(3色)。

地圖的投影樣式

地圖的顯示區域

顯示國家/地區的地理名稱

可以選擇地圖要使用連續(2色)或發散(3色)，並可自行設定要使用的色彩

Example 07 3D視覺化圖表

地圖圖表格式設定

地圖圖表與其他圖表一樣，可以進行圖表項目、版面配置、變更色彩、圖表樣式等設定，而操作方式大致上都相同。

進入「**圖表設計→圖表樣式**」群組中，可以變更色彩及選擇圖表要使用的樣式。

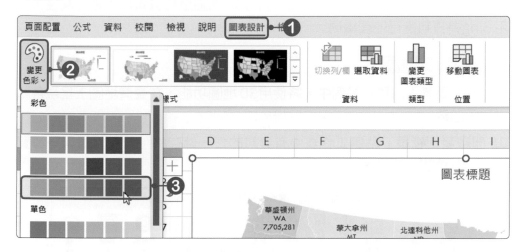

格式都設定好後，再看看還有沒有要調整的，像是：修改圖表標題、調整文字大小、調整圖表大小等。

7-3 3D地圖

使用 **3D地圖** 功能，可以在3D地球或自訂地圖上呈現3D圖表，製作時與地圖一樣，在統計資料中必須具有 **地理屬性**，例如：鄉、鎮、縣、市名稱、國家名稱、州、省、經度、緯度、街道、郵遞區號、完整地址等，這樣在抓取資料時，才會正確顯示地理位置，因為3D地圖是根據資料的地理屬性，使用 Bing 為資料進行地理編碼。

啟用3D地圖

在「臺灣人口數」範例中，將使用3D地圖功能，在臺灣地圖上呈現各縣市的人口數。

01 開啟範例檔案，點選工作表中有資料的任一儲存格，按下「**插入→導覽→3D地圖**」按鈕。

02 第一次使用3D地圖功能，會先開啟啟用通知，直接按下 **啟用** 按鈕即可。

Example 07 3D視覺化圖表

03 啟用後，就會開啟3D地圖視窗，且自動擷取工作表中的地理位置欄位，並顯示工作表中的所有欄位清單。

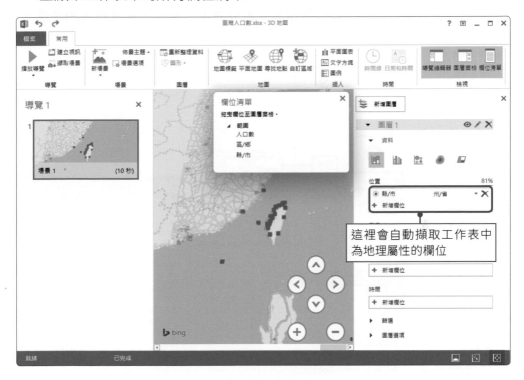

04 接著在**資料**選項中，選擇要使用的圖表類型。

05 在**位置**中已經自動擷取了**縣/市**欄位，這裡要將**區/鄉**欄位也加入到位置中。在**位置**選項中，按下**新增欄位**按鈕，於選單中點選**區/鄉**。

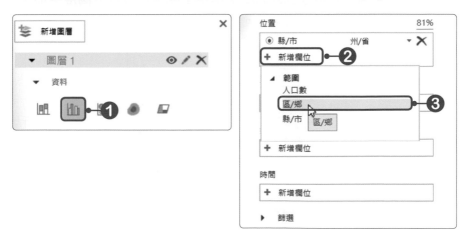

06 接著將縣／市的地理屬性設定為**縣／市**；區／鄉的地理屬性設定為**鄉／鎮／市／區**。而在位置的右邊會有一個百分比數字，此數字代表辨識的信賴度，點選該數字可以開啟「地圖信賴度」對話方塊，會顯示無法辨識的清單。

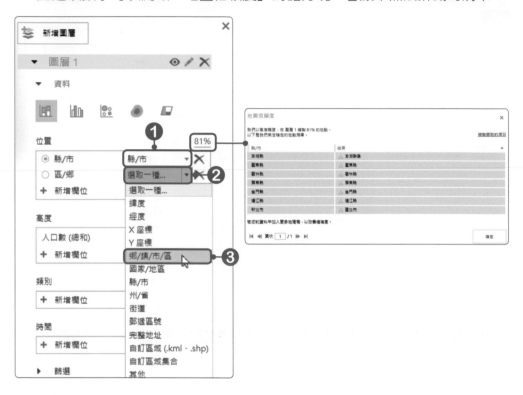

07 接著將要顯示於地圖上的欄位加入到**高度**選項中，可以直接將「欄位清單」窗格中的欄位名稱拖曳到**高度**選項中；或是直接按下**高度**選項中的**新增欄位**按鈕，選擇要加入的欄位。

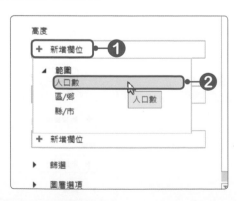

Example 07 3D視覺化圖表

08 此時地圖上就會呈現人口數的群組直條圖，將滑鼠游標移至數列上，便會顯示該數列的資料卡，從這裡即可看到該數列的資訊。利用地圖右下角的控制鈕可以調整地圖的大小、旋轉角度及傾斜方式。

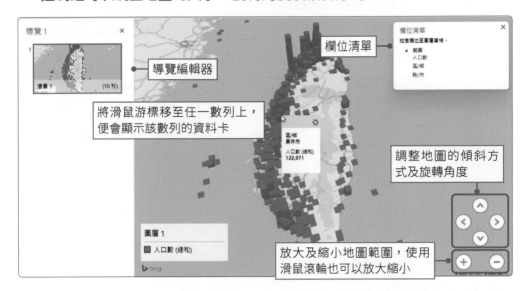

09 若要讓3D地圖畫面更清爽些，可以將導覽編輯器、欄位清單、圖層窗格等關閉，只要進入「**常用**」索引標籤中，於**檢視**群組中，便可將導覽編輯器、欄位清單、圖層窗格等關閉。

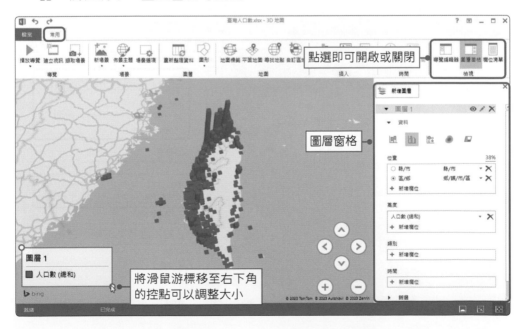

變更圖表視覺效果

3D 地圖中提供了堆疊直條圖、群組直條圖、泡泡圖、熱力圖、區域圖等五種圖表,在使用時可依需求來選擇。

01 點選要使用的圖表,便會立即呈現,不過,更換圖表時,**高度**中的欄位會依所選擇的圖表而有所增刪。

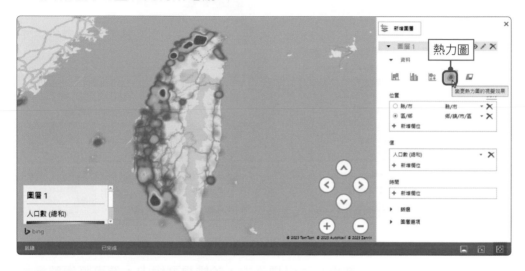

02 在**圖層選項**中可以設定圖表的高度、厚度、透明度及色彩等。

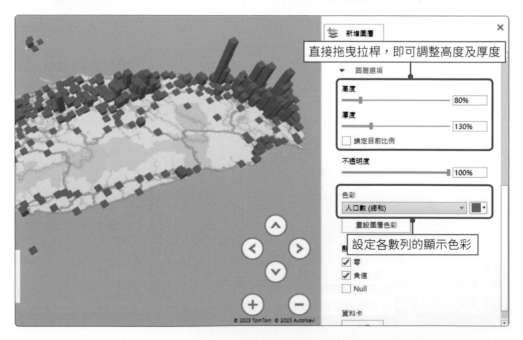

Example 07 3D視覺化圖表

變更數列圖形

若使用堆疊直條圖、群組直條圖、泡泡圖來呈現數據時,可以按下「**常用→圖層→圖形**」按鈕,於選單中選擇要使用的圖形效果。

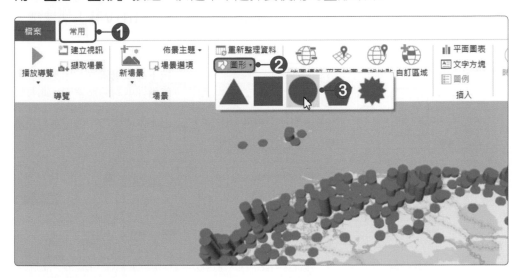

顯示地圖標籤

若要在地圖中顯示地理名稱時,按下「**常用→地圖→地圖標籤**」按鈕,地圖便會顯示名稱。

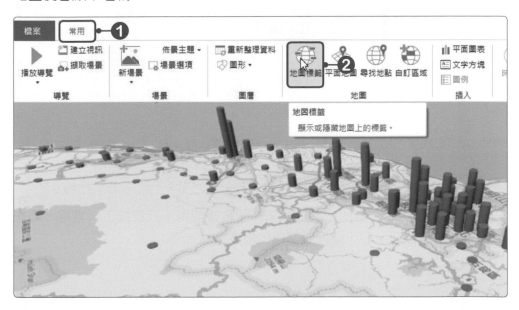

擷取場景

當 3D 地圖製作完成後，若要將地圖置入於其他應用軟體時，按下「**常用→導覽→擷取場景**」按鈕，便會將目前畫面擷取到**剪貼簿**中，此時只要進入任一應用軟體 (Excel、PowerPoint、Word 等) 中，按下 **Ctrl+V** 貼上快速鍵，便可將畫面置入。

按下**擷取場景**後，地圖畫面便會被擷取到剪貼簿中，此時便可以進入其他軟體中，按下 **Ctrl+V** 快速鍵，即可將剛剛擷取的場景置入

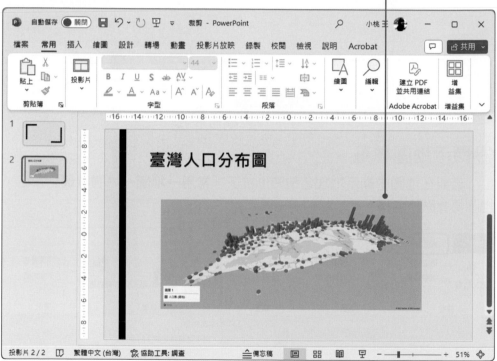

變更 3D 地圖佈景主題

3D 地圖提供了不同的佈景主題來搭配數據使用，只要按下「**常用→場景→佈景主題**」按鈕，即可選擇要使用的佈景主題。

Example 07 3D視覺化圖表

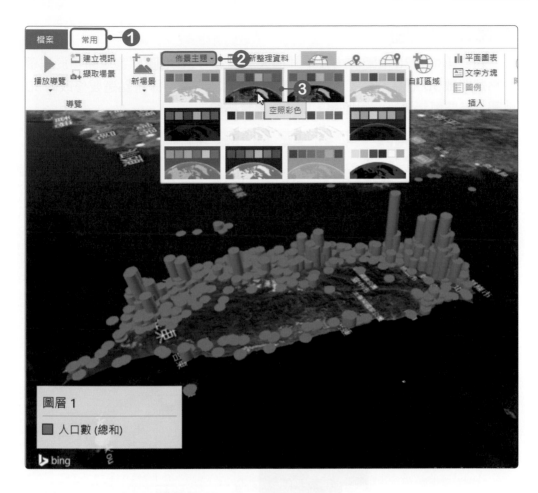

關閉3D地圖視窗

完成3D地圖製作後,按下「**檔案→關閉**」按鈕,即可關閉3D地圖視窗。而在工作表會有一個訊息框,讓使用者知道這份工作表有製作3D地圖。

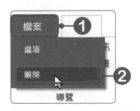

	A	B	C
1	縣/市	區/鄉	人口數
2			218.00
3			259.
4			232.00
5			557.00
6	新北市	新莊區	423,577.00
7			651.00
8			767.00
9	新北市	鶯歌區	89,003.00
10	新北市	三峽區	115,600.00
11	新北市	淡水區	194,025.00

3D 地圖導覽
這份活頁簿提供 3D 地圖導覽。
開啟 3D 地圖編輯或播放導覽。

此訊息框可以自行調整位置

修改3D地圖

　　若要再進入 3D 地圖時，按下「**插入→導覽→3D 地圖**」選單鈕，於選單中點選**開啟 3D 地圖**，開啟「**啟動 3D 地圖**」對話方塊，即可點選要修改的 3D 地圖；若要再新增另一個地圖，請按**新導覽**按鈕。

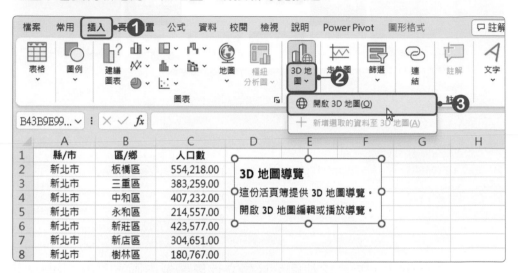

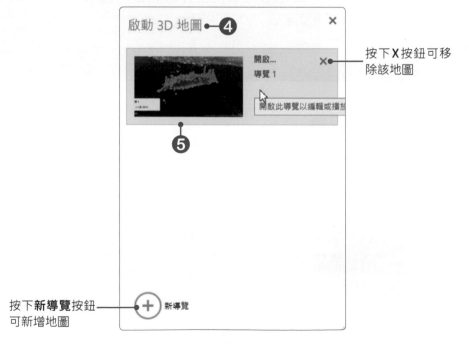

按下 **X** 按鈕可移除該地圖

按下**新導覽**按鈕可新增地圖

Example 07 3D視覺化圖表

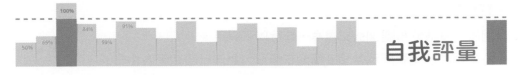

● 選擇題

( ) 1. 在ChatGPT中生成資料後,將其複製並貼上到Excel工作表的快速鍵是什麼? (A) Ctrl+C和Ctrl+V (B) Ctrl+X和Ctrl+V (C) Ctrl+Z和Ctrl+Y (D) Ctrl+S和Ctrl+P。

( ) 2. 在Excel中,建立地圖圖表需要什麼樣的資料? (A)數值 (B)文字 (C)地理屬性 (D)日期和時間。

( ) 3. 在Excel中,使用3D地圖功能時,哪些地理屬性對於準確顯示是不可少的? (A)人口密度 (B)海拔數據 (C)經度和緯度 (D)政治附屬關係。

( ) 4. 在Excel中,應該執行什麼來啟用3D地圖功能? (A)按下「插入→導覽→3D地圖」按鈕 (B)按下「格式→導覽→3D地圖」按鈕 (C)按下「檢視→導覽→3D地圖」按鈕 (D)按下「資料→導覽→3D地圖」按鈕。

( ) 5. 在Excel中,使用3D地圖可以建立什麼類型的圖表? (A) 3D圓餅圖 (B)雷達圖 (C)地圖圖表 (D)泡泡圖。

( ) 6. 在Excel中,若要變更3D地圖數列圖形時,應該執行下列哪項功能? (A)按下「格式→圖層→圖形」按鈕 (B)按下「插入→圖層→圖形」按鈕 (C)按下「常用→圖層→圖形」按鈕 (D)按下「檢視→圖層→圖形」按鈕。

( ) 7. 在Excel中,若要在3D地圖上顯示地圖標籤,應該執行下列哪項功能? (A)按下「格式→地圖→地圖標籤」按鈕 (B)按下「插入→地圖→地圖標籤」按鈕 (C)按下「常用→地圖→地圖標籤」按鈕 (D)按下「檢視→地圖→地圖標籤」按鈕。

( ) 8. 在Excel中,若要擷取3D地圖的場景,應該執行下列哪項功能? (A)按下「插入→導覽→擷取場景」按鈕 (B)按下「格式→導覽→擷取場景」按鈕 (C)按下「檢視→導覽→擷取場景」按鈕 (D)按下「常用→導覽→擷取場景」按鈕。

● 實作題

1. 開啟「疫情分布圖.xlsx」檔案，進行以下設定。

　　⊙ 使用地圖圖表顯示各國疫情分布情形，並自行設定圖表格式。

　　⊙ 幫疫情資料建立一個3D地圖，並自行設定圖表格式。

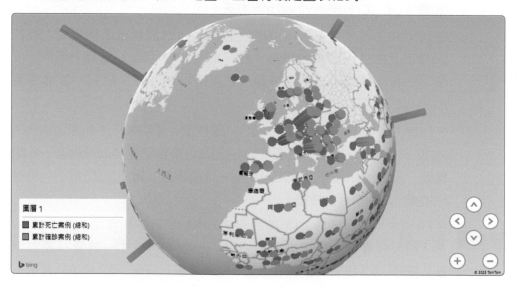

Example 08

產品銷售分析

● 範例檔案

Example08→產品銷售表.xlsx

● 結果檔案

Example08→產品銷售表-篩選.xlsx

Example08→產品銷售表-小計.xlsx

Example08→產品銷售表-樞紐分析.xlsx

　　運用 Excel 輸入許多流水帳資料後，很難從這些資料中，立即分析出資料所代表的意義。所以 Excel 提供了許多分析資料的利器，像是篩選、小計及樞紐分析表等，可以將繁雜、毫無順序可言的流水帳資料，彙總及分析出重要的摘要資料。

篩選　　　　　小計　　　　　使用 FILTER 函數進階篩選

樞紐分析表　　交叉分析篩選器

樞紐分析圖

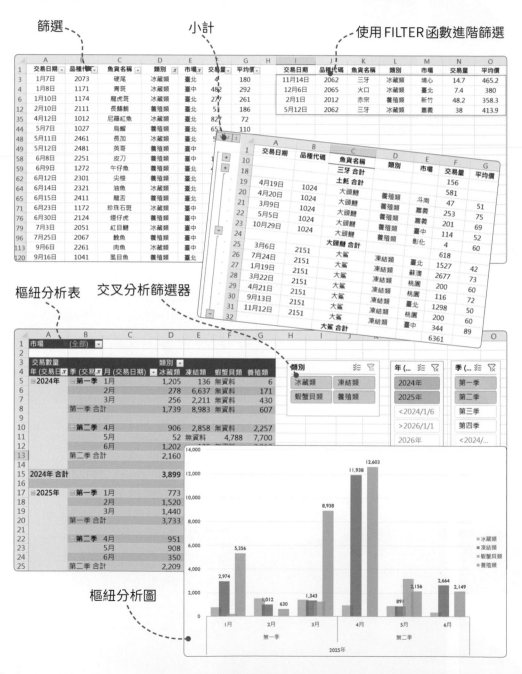

Example 08 產品銷售分析

8-1 資料篩選

在眾多的資料中，可以利用篩選功能，把需要的資料留下，隱藏其餘用不著的資料。這節就來學習如何利用篩選功能及函數篩選出需要的資料。

🍩 自動篩選

自動篩選功能可以為每個欄位設一個準則，只有符合每一個篩選準則的資料才能留下來。

01 按下「**常用→編輯→排序與篩選→篩選**」按鈕，或按下「**資料→排序與篩選→篩選**」按鈕，或按下 **Ctrl+Shift+L** 快速鍵。

02 點選後，每一欄資料標題的右邊，都會出現一個 ▼ 選單鈕，按下**類別**的 ▼ 選單鈕，勾選**養殖類**，勾選好後，按下**確定**按鈕。

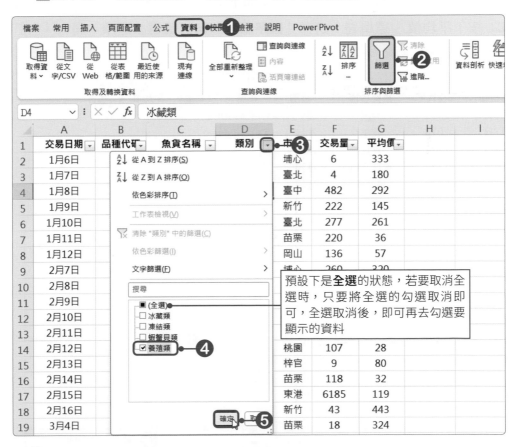

> 預設下是**全選**的狀態，若要取消全選時，只要將全選的勾選取消即可，全選取消後，即可再去勾選要顯示的資料

03 經過篩選後，不符合準則的資料就會被隱藏。

	A	B	C	D		H
1	交易日期	品種代碼	魚貨名稱	類別		
2	1月6日	2491	海鱺	養殖類		
12	2月10日	2111	長鰭鮪	養殖類		
16	2月14日	2124	煙仔虎	養殖類	苗栗 118	32
30	3月15日	2221	海鰻	養殖類	梓官 46	160
31	3月16日	2251	皮刀	養殖類	梓官 384	54
33	4月10日	2139	其他旗魚	養殖類	斗南 15	222
34	4月11日	1011	吳郭魚	養殖類	桃園 1943	63

> ⟱ 表示已套用篩選，若要清除篩選時，再按下 ⟱ 按鈕，於選單中點選**清除 "類別" 中的篩選**即可

🕐 自訂篩選

　　除了自動篩選外，還可以自行設定篩選條件，例如：要篩選出平均價介於40~50之間的所有資料時，設定方式如下：

01 按下**平均價** ▼ 選單鈕，選擇「**數字篩選→自訂篩選**」選項，開啟「自訂自動篩選」對話方塊。

> NOTE：Excel 會依據欄位的資料性質，自動判斷屬性，因此，清單中的指令也會自動調整，例如：若篩選的資料欄位為數值時，會顯示為**數字篩選**；為日期時，則會顯示**日期篩選**；為文字時，則會顯示為**文字篩選**

Example 08 產品銷售分析

02 將條件設定為「**大於或等於40；小於或等於50**」，設定好後，按下**確定**按鈕。

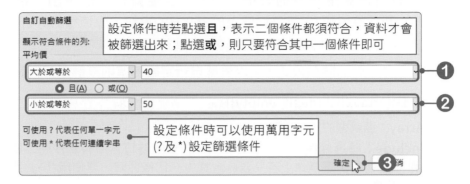

03 經過篩選後，只會顯示符合準則的資料，且在狀態列會顯示篩選出多少筆符合條件的記錄。

	A	B	C	D	E	F	G	H
1	交易日期	品種代碼	魚貨名稱	類別	市場	交易量	平均價	
21	3月6日	2151	大鯊	凍結類	臺北	1527	42	
53	5月19日	5022	文蛤養	蝦蟹貝類	苗栗	366	44	
56	6月6日	2064	白口	冰藏類	三重	400	50	
58	6月8日	2251	皮刀	養殖類	臺中	100	50	
61	6月11日	2291	署魚	凍結類	臺中	19	50	
67	6月17日	1111	鯰魚	凍結類	嘉義	120	41	

銷售明細　　＋

就緒　從494中找出33筆記錄　協助工具：一切準備就緒　　100%

清除篩選

　　當檢視完篩選資料後，若要清除所有的篩選條件，恢復到所有資料都顯示的狀態時，只要按下「**資料→排序與篩選→清除**」按鈕即可；若要將「自動篩選」功能取消時，按下「**資料→排序與篩選→篩選**」按鈕，即可將篩選取消，而欄位中的　選單鈕，也會跟著清除。

按下**篩選**按鈕，可移除自動篩選功能

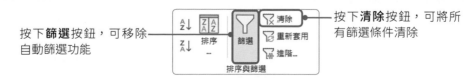

按下**清除**按鈕，可將所有篩選條件清除

使用FILTER函數進行進階篩選

若要對資料做更進一步的分析，例如：要從資料裡篩選出「類別」為「冰藏類」及「養殖類」，且平均價大於350元的資料，像這樣的分析就可以使用**FILTER**函數(Excel 2021新增的函數)來進行。

FILTER函數是動態陣列公式，可以根據自行定義的準則來篩選資料範圍。

語法	FILTER(Array,Include,[If_empty])
引數	◆ **Array**：要篩選的資料範圍。 ◆ **Include**：篩選條件，可以設定多個，若要同時符合所有條件時，要使用「*」連接篩選條件；若只要符合其中一個條件時，要使用「+」連接篩選條件。 ◆ **If_empty**：若找不到符合條件的資料時，所要顯示的訊息。

01 選取**A1:G1**儲存格，按下**Ctrl+C**複製快速鍵，複製選取的儲存格。

02 點選**I1**儲存格，按下**Ctrl+V**貼上快速鍵，將複製的資料貼上。

03 點選**I2**儲存格，輸入「**=FILTER(A1:G495,(D1:D495="冰藏類")*(G1:G495>350)+(D1:D495="養殖類")*(G1:G495>350),"找不到符合的資料")**」公式。

A1:G495是要篩選的資料範圍。

(D1:D495="冰藏類")*(G1:G495>350)是要篩選冰藏類，且售價大於350的資料。

(D1:D495="養殖類")*(G1:G495>350)是要篩選養殖類，且售價大於350的資料。

"找不到符合的資料"為若找不到符合條件的資料會顯示的訊息。

04 公式建立好後，FILTER函數就會幫我們篩選出「類別為冰藏類及養殖類，且平均價大於350元」的資料。

Example 08 產品銷售分析

```
=FILTER(A1:G495,(D1:D495="冰藏類")*(G1:G495>350)+(D1:D495="養殖類")*(G1:G495>350),
"找不到符合的資料")
```

	交易日期	品種代碼	魚貨名稱	類別	市場	交易量	平均價
333	45476	2051	紅目鰱	冰藏類	臺中	7	378
180	45610	2062	三牙	冰藏類	埔心	14.7	465.2
292	45632	2065	火口	冰藏類	臺北	7.4	380
145	45643	2481	英哥	養殖類	新竹	0.9	400
261	45689	2012	赤宗	養殖類	新竹	48.2	358.3
36	45708	2411	龍舌	養殖類	梓官	11.8	357.5
57	45730	2051	紅目鰱	冰藏類	佳里	6.7	368.4
320	45733	2065	火口	冰藏類	臺中	0	438
412	45756	1174	龍虎斑	養殖類	彰化	30	371
204	45785	2051	紅目鰱	冰藏類	臺北	9.4	520
186	45789	2062	三牙	冰藏類	嘉義	38	413.9
86	45836	2062	三牙	冰藏類	埔心	20	467.6

05 在交易日期欄位中的日期並沒有正確顯示，這是因為格式的關係，只要將格式改為日期，即可正確顯示出日期。

	交易日期	品種代碼	魚貨名稱	類別	市場	交易量	平均價
2	7月3日	2051	紅目鰱	冰藏類	臺中	7	378
3	11月14日	2062	三牙	冰藏類	埔心	14.7	465.2
4	12月6日	2065	火口	冰藏類	臺北	7.4	380
5	12月17日	2481	英哥	養殖類	新竹	0.9	400
6	2月1日	2012	赤宗	養殖類	新竹	48.2	358.3
7	2月20日	2411	龍舌	養殖類	梓官	11.8	357.5
8	3月14日	2051	紅目鰱	冰藏類	佳里	6.7	368.4
9	3月17日	2065	火口	冰藏類	臺中	0	438
10	4月9日	1174	龍虎斑	養殖類	彰化	30	371
11	5月8日	2051	紅目鰱	冰藏類	臺北	9.4	520
12	5月12日	2062	三牙	冰藏類	嘉義	38	413.9
13	6月28日	2062	三牙	冰藏類	埔心	20	467.6

06 試著將公式中的350改為1000，在I2儲存格就會因為找不到符合條件的資料，而顯示「找不到符合的資料」文字。

```
=FILTER(A1:G495,(D1:D495="冰藏類")*(G1:G495>1000)+(D1:D495="養殖類")*(G1:
G495>1000),"找不到符合的資料")
```

	交易日期	品種代碼	魚貨名稱	類別	市場	交易量	平均價
	找不到符合的資料						

8-2 小計的使用

當遇到一份報表中的資料繁雜、互相交錯時,若要從中找到一個種類的資訊,必須使用SUMIF或COUNTIF這類函數才能處理。不過別擔心,Excel提供了小計功能,利用此功能,就會顯示各個種類的基本資訊。

🕐 建立小計

使用小計功能,可以快速計算多列相關資料,例如:加總、平均、最大值或標準差,在進行小計前,**資料必須先經過排序**。

01 先將資料依**魚貨名稱**排序,排序好後,按下「**資料→大綱→小計**」按鈕,開啟「小計」對話方塊,進行小計的設定。

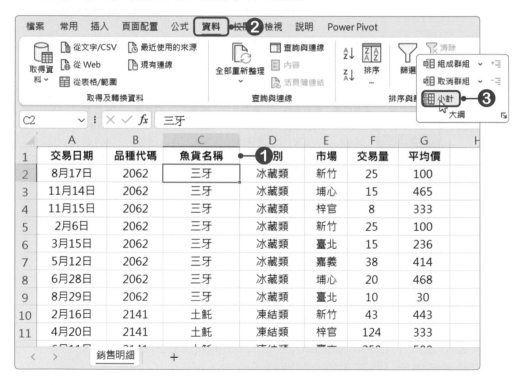

02 在**分組小計欄位**選單中選擇**魚貨名稱**,這是要計算小計時分組的依據;在**使用函數**選單中選擇**加總**,表示要用加總的方法來計算小計資訊;在**新增小計位置**選單中將**交易量**勾選,則會將同一個分組的交易量,顯示為小計的資訊,都設定好後,按下**確定**按鈕,回到工作表中。

Example 08 產品銷售分析

03 回到工作表後，可以看到每一個**魚貨名稱**下，顯示一個小計，而這裡的小計資訊，是將同一魚貨名稱的交易量加總得來的。

04 產生小計後，在左邊的大綱結構中列出了各層級的關係，按下 – **摺疊**按鈕，可以隱藏分組的詳細資訊，只顯示每一個分組的小計資訊；若要再展開時，按下 + **展開**按鈕，就可以顯示分組的詳細資訊。

		A	B	C	D	E	F	G
	1	交易日期	品種代碼	魚貨名稱	類別	市場	交易量	平均價
+	10			三牙 合計			156	
+	18			土魠 合計			581	
+	24			大頭鰱 合計			618	
+	32			大鯊 合計			6361	
	33	3月10日	2115	小串仔	凍結類	梓官	56	275
	34				養殖類	興達港	50	80
	35	1月4日	2115	小串仔	養殖類	臺中	676	150
	36	6月16日	2115	小串仔	凍結類	岡山	78	191
	37	12月11日	2115	小串仔	養殖類	新港	254	94
–	38			小串仔 合計			1113	
	39	5月15日	2562	什魚	養殖類	斗南	54	81
	40				養殖類	斗南	22	91
	41	2月27日	2562	什魚	養殖類	苗栗	8	113
	42	6月21日	2562	什魚	養殖類	臺南	31	143
	43	9月6日	2562	什魚	養殖類	頭城	280	50
–	44			什魚 合計			394	
	45	2月9日	2106	勿仔	凍結類	新竹	134	204
	46	8月18日	2106	勿仔	凍結類	臺中	10	205

按下 + 按鈕，可以顯示分組的詳細資訊

按下 – 按鈕，可以隱藏分組的詳細資訊

層級符號的使用

在工作表左邊有個 1 2 3 層級符號鈕,這裡的層級符號鈕是將資料分成三個層級,經由點按這些符號鈕,便可變更所顯示的層級資料。

按下 **1** 只會顯示總計資料;按下 **2** 會顯示各魚貨的小計資料;按下 **3** 則會顯示完整的資料。

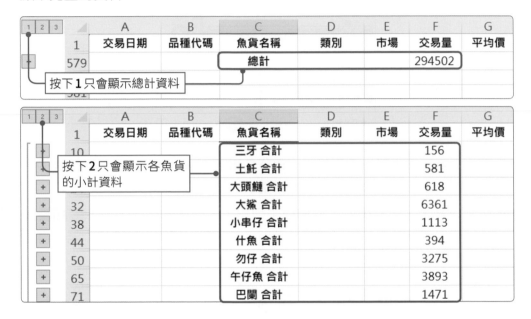

移除小計

若要移除小計資訊時,按下「**資料→大綱→小計**」按鈕,開啟「小計」對話方塊,按下**全部移除**按鈕即可。

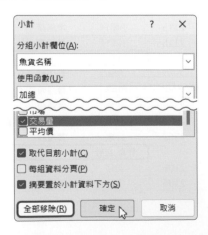

Example 08 產品銷售分析

8-3 樞紐分析表的應用

在「產品銷售表」中的流水帳資料，很難看出哪個時期的魚類賣得最好，將資料製作成**樞紐分析表**後，只需拖曳幾個欄位，就能夠將大筆的資料自動分類，同時顯示分類後的小計資訊，而它還可以根據各種不同的需求，進行資料排序與篩選，還能隨時改變欄位位置，即時顯示出不同的資訊。

建立樞紐分析表

在「產品銷售表」中，要將魚類各年度的銷售紀錄建立一個樞紐分析表，這樣就可以馬上看到各種相關的重要資訊。

01 按下「**插入→表格→樞紐分析表**」按鈕，開啟「來自表格或範圍的樞紐分析表」對話方塊。

02 Excel會自動選取儲存格所在的表格範圍，請確認範圍是否正確，再點選**新增工作表**，將產生的樞紐分析表放置在新的工作表中，都設定好後，按下**確定**按鈕。

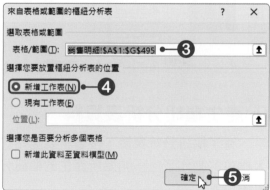

▦**知識補充：建議的樞紐分析表**

若不知該如何建立樞紐分析表時，可以按下「**插入→表格→建議的樞紐分析表**」按鈕，開啟「建議的樞紐分析表」對話方塊，即可選擇Excel所建議的樞紐分析表，直接點選便可立即建立樞紐分析表。

03 Excel 就會自動新增「工作表1」，並於工作表中顯示樞紐分析表的提示，而在工作表的右邊則會有「樞紐分析表欄位」窗格。Excel 會從樞紐分析表的來源範圍，自動分析出欄位，通常是將一整欄的資料當作一個欄位，這些欄位可以在「樞紐分析表欄位」窗格中看到。

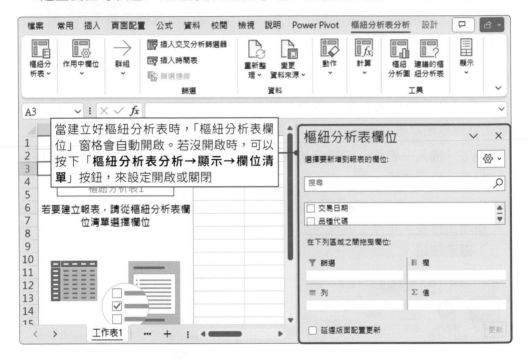

產生樞紐分析表資料

有了樞紐分析表後，接著就要開始在樞紐分析表中進行版面的配置及加入欄位的動作了。一開始所產生的樞紐分析表都是空白的，因此必須手動加入欄位。

在此範例中，將「市場」加入「篩選」中；將「交易日期」加入「列」中；將「類別」及「魚貨名稱」加入「欄」中；將「交易量」加入「Σ值」區域中。以下為各區域的說明：

● **篩選**：限制下方的欄位只能顯示指定資料。

● **列**：用來將資料分類的項目。

● **欄**：用來將資料分類的項目。

Example 08 產品銷售分析

● **Σ值**：用來放置要被分析的資料，也就是直欄與橫列項目相交所對應的資料，通常是數值資料。

01 選取樞紐分析表欄位中**類別**欄位，將它拖曳到**欄**區域中；再將**魚貨名稱**欄位也拖曳到**欄**區域中。

02 將**市場**欄位，拖曳到**篩選**區域中；將**交易日期**欄位，拖曳到**列**區域中；將**交易量**欄位，拖曳到**Σ值**區域中。

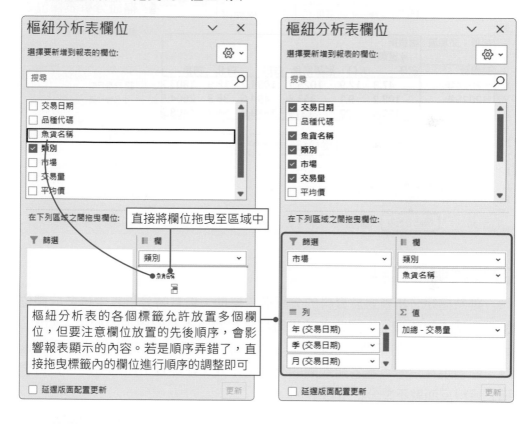

直接將欄位拖曳至區域中

樞紐分析表的各個標籤允許放置多個欄位，但要注意欄位放置的先後順序，會影響報表顯示的內容。若是順序弄錯了，直接拖曳標籤內的欄位進行順序的調整即可

🎴 **知識補充**

要刪除樞紐分析表的欄位，可以用拖曳的方式，將樞紐分析表中不需要的欄位，再拖曳回「樞紐分析表欄位」中，或者將欄位的勾選取消，也可以直接在欄位上按一下**滑鼠左鍵**，於選單中選擇**移除欄位**，即可將欄位從區域中移除，而此欄位的資料也會從工作表中消失。

03 到這裡，基本樞紐分析表就完成了，從樞紐分析表中可以看出各魚貨的交易量。

04 樞紐分析表製作好後，在**工作表1**標籤上按下**滑鼠右鍵**，於選單中點選**重新命名**，或直接在名稱上**雙擊滑鼠左鍵**，將工作表重新命名，這裡請輸入「**樞紐分析表**」，輸入完後，按下**Enter**鍵，完成重新命名的工作。

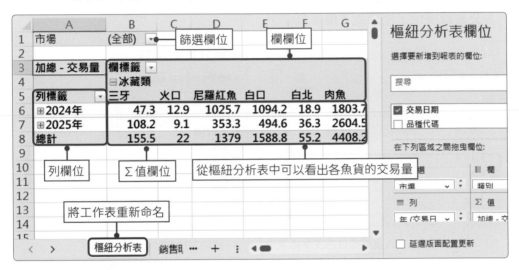

隱藏明細資料

雖然樞紐分析表對於資料的分析很有幫助，但有時分析表中過多的欄位反而會使人無所適從，因此必須適時地隱藏暫時不必要出現的欄位。例如：我們方才製作出的樞紐分析表，詳細列出各個類別中所有魚貨的交易量資料。假若現在只想查看各類別間的交易量差異，那麼其下所細分的「魚貨名稱」資料反而就不是分析重點了。

在這樣的情形下，應該將有關「魚貨名稱」的明細資料暫時隱藏起來，只檢視「類別」標籤的資料就可以了。

01 按下**冰藏類**前的 ⊟ **摺疊**鈕，即可將冰藏類下的魚貨名稱的明細資料隱藏起來。

02 當摺疊起來之後，冰藏類前方的符號就會變成 ⊞ **展開**鈕，表示其內容已摺疊，只要再次按下 ⊞ **展開**鈕，即可再次將其內容展開。

03 再利用相同方式，即可將其他類別的資料明細隱藏起來。將多餘的資料隱藏後，反而更能馬上比較出各個類別之間的交易量差異。

Example 08 產品銷售分析

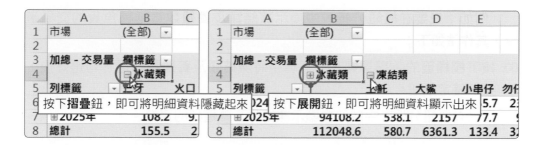

04 雖然可以透過摺疊鈕快速展開或摺疊某類別下的魚貨明細資料。但因各類別魚貨眾多，如果要一個一個設定摺疊，恐怕要花上一點時間。如果想要一次隱藏所有「類別」明細資料，將作用儲存格移至類別欄位中，按下「**樞紐分析表分析→作用中欄位→ 摺疊欄位**」按鈕。

05 點選後，所有的魚貨資料都隱藏起來了，這樣是不是節省了很多重複設定的時間呢！

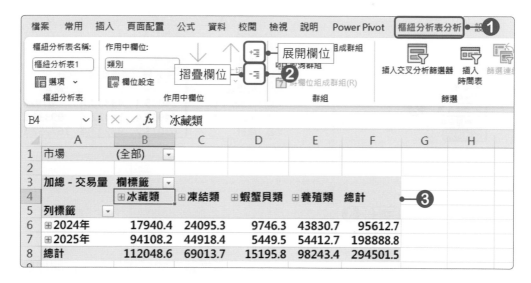

資料的篩選

　　樞紐分析表中的每個欄位旁邊都有 選單鈕，它是用來設定篩選項目的。當按下任何一個欄位的 選單鈕，從選單中選擇想要顯示的資料項目，即可完成篩選的動作。

例如：只要在樞紐分析表中顯示**凍結類**及**養殖類**這兩種魚貨的交易量時，其作法如下：

01 按下**欄標籤**的 ▾ 選單鈕，於選單中將**凍結類**及**養殖類**勾選，勾選好後，按下**確定**按鈕。

02 這樣在樞紐分析表中就只會顯示凍結類及養殖類的資料。

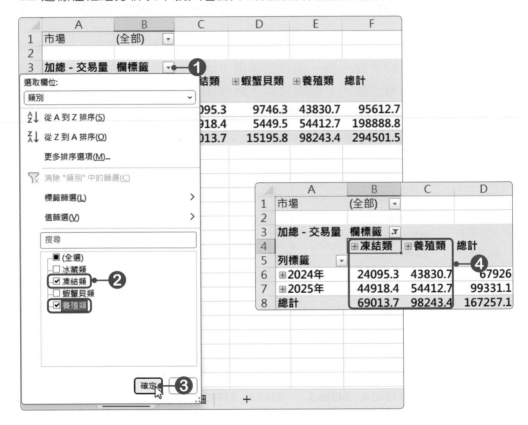

03 若想要再次顯示全部類別的資料，則點選**欄標籤**旁的 ▾ 選單鈕，在開啟的選單中點選**清除 " 類別 " 中的篩選**即可；或是按下「**樞紐分析表分析→動作→清除→清除篩選條件**」按鈕，即可將樞紐分析表內的篩選設定清除。

Example 08 產品銷售分析

設定標籤群組

若要看出時間軸與銷售情況的影響，可以將較瑣碎的日期標籤設定群組來進行比較。在樞紐分析表中，除了將一整年的銷售明細逐日列出外，Excel 也會自動將日期以年或季或月為群組加總資料，讓我們可以以「年」為單位進行比較。而我們也可以依照需求，自行設定標籤群組的單位。

01 選取**交易日期**欄位，按下「**樞紐分析表分析→群組→將欄位組成群組**」按鈕。開啟「群組」對話方塊，設定**間距值**為「**月**」及「**季**」，設定好後，按下**確定**按鈕。

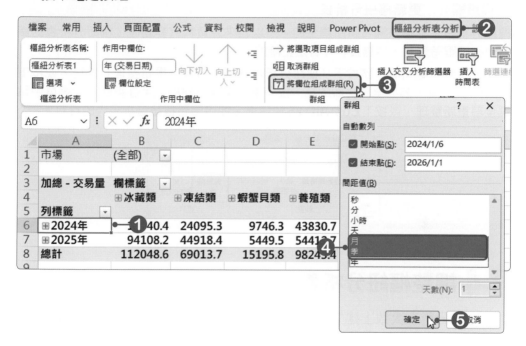

02 回到工作表中，**交易日期**便改以「**季**」及「**月**」呈現了。

	A	B	C	D	E	F
1	市場	(全部)				
2						
3	加總 - 交易量	欄標籤				
4		⊞冰藏類	⊞凍結類	⊞蝦蟹貝類	⊞養殖類	總計
5	列標籤					
6	⊟第一季	5471.3	14312.7	1470	15530.7	36784.7
7	1月	1978.3	3110.1	217.3	5361.9	10667.6
8	2月	1797.8	7648.8		801.1	10247.7
9	3月	1695.2	3553.8	1252.7	9367.7	15869.4
10	⊟第二季	4368.7	28490.5	8012.8	30875.2	71747.2
11	4月	1856.3	24796.1		16659.6	43312

在建立樞紐分析表時，就已經將交易日期群組成每季及每月，並計算出每一季的單季總和，這就是「小計」功能

03 如果不想以群組的方式顯示欄位，就選取原本執行群組功能的欄位，按下**滑鼠右鍵**，於選單中點選**取消群組**功能；或是直接按下「**樞紐分析表分析→群組→取消群組**」按鈕，即可一併取消所有的標籤群組。

▓知識補充：**更新樞紐分析表**

樞紐分析表是根據來源資料所產生的，所以若來源資料有變動時，樞紐分析表的資料也必須跟著變動，這樣資料才會是正確的。

當來源資料有更新時，請按下「**樞紐分析表分析→資料→重新整理**」按鈕，或按下**Alt+F5**快速鍵。若要全部更新的話，按下**重新整理**按鈕的下半部按鈕，於選單中點選**全部重新整理**，或按下**Ctrl+Alt+F5**快速鍵，即可更新樞紐分析表內的資料。

8-4 調整樞紐分析表

　　樞紐分析表大致上建立完成後，即可開始進行各種資料的調整，讓樞紐分析表更完整。

🥧 修改欄位名稱及儲存格格式

　　建立樞紐分析表時，樞紐分析表內的欄位名稱是自動命名的，但有時這些命名方式並不符合需求，所以這裡要修改欄位名稱，並設定數值格式。

01 選取**A3**儲存格的**加總 - 交易量**欄位，按下「**樞紐分析表分析→作用中欄位→欄位設定**」按鈕，開啟「值欄位設定 ...」對話方塊。於**自訂名稱**欄位中輸入**交易數量**文字，名稱輸入好後按下**數值格式**按鈕。

02 開啟「設定儲存格格式」對話方塊，進行數值格式的設定，設定好後，按下**確定**按鈕。

Example 08 產品銷售分析

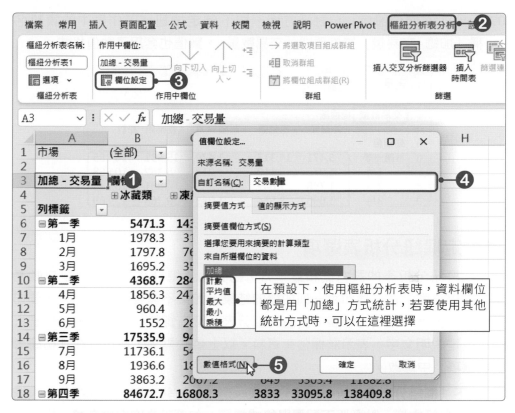

在預設下,使用樞紐分析表時,資料欄位都是用「加總」方式統計,若要使用其他統計方式時,可以在這裡選擇

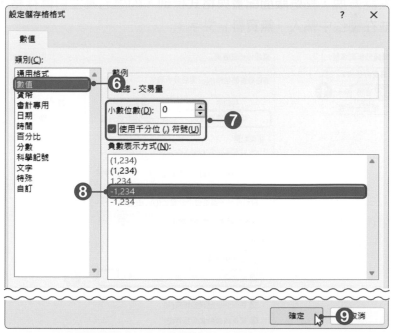

03 回到「值欄位設定...」對話方塊，按下**確定**按鈕，工作表中的資料名稱「加總-交易量」被修改成「交易數量」，數值也套用了數值格式。

	A	B	C	D	E	F
1	市場	(全部) ▾				
2						
3	**交易數量**	欄標籤 ▾				
4		⊞冰藏類	⊞凍結類	⊞蝦蟹貝類	⊞養殖類	總計
5	列標籤 ▾					
6	⊟第一季	5,471	14,313	1,470	15,531	36,785
7	1月	1,978	3,110	217	5,362	10,668
8	2月	1,798	7,649		801	10,248
9	3月	1,695	3,554	1,253	9,368	15,869

設定樞紐分析表選項

　　在樞紐分析表的最右側和最下方，總有個「總計」欄位，這是自動產生的，用來顯示每一欄和每一列加總的結果，如果不需要這兩個部分，要如何修改？另外，樞紐分析表中空白的部分表示沒有資料，不妨加上一個破折號，或是說明文字，表示該欄位有資料。以上這些需求，都可以在「**樞紐分析表選項**」中修改。

01 按下「**樞紐分析表分析→樞紐分析表→選項**」按鈕，開啟「樞紐分析表選項」對話方塊，點選**版面配置與格式**標籤，勾選**若為空白儲存格，顯示**選項，並在欄位中輸入「**無資料**」文字。

Example 08 產品銷售分析

02 點選**總計與篩選**標籤，在**總計**選項中即可自行勾選要不要顯示列或欄的總計資料，設定好後，按下**確定**按鈕。

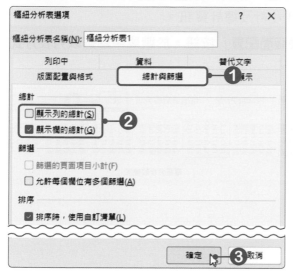

NOTE：要開啟或關閉總計資料時，也可以按下「**設計→版面配置→總計**」按鈕，選擇要開啟或關閉，或只開啟列或欄的總計。

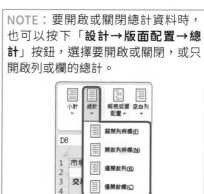

03 回到工作表後，沒有資料的欄位就會加上「無資料」文字，而列的總計也不會顯示於樞紐分析表中。

	A	B	C	D	E	F
1	市場	(全部)				
2						
3	交易數量	欄標籤				
4		⊞冰藏類	⊞凍結類	⊞蝦蟹貝類	⊞養殖類	
5	列標籤					
6	⊟第一季	5,471	14,313	1,470	15,531	
7	1月	1,978	3,110	217	5,362	
8	2月	1,798	7,649	無資料	801	
9	3月	1,695	3,554	1,253	9,368	
10	⊟第二季	4,369	28,491	8,013	30,875	
11	4月	1,856	24,796	無資料	16,660	
12	5月	960	891	7,981	9,855	
13	6月	1,552	2,803	32	4,361	
14	⊟第三季	17,536	9,402	1,880	18,742	
15	7月	11,736	5,436	1,231	2,089	
16	8月	1,937	1,900	無資料	11,349	
17	9月	3,863	2,067	649	5,303	
18	⊟第四季	84,673	16,808	3,833	33,096	
19	10月	305	2,352	755	1,714	
20	11月	82,407	4,972	無資料	15,024	
21	12月	1,961	9,484	3,078	16,358	
22	總計	112,049	69,014	15,196	98,243	

變更報表版面配置

完成了樞紐分析表後，還可以至「**設計→版面配置**」群組中，設定報表的版面配置，或是選擇是否要呈現小計及總計資訊。

01 按下「**設計→版面配置→報表版面配置**」按鈕，於選單中點選**以列表方式顯示**。

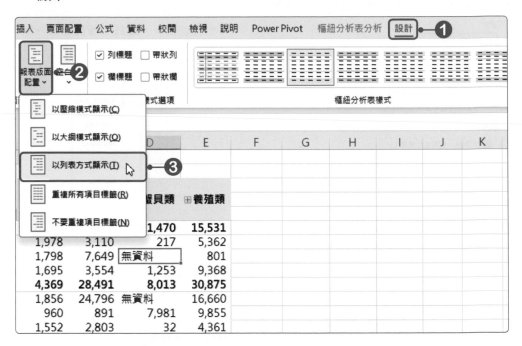

02 按下「**設計→版面配置→空白列**」按鈕，於選單中點選**每一項之後插入空白行**。

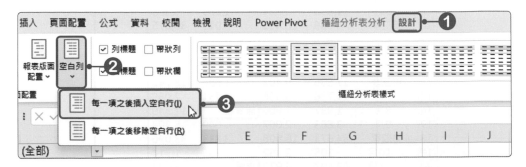

Example 08 產品銷售分析

03 樞紐分析表就會以列表方式顯示，並在每一季加總後加入一列空白列。

	A	B	C	D	E	F
1	市場	(全部)				
2						
3	交易數量		類別	魚貨名稱		
4			⊞冰藏類	⊞凍結類	⊞蝦蟹貝類	⊞養殖類
5	季 (交易)	月 (交易日期)				
6	⊟第一季	1月	1,978	3,110	217	5,362
7		2月	1,798	7,649	無資料	801
8		3月	1,695	3,554	1,253	9,368
9	第一季 合計		5,471	14,313	1,470	15,531
10						
11	⊟第二季	4月	1,856	24,796	無資料	16,660
12		5月	960	891	7,981	9,855
13		6月	1,552	2,803	32	4,361
14	第二季 合計		4,369	28,491	8,013	30,875

⏾ 套用樞紐分析表樣式

　　Excel 提供了樞紐分析表樣式，讓我們可以直接套用於樞紐分析表中，而不必自行設定樞紐分析表的格式。

01 進入「**設計→樞紐分析表樣式**」群組中，即可在其中點選想要使用的樣式。樣式選擇好後，將「**設計→樞紐分析表樣式選項**」群組中的**帶狀列**勾選。

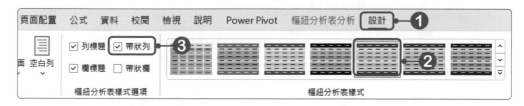

02 點選後便會套用於樞紐分析表中。

	A	B	C	D	E	F
1	市場	(全部)				
2						
3	交易數量		類別	魚貨名稱		
4			⊞冰藏類	⊞凍結類	⊞蝦蟹貝類	⊞養殖類
5	季 (交易)	月 (交易日期)				
6	⊟第一季	1月	1,978	3,110	217	5,362
7		2月	1,798	7,649	無資料	801
8		3月	1,695	3,554	1,253	9,368
9	第一季 合計		5,471	14,313	1,470	15,531
10						

8-5 交叉分析篩選器

使用「交叉分析篩選器」可以將樞紐分析表內的資料做更進一步的交叉分析，例如：

● 想要知道「2024年第一季」各類別的交易量為何？

● 想要知道「2025年」的「凍結類」及「養殖類」在「第二季」的交易量為何？

此時，便可使用「交叉分析篩選器」來快速統計出想要的資料。

插入交叉分析篩選器

01 先將**交易日期**以「年」、「季」、「月」呈現，再按下「**樞紐分析表分析→篩選→插入交叉分析篩選器**」按鈕，開啟「插入交叉分析篩選器」對話方塊。

02 選擇要分析的欄位，這裡請勾選**類別、年**及**季**等欄位，勾選好後按下**確定**按鈕，回到工作表後，便會出現所選擇的交叉分析篩選器。

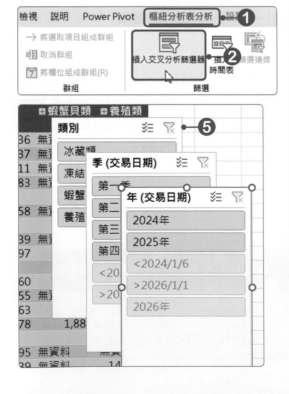

Example 08 產品銷售分析

03 交叉分析篩選器加入後，將滑鼠游標移至篩選器上，按下**滑鼠左鍵**不放並拖曳滑鼠，即可調整篩選器的位置。

04 將滑鼠游標移至篩選器的邊框控點上，按下**滑鼠左鍵**不放並拖曳滑鼠，即可調整篩選器的大小。

05 篩選器位置調整好後，接下來就可以進行交叉分析的動作了，首先，我們想要知道「2024年第一季各類別的交易量為何？」。此時，只要在**年**篩選器上點選**2024年**；在**季**篩選器上點選**第一季**。經過交叉分析後，便可立即知道「2024年第一季」各類別的交易量。

若要清除篩選器上的篩選結果，可以按下篩選器右上角的 按鈕，或按下**Alt+C**快速鍵，即可清除篩選，而恢復成選取每個資料項

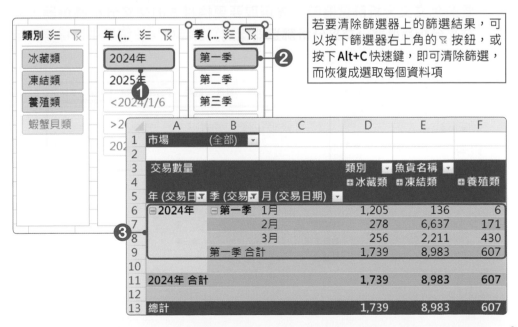

06 接著想要知道「2025年的凍結類及養殖類在第二季的交易量為何？」。此時，只要在**年**篩選器上點選**2025年**，在**季**篩選器上點選**第二季**，在**類別**篩選器上點選**凍結類**及**養殖類**，即可看到分析結果。

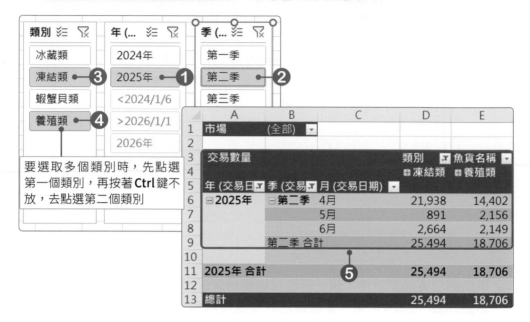

🕐 美化交叉分析篩選器

要美化交叉分析篩選器時，先選取要更換樣式的交叉分析篩選器，進入「**交叉分析篩選器→交叉分析篩選器樣式**」群組中，於選單中選擇要套用的樣式，即可立即更換樣式。

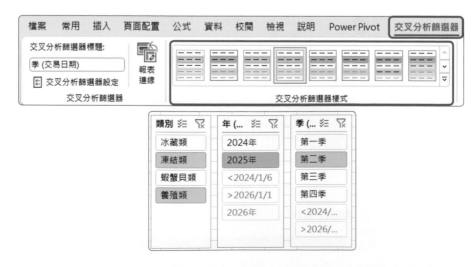

Example 08 產品銷售分析

除了更換樣式外，還可以進行欄位數的設定，選取要設定的交叉分析篩選器，在「**交叉分析篩選器→按鈕→欄**」中，輸入要設定的欄數，即可調整交叉分析篩選器的欄位數。

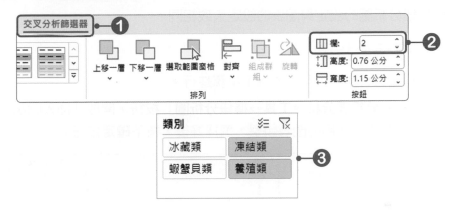

移除交叉分析篩選器

若不需要交叉分析篩選器時，可以點選交叉分析篩選器後，再按下 **Delete** 鍵，即可刪除；或是在交叉分析篩選器上，按下**滑鼠右鍵**，於選單中點選**移除**選項。

8-6 製作樞紐分析圖

將樞紐分析表的概念延伸，使用拖曳欄位的方式，也可以產生樞紐分析圖，而樞紐分析圖的設定與圖表的設定大致相同。

建立樞紐分析圖

建立樞紐分析圖時，可以依以下步驟進行。

01 按下「**樞紐分析表分析→工具→樞紐分析圖**」按鈕，開啟「插入圖表」對話方塊，選擇要使用的圖表類型，選擇好後，按下**確定**按鈕。

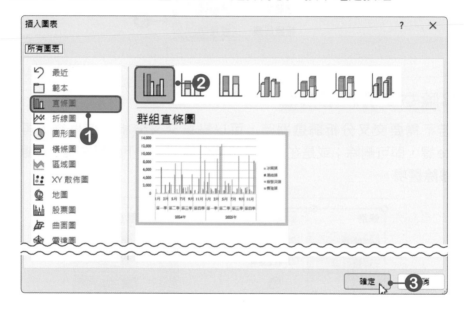

02 在工作表中就會產生樞紐分析圖。

03 按下「**設計→位置→移動圖表**」按鈕，開啟「移動圖表」對話方塊。

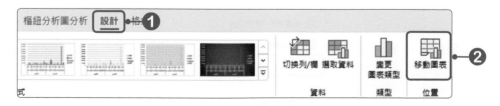

04 點選**新工作表**，並將工作表命名為「樞紐分析圖」，設定好後按下**確定**按鈕，即可將樞紐分析圖移至新的工作表中。

Example 08 產品銷售分析

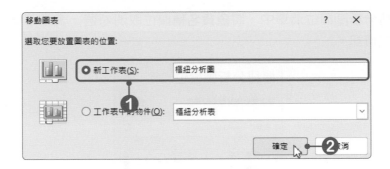

05 接著便可以在「**設計**」及「**格式**」索引標籤中，進行變更圖表類型、圖表的版面配置、更換圖表的樣式等設定。

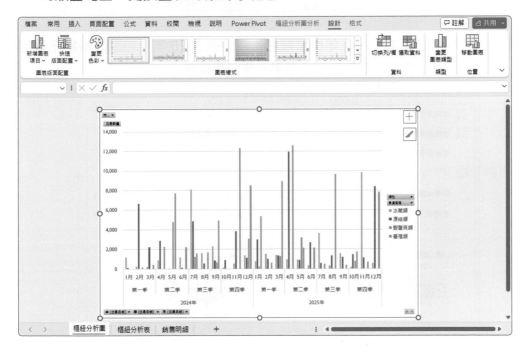

設定樞紐分析圖顯示資料

　　與樞紐分析表一樣，同樣可以在「欄位清單」中設定報表欄位，來決定樞紐分析圖想要顯示的資料內容。依照所選定的顯示條件，就可以看到樞紐分析圖的多樣變化喔！

01 按下「**樞紐分析圖分析→顯示/隱藏→欄位清單**」按鈕，開啟「樞紐分析圖欄位」窗格。

02 在樞紐分析圖欄位清單中，將**魚貨名稱**欄位取消勾選，表示不顯示該欄位的相關資訊。

03 在樞紐分析圖中，按下**年**欄位按鈕，只勾選**2025年**，勾選好後按下**確定**按鈕；按下**季**欄位按鈕，只勾選**第一季**及**第二季**。

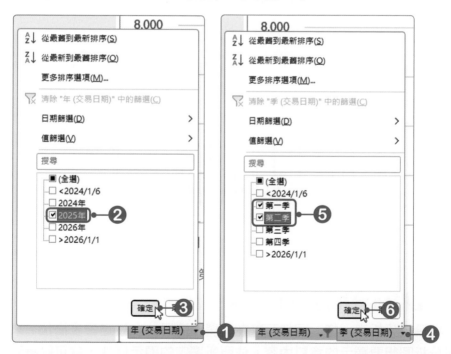

04 按下**類別**欄位按鈕，只勾選**凍結類**及**養殖類**，勾選好後按下**確定**按鈕；最後樞紐分析圖就只會顯示 2025 年第一季及第二季的凍結類及養殖類的內容 (在樞紐分析圖上進行篩選的設定時，這些設定也會反應到它所根據的樞紐分析表中)。

Example 08 產品銷售分析

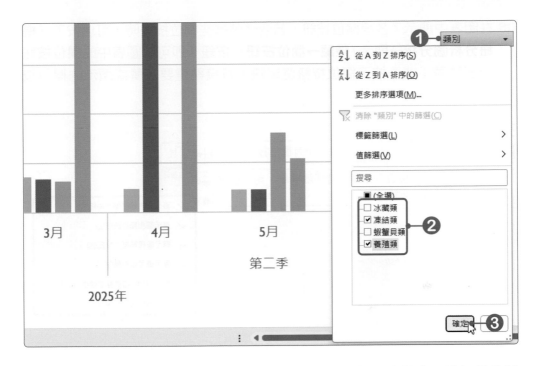

05 最後再看看要在圖表中加入些什麼項目，或是更換圖表樣式，讓樞紐分析圖更為完整。

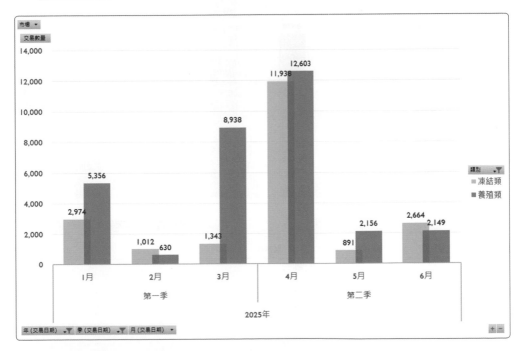

06 在圖表中顯示了各種欄位按鈕，若要隱藏這些欄位按鈕時，可以按下「**樞紐分析圖分析→顯示/隱藏→欄位按鈕**」按鈕，即可將圖表中的欄位按鈕全部隱藏；或是按下**欄位按鈕**選單鈕，直接點選要隱藏或顯示的欄位按鈕。

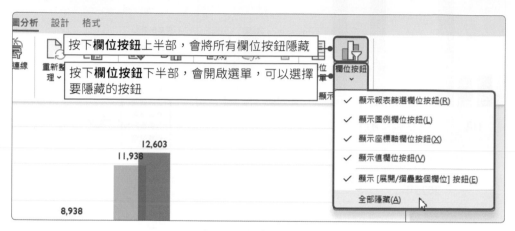

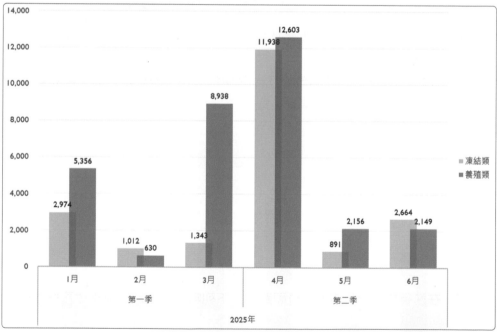

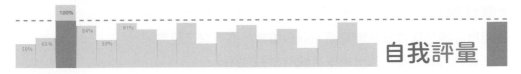

Example 08 產品銷售分析

自我評量

● 選擇題

(　　)1. 在 Excel 中，若一份含有全班段考成績的工作表中，如果只需顯示前三名的同學成績資料，可以利用下列哪一項功能來達成？ (A)篩選　(B)圖表　(C)小計　(D)驗證。

(　　)2. 在 Excel 中，輸入篩選準則時，以下哪個符號可以代表一串連續的文字？ (A)「*」　(B)「?」　(C)「/」　(D)「+」。

(　　)3. 在 Excel 中，以下對篩選的敘述何者是對的？ (A)執行「篩選」功能後，除了留下來的資料，其餘資料都會被刪除　(B)利用欄位旁的 ▾ 按鈕做篩選，稱作「進階篩選」　(C)要進行篩選動作時，可執行「資料→排序與篩選→篩選」功能　(D)設計篩選準則時，不需要任何標題。

(　　)4. 動物森友會管理委員想要將收集來的島民資料，依行業別統計戶數，請問管委會可利用 Excel 中的哪一項功能來計算？ (A)篩選　(B)樞紐分析　(C)小計　(D)驗證。

(　　)5. 在 Excel 中，要在資料清單同一類中插入小計統計數之前，要先將資料清單進行下列何種動作？ (A)存檔　(B)排序　(C)平均　(D)加總。

(　　)6. 關於 Excel 的樞紐分析表，下列敘述何者正確？ (A)樞紐分析表上的欄位一旦拖曳確定，就不能再改變　(B)欄欄位與列欄位上的分類項目，是「標籤」；資料欄位上的數值，是「資料」　(C)欄欄位和列欄位的分類標籤，交會所對應的數值資料，是放在分頁欄位　(D)樞紐分析圖上的欄位，是固定不能改變的。

(　　)7. 在 Excel 中，使用下列哪一個功能，可以將數值或日期欄位，按照一定的間距分類？ (A)分頁顯示　(B)小計　(C)排序　(D)群組。

(　　)8. 在進行樞紐分析表的欄位配置時，下列哪一個區域是用來放置要進行分析的資料？ (A)篩選　(B)列　(C)Σ 值　(D)欄。

(　　)9. 在樞紐分析表中可以進行以下哪項設定？ (A)排序　(B)篩選　(C)移動樞紐分析表　(D)以上皆可。

● 實作題

1. 開啟「各分店冷氣銷售明細.xlsx」檔案，進行以下設定。

　⊙ 使用篩選功能，找出銷售業績前5名的資料。

	A	B	C	D	E
1	分店名稱	品名	售價	數量	業績
4	桃園	聲寶窗型冷氣	$6,980	6	$41,880
7	景美	普騰窗型冷氣	$6,990	7	$48,930
8	永和	惠而浦窗型冷氣	$7,890	6	$47,340
10	楊梅	吉普生窗型冷氣	$15,880	3	$47,640
16	楊梅	聲寶窗型冷氣	$6,980	7	$48,860

　⊙ 使用小計功能，看看哪一個分店的銷售業績最好。

	A	B	C	D	E
1	分店名稱	品名	售價	數量	業績
8	永和 合計				$209,210
15	桃園 合計				$190,710
21	景美 合計				$146,340
27	楊梅 合計				$167,420
28	總計				$713,680

2. 開啟「水果上價行情.xlsx」檔案，進行以下設定。

　⊙ 將水果的行情資料做成樞紐分析
　　表，版面配置請參考右圖。

　⊙ 將「列標籤」的日期欄位設定為
　　以「每7天」為一個群組顯示。

　⊙ 將「值」欄位的數值格式設定
　　為「貨幣、小數位2位」。

　⊙ 將沒有資料的欄位加入「無資料」文字。

	A	B	C	D	E	F	G	H	I	J	K	L
1	市場	(全部)										
2												
3	加總 - 上價	欄標籤										
4	列標籤	小蕃茄	木瓜	水蜜桃	火龍果	甘蔗	西瓜	李	芒果	奇異果	枇杷	柚子
5	2026/4/30 - 2026/5/6	無資料	$46.80	無資料	$108.40	$17.00	無資料	$68.30	無資料	無資料	$198.00	$15.10
6	2026/5/7 - 2026/5/13	$770.50	$278.80	$3,492.30	$581.10	$72.00	$652.60	$237.00	$2,428.60	$1,405.20	$150.00	$294.30
7	總計	$770.50	$325.60	$3,492.30	$689.50	$89.00	$652.60	$305.30	$2,428.60	$1,405.20	$348.00	$309.40

Example 09

零用金帳簿

　　日常生活中的每一天，總是會有各種名目的支出，將這些支出詳細記錄下來，可以了解自己的消費狀況，並有效的控制預算，所以接下來的這個範例，就來學習如何使用 Excel，幫助我們建立生活中的日記帳，讓每一天的流水帳都能夠清清楚楚、一目了然。

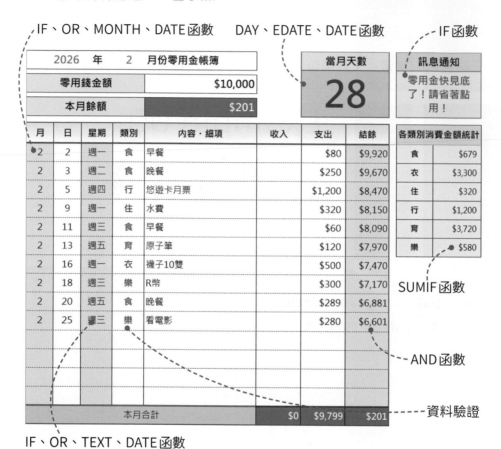

IF、OR、MONTH、DATE 函數　　　DAY、EDATE、DATE 函數　　　IF 函數

2026 年 2 月份零用金帳簿		
零用錢金額		$10,000
本月餘額		$201

當月天數
28

訊息通知
零用金快見底了！請省著點用！

月	日	星期	類別	內容・細項	收入	支出	結餘
2	2	週一	食	早餐		$80	$9,920
2	3	週二	食	晚餐		$250	$9,670
2	5	週四	行	悠遊卡月票		$1,200	$8,470
2	9	週一	住	水費		$320	$8,150
2	11	週三	食	早餐		$60	$8,090
2	13	週五	育	原子筆		$120	$7,970
2	16	週一	衣	襪子10雙		$500	$7,470
2	18	週三	樂	R幣		$300	$7,170
2	20	週五	食	晚餐		$289	$6,881
2	25	週三	樂	看電影		$280	$6,601
				本月合計	$0	$9,799	$201

各類別消費金額統計	
食	$679
衣	$3,300
住	$320
行	$1,200
育	$3,720
樂	$580

SUMIF 函數

AND 函數

資料驗證

IF、OR、TEXT、DATE 函數

類別	總金額
食	$3,518
衣	$2,230
住	$4,277
行	$3,610
育	$4,645
樂	$4,890

零用金總支出統計圖

樂 21%　食 15%　衣 10%　住 18%　行 16%　育 20%

合併彙算　立體圓形圖

Example 09 零用金帳簿

9-1 自動顯示天數、月份及星期

在「零用金帳簿」範例中，要使用各種日期及邏輯函數自動顯示天數、月份及星期。

用DAYE、DATE、DATE函數自動顯示當月天數

該範例希望**當月天數**欄位中的資料會依據所輸入的年份及月份，自動顯示當月有幾天。這裡會使用到 **DAY**、**EDATE** 及 **DATE** 等函數，說明如下。

DAY	
說明	取出某一特定日期的日數
語法	DAY(Serial_number)
引數	◆ Serial_number：要尋找的日期。

EDATE	
說明	傳回自起算日期算起幾個月後(前)的日期值，會自動跨年及判斷月份的天數
語法	EDATE(Start_date, Months)
引數	◆ Start_date：開始日期。 ◆ Months：開始日期之前或之後的月份數，可以是正值或負值。一個月的正值表示將來的日期，負值表示過去的日期。

DATE	
說明	將數值資料轉變成日期資料
語法	DATE(Year,Month,Day)
引數	◆ Year：代表年份的數字，可以包含1到4位數。 ◆ Month：代表全年1月至12月的數字，如果該引數大於12，則會將該月數加到指定年份的第1個月份上；若引數小於1，則會從指定年份的第1個月減去該月數加1。 ◆ Day：代表整個月1到31日的數字，如果該引數大於指定月份的天數，則會將天數加到該月份的第1天；若引數小於1，則會從指定月份第1天減去該天數加1。

了解各函數的用法後，接著就開始進行當月天數的設定。

01 選取 **H3** 儲存格,按下「**公式→函數庫→日期和時間**」按鈕,於選單中點選 **DAY** 函數。

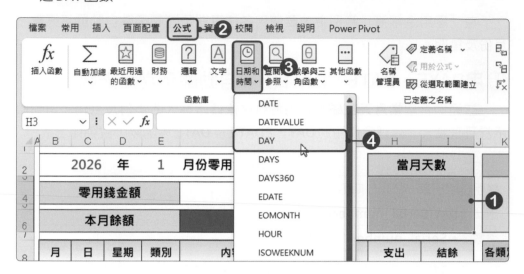

02 在引數 (Serial_number) 中輸入「**(EDATE(DATE(B2,E2,1),1)-1)**」公式,輸入好後,按下**確定**按鈕。

03 回到工作表後,H3 儲存格就會依據 B2 儲存格的年份及 E2 儲存格的月份,來判斷天數,並顯示於儲存格中。

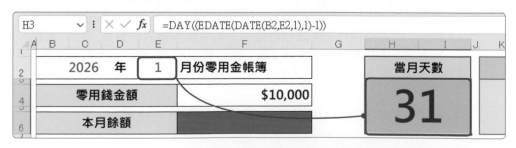

Example 09 零用金帳簿

04 再試著輸入其他月份看看，當月天數是否會自動更新。

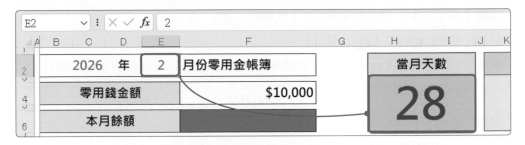

▦知識補充：**自動重算公式，更新運算結果**

在預設下，Excel會自動重新計算儲存格內的公式，並更新公式計算的結果，若發現公式建立好，而且公式也沒有輸入錯誤，但是作用儲存格中沒有自動更新計算結果時，可以先檢查**重新計算**功能是不是被設定成**手動**模式了。按下「**公式→計算→計算選項**」按鈕，於選單中選擇要使用的選項。

若要直接更改預設的計算選項，可以按下「**檔案→選項**」功能，開啟「Excel選項」對話方塊，點選**公式**標籤，在「計算選項」中就可以設定Excel的計算選項預設值。

用IF、OR、MONTH、DATE函數自動顯示月份

在此範例中希望**月份**欄位內的資料會依據所輸入的年份、月份與日期來顯示，所以必須先判斷這些儲存格中是否有輸入資料，若有輸入資料，再從這些資料中取出月份，並顯示於儲存格中。

這裡會使用到**IF、OR、MONTH、DATE**等函數，分別說明如下。

IF	
說明	根據判斷條件真假，傳回指定的結果
語法	**IF(Logical_test,Value_if_true,Value_if_false,...)**
引數	◆ **Logical_test**：用來輸入判斷條件，所以必須是能回覆True或False的邏輯運算式。 ◆ **Value_if_true**：當判斷條件傳回True時，所必須執行的結果。如果是文字，則會顯示該文字；如果是運算式，則顯示該運算式的執行結果。 ◆ **Value_if_false**：當判斷條件傳回False時，所必須執行的結果。如果是文字，則會顯示該文字；如果是運算式，則顯示該運算式的執行結果。

OR	
說明	只要其中一個判斷條件成立，就傳回「真」
語法	OR(Logical1,Logical2,...)
引數	◆ Logical1,Logical2,...：該值為想要測試其結果為 True 或 False 的條件。

MONTH	
說明	取出日期資料中的月份
語法	MONTH(Serial_number)
引數	◆ Serial_number：代表日期的數字。

了解各種函數的用法後，接著就開始進行月份資料的設定。

01 選取 **B9** 儲存格，按下「**公式→函數庫→邏輯**」按鈕，於選單中點選 **IF** 函數。

02 在第1個引數(Logical_test)中要先判斷「**年份(B2)或月份(E2)或日期(C9)**」等儲存格，是否有輸入資料，所以請在欄位中輸入「**OR($B$2="",$E$2="",C9="")**」。

03 在第2個引數(Value_if_true)中輸入「**""**」，表示若「年份(B2)或月份(E2)或日期(C9)」等儲存格沒有輸入資料，則 **B9** 儲存格就不顯示任何內容。

04 在第3個引數(Value_if_false)中輸入「**MONTH(DATE($B$2, $E$2,1))**」，表示若「年份(B2)或月份(E2)或日期(C9)」等儲存格都有輸入資料時，則先利用 DATE 函數將 **B2** 及 **E2** 儲存格內的資料轉換為日期，再使用 MONTH 函數取出該日期中的月份，並顯示於 **B9** 儲存格。設定好後，按下**確定**按鈕，完成公式的設定。

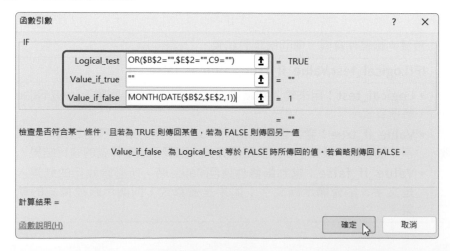

Example 09 零用金帳簿

05 接著將滑鼠游標移至 **B9** 儲存格的**填滿控點**，將公式複製到 **B10:B31** 儲存格。

月	日	星期	類別	內容‧細項	收入	支出	結餘

06 點選 📑 **自動填滿選項**按鈕，於選單中點選**填滿但不填入格式**選項，這樣表格的格式才不會被破壞。

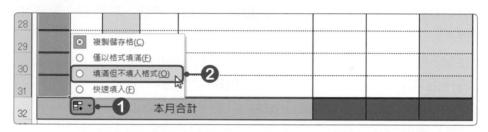

⊙ 複製儲存格(C)
○ 僅以格式填滿(F)
○ 填滿但不填入格式(O) **2**
○ 快速填入(F)
📑▾ **1** 本月合計

07 公式複製完成後，在 **C9** 儲存格，輸入一個日期，**B9** 儲存格就會自動顯示月份。

月	日	星期	類別	內容‧細項	收入	支出	結餘
1	2			於儲存格中輸入日期後，月份就會自動顯示；沒輸入日期時，月份則不會顯示任何資料			

🕐 用IF、OR、TEXT、DATE函數自動顯示星期

　　在星期欄位中，也是要依據所輸入的年份、月份與日期來顯示，所以必須先判斷這些儲存格中是否有輸入資料，若有輸入資料，再從這些資料中判斷出該日期的星期，並顯示於儲存格中。

　　在此範例中會使用到**IF**、**OR**、**TEXT**、**DATE**等函數，其中IF、OR、DATE函數前面都介紹過了，就不再介紹。

這裡要利用TEXT函數求得星期，TEXT函數可以將數值轉換成各種文字形式，且可以使用特殊格式字串來指定顯示的格式。

TEXT	
說明	依照特定的格式將數值轉換成各種文字形式
語法	TEXT(Value,Format_text)
引數	◆ **Value**：一個值，可以是數值或是一個參照到含有數值資料的儲存格位址。 ◆ **Format_text**：一個以雙引號括住並格式化為文字字串的數值。

01 選取**D9**儲存格，按下「**公式→函數庫→邏輯**」按鈕，於選單中點選**IF**函數。

02 在第1個引數(Logical_test)中要先判斷「月份(B9)及日期(C9)」等儲存格是否有輸入資料，所以請輸入「**OR(B9="",C9="")**」。

03 在第2個引數(Value_if_true)中輸入「**""**」，表示若「月份(B9)或日期(C9)」等儲存格沒有輸入資料，則該儲存格就不顯示任何內容。

04 在第3個引數(Value_if_false)中輸入「**TEXT(DATE($B$2,B9,C9),"aaa")**」，表示若「年份(B2)、月份(B9)、日期(C9)」等儲存格都有輸入資料時，則先利用**DATE**函數將**B2**、**B9**與**C9**儲存格內的資料轉換為日期，再使用**TEXT**函數求得星期，並顯示於**D9**儲存格。

05 都設定好後，按下**確定**按鈕，完成IF函數的建立。

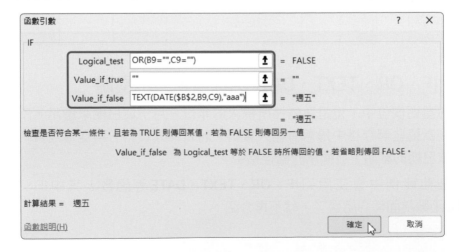

Example 09 零用金帳簿

06 回到工作表後，D9 儲存格就會依日期自動顯示星期。接著將公式複製到 **D10:D31** 儲存格，完成自動顯示星期的設定。

| D9 | ⌄ | : | ✕ ✓ | *fx* | =IF(OR(B9="",C9=""),"",TEXT(DATE($B$2,B9,C9),"aaa")) |

	月	日	星期	類別	內容・細項	收入	支出	結餘
	2026 年		**1 月份零用金帳簿**					**當月天數**
	零用錢金額			**$10,000**				**31**
	本月餘額							
8	月	日	星期	類別	內容・細項	收入	支出	結餘	各類別
9	1	2	週五						食
10									衣
11									住
12									行
13									育
									樂

▦ **知識補充：自訂數值格式**

在「Value_if_false」引數中的「TEXT(DATE($B$2, B9,C9),"aaa")」公式，其中「aaa」是「星期」格式的代碼，此代碼代表會將日期格式中的「星期一」轉換為「週一」；若使用「aaaa」格式代碼，則日期格式中的星期格式會顯示為「星期一」，而這些格式是可以自訂的，只要進入「設定儲存格格式」對話方塊，點選**數值**標籤，再按下**自訂**選項，即可進行格式的自訂。

9-2 用資料驗證設定類別清單

類別欄位是用來分類支出類別的，此範例將支出劃分為食、衣、住、行、育、樂等六大類。由於這個欄位中只能填入這些預設值，所以直接將這個欄位設定為「儲存格清單」，以方便將來輸入支出紀錄。

01 選取**E9:E31**儲存格，按下「**資料→資料工具→資料驗證**」上半部按鈕，開啟「資料驗證」對話方塊。

02 在**設定**標籤頁中，將**儲存格內允許**設定為**清單**，再按下**來源**的 ⬆ **最小化對話方塊**按鈕，選擇來源範圍。

03 於工作表中選取**K9:K14**資料範圍，選取好後按下 ▣ **展開對話方塊**按鈕，回到「資料驗證」對話方塊後，按下**確定**按鈕。

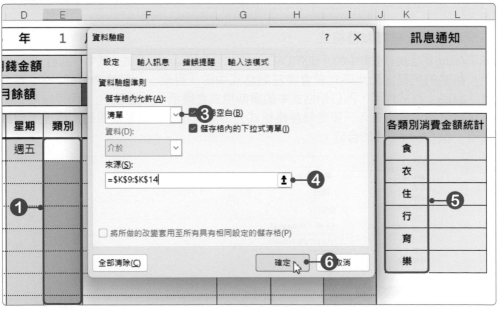

Example 09 零用金帳簿

04 回到工作表，被選取的範圍就都會加上類別清單。

星期	類別	內容·細項	收入	支出	結餘	各類別消費金額統計	
週五		按下清單鈕即可開啟選單				食	
	食 衣 住 行 育 樂					衣	
						住	
						行	
						育	
						樂	

9-3 用IF及AND函數計算結餘金額

接著來看看結餘金額該如何計算，此範例的結餘金額公式應為零用錢金額(F4)加上收入金額(G9)再減掉支出金額(H9)，就是結餘金額了。在建立公式時，可以用很簡單的方式，也就是：F4+G9-H9，但這裡不這麼做，我們還是要先判斷收入與支出是否有資料，再進行加減的動作。

這裡會使用到IF與AND函數，其中AND函數是判斷所有的引數是否皆為True，若皆為True才會傳回True。

AND	
說明	當每一個判斷條件都成立，才傳回「真」
語法	AND(Logical1,Logical2,...)
引數	◆ Logical1,Logical2,...：要測試的第1個條件，第2個條件...，條件最多可設255個。

01 選取I9儲存格，按下「**公式→函數庫→邏輯**」按鈕，於選單中點選 **IF**函數。

02 在第1個引數(Logical_test)中要先判斷G9(收入)、H9(支出)等儲存格是否有輸入資料，所以請輸入「**AND(G9="",H9="")**」。

03 在第2個引數(Value_if_true)中輸入「**""**」，表示若「G9 (收入)與H9 (支出)」等儲存格沒有輸入資料，則該儲存格就不顯示任何內容。

04 在第3個引數(Value_if_false)中輸入「**$F$4+G9-H9**」。都設定好後,按下**確定**按鈕,完成IF函數的建立。

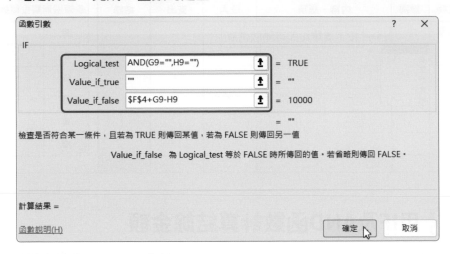

05 將I9儲存格的公式,複製到I10儲存格中。複製完成後,這裡要修改一下公式的內容,因為第1筆結餘金額須用**F4**儲存格內的金額做計算,但接下來的則不能用**F4**儲存格內的金額做計算,所以要將**$F$4**更改為「**I9**」儲存格。

06 點選I10儲存格,於編輯列中,將**$F$4**更改為「**I9**」,更改好後,按下**Enter**鍵,完成公式的修改。

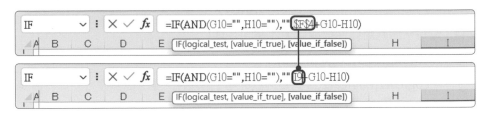

07 最後將滑鼠游標移至I10儲存格的填滿控點,將公式複製到**I11:I31**儲存格。按下 **自動填滿選項**按鈕,於選單中點選**填滿但不填入格式**選項,完成公式的複製。

Example 09 零用金帳簿

08 試著輸入資料,看看結餘是否有正確計算出金額。

9-4 用SUM函數計算本月合計與本月餘額

在本月合計中要將「收入」、「支出」、「結餘」做個加總,最後再將「結餘」的結果指定給「本月餘額」。

01 選取 **G32** 儲存格,按下「**公式→函數庫→自動加總**」按鈕,於選單中點選**加總**函數。

02 將加總範圍設定為 **G9:G31**,設定好後,按下 **Enter** 鍵。

03 將 G32 公式複製到 **H32** 儲存格中。

04 選取 I32 儲存格，輸入「**=$F$4+G32-H32**」公式，輸入好後，按下 **Enter** 鍵，完成結餘金額公式的建立。

05 選取 F6 儲存格，輸入「**=I32**」，輸入好後，按下 **Enter** 鍵。

Example 09 零用金帳簿

06 「本月餘額」的金額就會等於「結餘」計算後的金額。

	2026 年	1 月份零用金帳簿				當月天數		
	零用錢金額			$10,000		**31**		
	本月餘額			$9,430				
月	日	星期	類別	內容・細項		收入	支出	結餘
30								
31								
				本月合計		$0	$570	$9,430

9-5 用SUMIF函數計算各類別消費金額

　　為了讓自己能快速地知道零用金在哪個類別的支出最多,所以要來統計各類別的消費金額,這裡可以利用 **SUMIF** 函數計算各類別的單月消費加總金額,該函數語法如下:

說明	計算符合指定條件的數值總和
語法	SUMIF(Range,Criteria, [Sum_range])
引數	◆ **Range**:要加總的範圍。 ◆ **Criteria**:要加總儲存格的篩選條件,可以是數值、公式、文字等。 ◆ **Sum_range**:將被加總的儲存格,如果省略,則將使用目前範圍內的儲存格。

▦知識補充:SUMIF

SUMIF函數只能根據一個條件進行計算,若要根據多個條件進行計算時,則要使用SUMIFS函數,該函數可以接受多個條件,當資料符合所有條件時才會進行加總,該函數語法如下:

語法	SUMIFS(Sum_range,Criteria_range1,Criteria1, [Criteria_range2, Criteria2], ...)
引數	◆ **Sum_range**:要加總的範圍。 ◆ **Criteria_range1**、**Criteria_range2**:判斷資料範圍。 ◆ **Criteria1**、**Criteria2**:判斷條件。

01 選取 **L9** 儲存格，按下「**公式→函數庫→數學與三角函數**」按鈕，於選單中點選 **SUMIF** 函數。

02 開啟「函數引數」對話方塊後，在第1個引數(Range)中輸入要比較條件的絕對範圍「**$E$9:$E$31**」；在第2個引數(Criteria)中輸入「**食**」；在第3個引數(Sum_range)中輸入要加總的絕對範圍「**$H$9:$H$31**」，公式建立好後，按下**確定**按鈕。

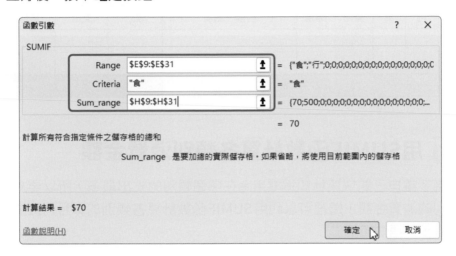

03 **食**的金額計算出來後，將公式複製到 **L10:L14** 儲存格中。

Example 09 零用金帳簿

04 複製好後，點選 **L10** 儲存格，於編輯列，將公式裡的「**食**」，更改為「**衣**」。

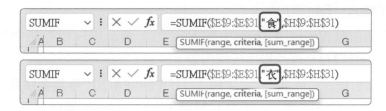

05 再利用相同方式將住、行、育、樂的公式也修改過來，這樣各類別消費金額的統計就完成了。

06 最後輸入一些資料，看看公式是否正確。

月	日	星期	類別	內容‧細項	收入	支出	結餘		各類別消費金額統計	
				2026 年 1 月份零用金帳簿					當月天數	訊息通知
				零用錢金額			$10,000		31	
				本月餘額			$993			
1	2	週五	食	早餐		$70	$9,930		食	$1,970
1	5	週一	行	悠遊卡加值		$500	$9,430		衣	$450
1	8	週四	衣	內褲3件		$450	$8,980		住	$1,557
1	9	週五	樂	動力火車演唱會門票		$3,600	$5,380		行	$850
1	10	週六	行	Uber		$350	$5,030		育	$580
1	12	週一	住	馬桶清潔劑3瓶		$188	$4,842		樂	$3,600
1	15	週四	育	通識課本		$580	$4,262			
1	16	週五	住	電費		$1,369	$2,893			
1	17	週六	食	想想吃到飽餐廳		$1,900	$993			

9-6 用IF函數判斷零用金是否超支

　　零用金帳簿的基本計算功能都做好了以後，最後要在「訊息通知」欄位中，設計一個可以自動判斷是否快超出預算的公式，這裡設定的公式是，**當本月餘額的金額小於等於零用錢金額的十分之一時，就顯示「零用金快見底了！請省著點用！」的訊息**，了解後，就開始建立公式吧！

01 選取 **K3** 儲存格，按下「**公式→函數庫→邏輯**」按鈕，於選單中點選 **IF** 函數。

02 在第1個引數 (Logical_test) 中，要先判斷 F4 儲存格中是否有輸入金額，所以請輸入「**F4=""**」。

03 在第2個引數 (Value_if_true) 中輸入「**""**」，表示若 F4 儲存格中沒有輸入金額，則該儲存格就不顯示任何內容。

04 在第3個引數 (Value_if_false) 中輸入「**IF(F6<=F4/10,"零用金快見底了！請省著點用！","")**」，表示「若本月餘額(F6)的金額**小於等於**零用錢金額(F4)的十分之一時」，則顯示「**零用金快見底了！請省著點用！**」訊息，公式建立好後，按下**確定**按鈕。

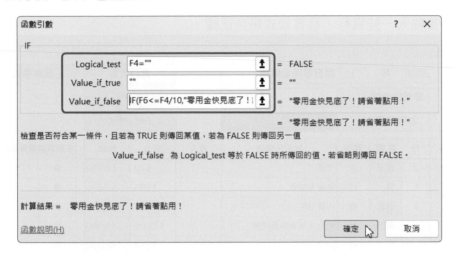

05 回到工作表後，K3儲存格就會判斷本月餘額是否已經小於等於零用錢金額的十分之一了，若小於等於時，就會顯示所設定的訊息內容。

Example 09 零用金帳簿

9-7 複製多個工作表

在前面我們將一月份的零用金帳簿製作完成了，接下來就可以利用複製的方式，將零用金帳簿複製到其他工作表中，這裡先複製二月份與三月份的零用金帳簿，若需要更多月份的零用金帳簿，那麼就多複製幾個。這裡請開啟「**零用金帳簿-資料.xlsx**」檔案，進行以下的練習。

01 在**一月**工作表標籤上按下**滑鼠右鍵**，於選單中點選**移動或複製**選項，開啟「移動或複製」對話方塊。

02 點選 **(移動到最後)** 選項，再將**建立複本**勾選，都設定好後，按下**確定**按鈕。

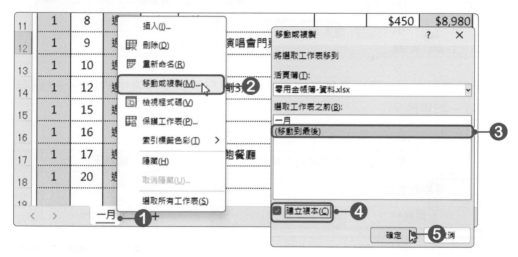

03 按下**確定**按鈕後，就會多了一個**一月 (2)** 的工作表標籤，在該標籤上按下**滑鼠右鍵**，於選單中點選**重新命名**選項，將工作表標籤名稱更改為**二月**。

04 再將工作表索引標籤色彩更換一下,在該標籤上按下**滑鼠右鍵**,於選單中選擇**索引標籤色彩**選項,在色彩選單中選擇要使用的顏色。

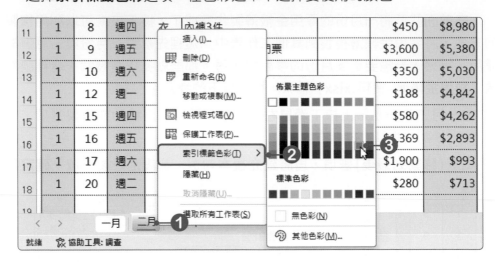

05 利用相同方式,建立**三月**工作表。最後別忘了將工作表中的月份(E2儲存格)一起更改。

Example 09 零用金帳簿

9-8 合併彙算

當零用金記錄了幾個月之後，若想要了解各項花費的總和，可以利用 Excel 中的**合併彙算**功能，將每個月的花費累加計算，這樣，就可以很清楚的知道自己各項花費的情況。

建立總支出工作表

開始進行合併彙算前，先建立一個**總支出**工作表，來存放合併彙算的結果，這裡請開啟**零用金帳簿-合併彙算.xlsx**檔案，進行練習。

01 按下工作表標籤列上的 **+ 新工作表**按鈕，即可新增一個工作表，在工作表名稱上**雙擊滑鼠左鍵**，將工作表重新命名為**總支出**。

小技巧：新增工作表時，可以直接按下 **Shift+F11** 快速鍵。

02 在 **A1** 儲存格中輸入「**類別**」文字；在 **B1** 儲存格中輸入「**總金額**」。輸入好後，依喜好修改字型、大小等格式。

合併彙算設定

工作表建立好後，接著就可以進行合併彙算的設定了，這裡要將一月、二月及三月的「食、衣、住、行、育、樂」等類別，加總到「總支出」工作表中。

01 選取 **A2** 儲存格，按下「**資料→資料工具→合併彙算**」按鈕，開啟「合併彙算」對話方塊。

02 在**函數**選項中，選擇**加總**函數，再按下**參照位址**欄位的 🔼**最小化對話方塊**按鈕，選擇第一個要加總的參照位址。

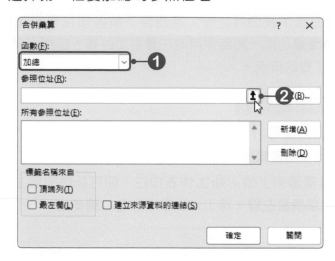

03 點選**一月**工作表標籤，選取 **K9:L14** 儲存格範圍，也就是一月份各類別的消費金額，選取好後，按下 🔳**展開對話方塊**按鈕。

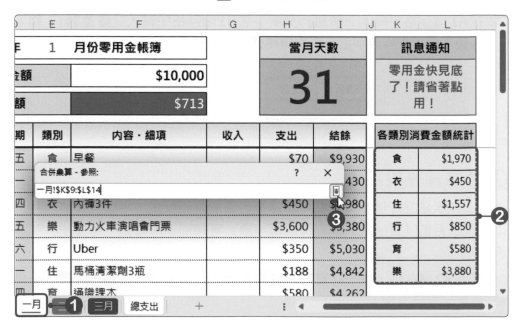

Example 09 零用金帳簿

04 回到「合併彙算」對話方塊，按下**新增**按鈕，將**一月!$K$9:$L$14**加到**所有參照位址**的清單中。

05 一月的參照位址新增好後，再按下**參照位址**欄位的 ⬆ **最小化對話方塊**按鈕，指定第二個要加總的參照位址。

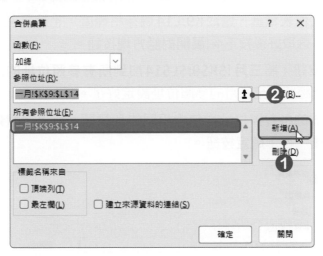

06 點選**二月**工作表標籤，選取**K9:L14**儲存格範圍，也就是二月份各類別的消費金額，選取好後，按下 ⬙ **展開對話方塊**按鈕。

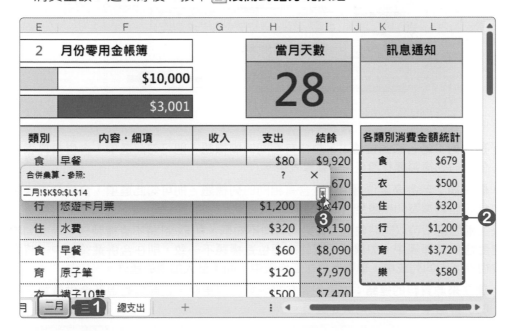

07 回到「合併彙算」對話方塊，按下**新增**按鈕，將**二月!$K$9:$L$14**加到**所有參照位址**的清單中。

08 二月的參照位址新增好後，再按下**參照位址**欄位的 ⬆ **最小化對話方塊**按鈕，指定第三個要加總的參照位址。

09 點選**三月**工作表標籤，選取 **K9:L14** 儲存格範圍，也就是三月份各類別的消費金額，選取好後按下 ⬙ **展開對話方塊**按鈕。

10 按下**新增**按鈕，將**三月!$K$9:$L$14**加到**所有參照位址**的清單中。到目前為止，已經將一至三月的參照位址設定好了。

11 由於所選取的各參照位址均包含相同的列標題，所以勾選**最左欄**選項，都設定好後，按下**確定**按鈕。

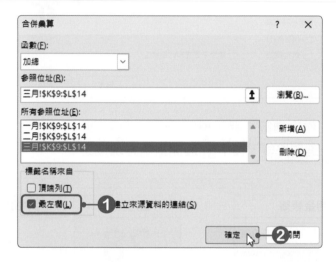

📖**知識補充**

- **頂端列：**若各來源位置中，包含有相同的**欄標題**，則可勾此選項，合併彙算表中便會自動複製欄標題至合併彙算表中。

- **最左欄：**若各來源位置中，包含有相同的**列標題**，則可勾此選項，合併彙算表中便會自動複製列標題至合併彙算表中。

以上兩個選項可以同時勾選。如果兩者均不勾選，則 Excel 將不會複製任一欄或列標題至合併彙算表中。如果所框選的來源位置標題不一致，則在合併彙算表中，將會被視為個別的列或欄，單獨呈現在工作表中，而不計入加總的運算。

- **建立來源資料的連結：**如果想要在來源資料變更時，也能自動更新合併彙算表中的計算結果，就必須勾選此選項。

Example 09 零用金帳簿

12 回到**總支出**工作表中，儲存格中就會顯示列標題，以及一至三月份各個類別的加總金額。

13 到這裡「合併彙算」的工作就完成了，接下來請將工作表中的資料進行美化的動作。

可以按下「**常用→樣式→儲存格樣式**」按鈕，在選單中選擇要使用的樣式

▦知識補充

Excel 提供了一些內建儲存格樣式，讓我們直接套用到儲存格中，以節省設定的時間。按下「**常用→樣式→儲存格樣式**」按鈕，於選單中直接點選喜歡的樣式，即可套用至選取的儲存格範圍。

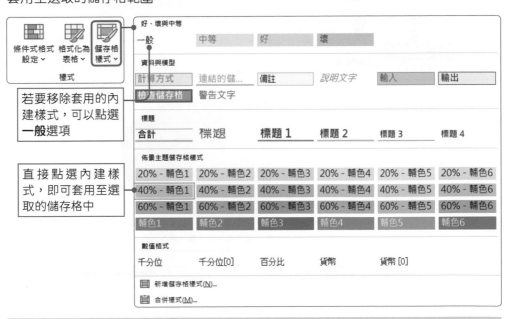

9-9 用立體圓形圖呈現總支出比例

計算出一至三月份的加總金額之後，如果想更進一步比較出各類別之間的比重差異，可以將合併彙算表的結果製作成更清楚的圖表，使資料更易於分析與閱讀。

加入圓形圖

因為此範例想要表現出各支出類別佔整體比重的大小，所以較適合的圖表類型為「圓形圖」，圓形圖只能用來觀察一個數列，在不同類別所占的比例。圓餅內一塊塊的扇形，是表示不同類別資料占整體的比例，因此圖例是說明扇形所對應的類別。

01 選取工作表中任一有資料的儲存格，按下「**插入→圖表→** ⬤~ **插入圓形圖或環圈圖**」按鈕，於選單中選擇**立體圓形圖**。

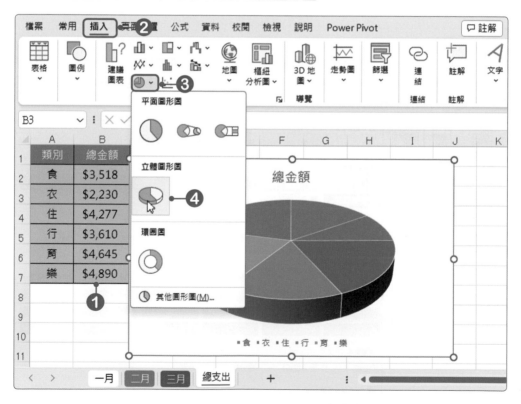

Example 09 零用金帳簿

02 點選後，在工作表中就會加入一個「立體圓形圖」，選取該圖表，將圖表搬移至適當位置，並調整大小。

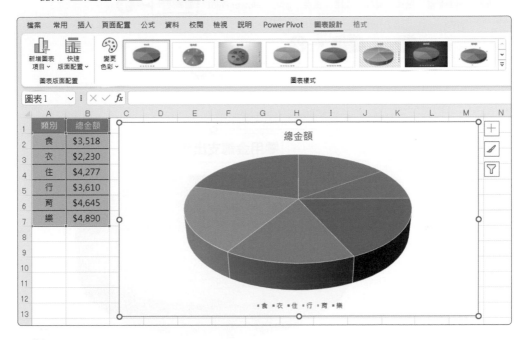

圖表版面配置

圖表製作好後，接著修改圖表的版面配置，並於圖表中加入一些必要的資訊，讓圖表能更易於閱讀。

01 點選圖表中的「總金額」圖表標題文字，並將該文字修改為「**零用金總支出統計圖**」。

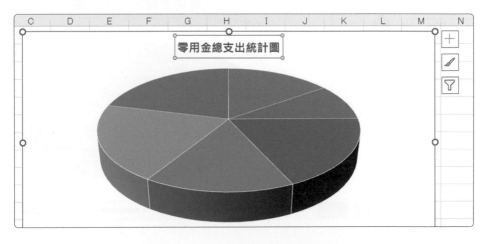

02 於「**圖表設計→圖表樣式**」群組中,選擇一個要套用的圖表樣式。

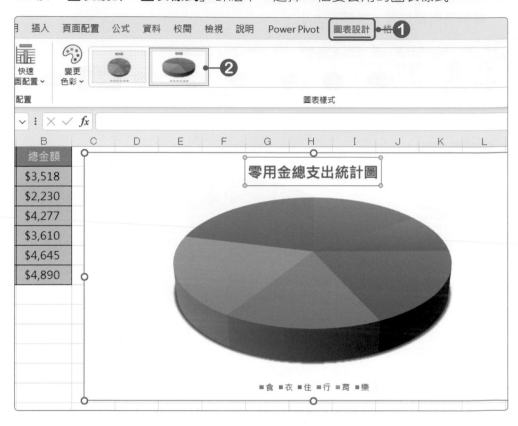

03 將資料標籤設定為**資料圖說文字**。

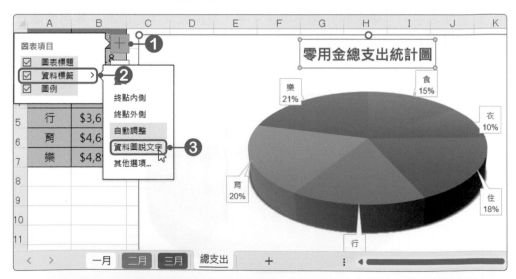

Example 09 零用金帳簿

圓形圖分裂

　　建立圓形圖時，還可以讓圓形分裂顯示，圓形圖若選擇分裂式時，扇形會向外分散，可以強調個別的存在感。

01 點選圖表中的總金額數列，或是在「**格式→目前的選取範圍**」群組中，按下圖表項目選單鈕，於選單中點選**數列 " 總金額 "**，點選後再按下**格式化選取範圍**按鈕，開啟「資料數列格式」窗格。

02 進入**數列選項**中，在**圖形圖分裂**欄位中輸入要分裂的百分比，即可讓圓形圖分裂呈現。

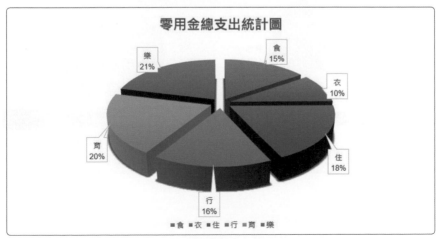

03 最後再使用各種工具調整圖表外觀，讓圖表更專業。

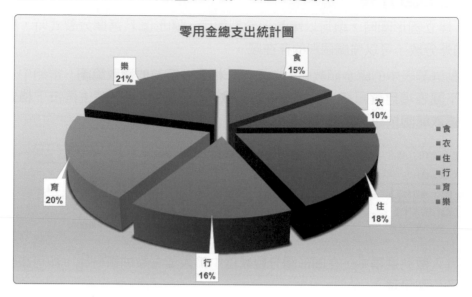

另外，當各類別之間的資料相差太大，造成有些扇形小到看不見，不妨將比例過小的扇形，獨立成另外一個比例圖，此時可以使用圓形圖中的「子母圓形圖」來達成，而這樣的圖閱讀起來也比較清楚一些。

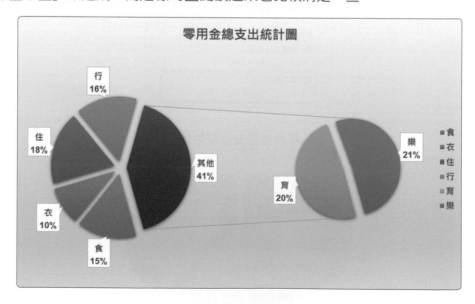

Example 09 零用金帳簿

自我評量

● 選擇題

( )1. 下列哪個函數可以將數值資料轉換成日期資料？ (A) TEXT　(B) DATE　(C) MONTH　(D) AND。

( )2. 下列哪個函數可以取出日期資料中的「月份」？ (A) TEXT　(B) DATE　(C) MONTH　(D) AND。

( )3. 在 Excel 中，A1 儲存格的數值為 50，若在 A2 儲存格中輸入公式「=IF(A1>80,A1/2,IF(A1/2>30,A1*2,A1/2))」，則下列何者為 A2 儲存格呈現的結果？ (A) 25　(B) 50　(C) 80　(D) 100。

( )4. 下列哪個函數可以依指定的數值格式，將數字轉換成文字？ (A) TEXT　(B) DATE　(C) MONTH　(D) AND。

( )5. 在「TEXT(DATE(B2,B9,C9),"aaa"」公式中的「aaa」是下列哪個格式的代碼？ (A)時間　(B)日期　(C)數值　(D)星期。

( )6. 下列哪個函數可以判斷所有的引數是否皆為 True，若皆為 True 才會傳回 True？ (A) TEXT　(B) DATE　(C) AND　(D) MONTH。

( )7. 下列哪一個函數是屬於「邏輯」函數？ (A) AND　(B) OR　(C) IF　(D) 以上皆是。

( )8. 下列哪一個函數，用來計算符合指定條件的數值加總？ (A) SUM 函數　(B) SUMIF 函數　(C) SUMPRODUCT 函數　(D) COUNT 函數。

( )9. 下列哪一個功能，可以將不同工作表的資料，合在一起進行計算？ (A)目標搜尋　(B)資料分析　(C)分析藍本　(D)合併彙算。

( )10.在 Excel 中，下列何種選項只適用於包含一個資料數列所建立的圖表？ (A)直條圖　(B)圓形圖　(C)區域圖　(D)橫條圖。

● 實作題

1. 開啟「咖啡店營業額.xlsx」檔案，進行以下設定。
　◎ 新增一個「總營業額」工作表。
　◎ 將臺北、臺中、高雄分店的營業額合併彙算至「總營業額」工作表中。

⊙ 於A8儲存格中加入「本月目標營業額：」文字、於C8儲存格中加入「$800,000」金額。

⊙ 於A9加入「是否達到目標營業額：」文字。

⊙ 於C9儲存格中判斷出三家分店合併彙算後的金額是否有達到目標營業額，若達成則顯示「達成目標」；若未達成則顯示「未達成目標」。

	A	B	C	D	E	F	G
1		拿堤	卡布奇諾	摩卡	焦糖瑪奇朵	維也納	總計
2	第一週	$39,115	$36,125	$29,715	$40,845	$25,915	$171,715
3	第二週	$46,095	$36,225	$32,920	$43,155	$31,610	$190,005
4	第三週	$44,940	$39,955	$34,755	$45,465	$30,365	$195,480
5	第四週	$38,745	$39,270	$35,910	$41,005	$31,245	$186,175
6	總計	$168,895	$151,575	$133,300	$170,470	$119,135	$743,375
7							
8	本月目標營業額：		$800,000				
9	是否達到目標營業額：		未達成目標				

臺北分店　臺中分店　高雄分店　總營業額　＋

⊙ 將各品項的銷售總計製作成「立體圓形圖」，資料標籤要包含類別名稱、值、百分比，圖表格式請自行設計。

Example 10

報價系統

● 範例檔案

Example10 → 報價系統 .xlsx

● 結果檔案

Example10 → 報價系統 -OK.xlsx

Example10 → 報價系統 - 密碼 .xlsx

此範例要學習，如何利用一些函數及資料工具，讓我們省去輸入資料的動作，快速完成一份報價單。這份報價單只要點選類別後，Excel 就會幫忙找出屬於該類的貨號有哪些；選擇貨號後，品名、廠牌、包裝、單位、售價等就都會自動顯示於儲存格中，最後再填入數量，就可以計算出合計金額。

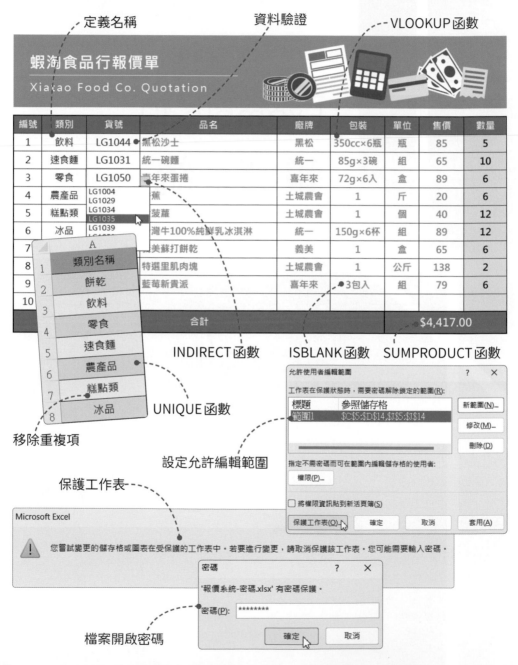

定義名稱　　　　　　資料驗證　　　　　　VLOOKUP 函數

蝦淘食品行報價單
Xiatao Food Co. Quotation

編號	類別	貨號	品名	廠牌	包裝	單位	售價	數量
1	飲料	LG1044	黑松沙士	黑松	350cc×6瓶	瓶	85	5
2	速食麵	LG1031	統一碗麵	統一	85g×3碗	組	65	10
3	零食	LG1050	青年來蛋捲	喜年來	72g×6入	盒	89	6
4	農產品	LG1004 LG1029	蕉	土城農會	1	斤	20	6
5	糕點類	LG1034	菠蘿	土城農會	1	個	40	12
6	冰品	LG1035 LG1039	灣牛100%純鮮乳冰淇淋	統一	150g×6杯	組	89	12
7			美蘇打餅乾	義美	1	盒	65	6
8			特選里肌肉塊	土城農會	1	公斤	138	2
9			藍莓新貴派	喜年來	3包入	組	79	6
10			合計				$4,417.00	

A
類別名稱
1 餅乾
2 飲料
3 零食
4 速食麵
5 農產品
6 糕點類
7
8 冰品

INDIRECT 函數　　　ISBLANK 函數　　SUMPRODUCT 函數

UNIQUE 函數

移除重複項

允許使用者編輯範圍

工作表在保護狀態時，需要密碼解除鎖定的範圍(R)：

標題	參照儲存格
範圍1	$C$5:$D$14,$J$5:$J$14

新範圍(N)...
修改(M)...
刪除(D)

指定不需密碼而可在範圍內編輯儲存格的使用者：

權限(P)...

☐ 將權限資訊貼到新活頁簿(S)

保護工作表(O)...　　確定　　取消　　套用(A)

設定允許編輯範圍

保護工作表

Microsoft Excel

⚠ 您嘗試變更的儲存格或圖表在受保護的工作表中。若要進行變更，請取消保護該工作表。您可能需要輸入密碼。

密碼

'報價系統-密碼.xlsx' 有密碼保護。

密碼(P)：　********

確定　　取消

檔案開啟密碼

Example 10 報價系統

10-1 刪除重複資料

在開始製作報價單之前，有許多的事前工作要先準備，這裡就先從「產品明細」工作表中的「類別」欄位，統計出產品中到底有多少個「類別」。

⏻ 用移除重複項工具刪除重複資料

若要快速地將相同值移除，可以使用**移除重複項**工具。移除重複項的作法與篩選有些類似，而二者的差異在於「移除重複項」在進行時，會**將重複值永久刪除**；而「篩選」則是**暫時將重複值隱藏**。

01 開啟「報價系統.xlsx」檔案，點選**產品明細**工作表，選取 **D 欄**，也就是「類別」欄位，選取後，按下 **Ctrl+C** 複製快速鍵。

	A	B	C	D	E	F	G
1	貨號	廠商名稱	品名	類別	包裝	單位	售價
2	LG1001	喜年來	喜年來蔬菜餅乾	餅乾	70g	盒	25
3	LG1002	中立	中立麥穗蘇打餅乾	餅乾	230g	包	35
4	LG1003	統一	麥香紅茶	飲料	300㏄×24入	箱	120
5	LG1004	統一	統一科學麵	零食	50g×5包	袋	55
6	LG1005	味王	味王原汁牛肉麵	速食麵	85g×5包	袋	85
7	LG1006	味王	浪味炒麵	速食麵	80g×5包	袋	65
8	LG1007	土城農會	佛州葡萄柚	農產品	10	粒	99

`< > ... 飲料 農產品 零食 餅乾 糕點類 產品明細`

02 點選**類別**工作表，點選 **C1** 儲存格，按下 **Ctrl+V** 貼上快速鍵，將**產品明細**工作表 D 欄的內容複製到**類別**工作表中。

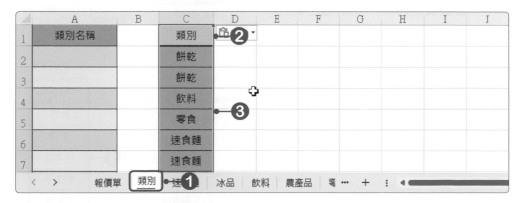

	A	B	C	D	E	F	G	H	I	J
1	類別名稱		類別							
2			餅乾							
3			餅乾							
4			飲料							
5			零食							
6			速食麵							
7			速食麵							

`< > 報價單 類別 速... 冰品 飲料 農產品 零 ... + :`

03 於**類別**工作表中,點選**C**欄,按下「**資料→資料工具→移除重複項**」按鈕,開啟「移除重複項」對話方塊,將**我的資料有標題**選項勾選,再於**欄**清單中將**類別**勾選,勾選好後,按下**確定**按鈕。

04 按下**確定**按鈕後,會顯示「找到並移除重複的值;保留唯一值」的訊息,沒問題後,按下**確定**按鈕,完成移除重複項工作。

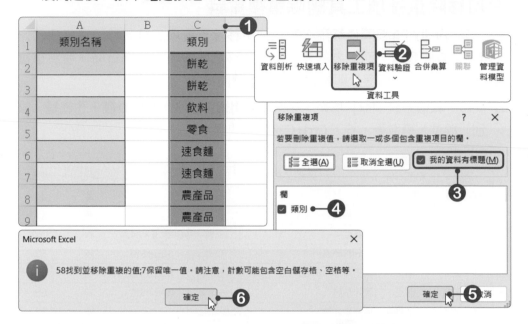

05 選取**C2:C8**儲存格,按下**Ctrl+C**複製此範圍,再選取**A2**儲存格,按下「**常用→剪貼簿→貼上**」按鈕,於**貼上值**選項中,點選**值**,選擇好後,資料就會被複製到**A2:A8**儲存格,而原先的儲存格格式也不會被破壞。

06 最後選取**C**欄,按下**滑鼠右鍵**,於選單中點選**刪除**,將**C**欄刪除,即可完成**類別**工作表的製作。

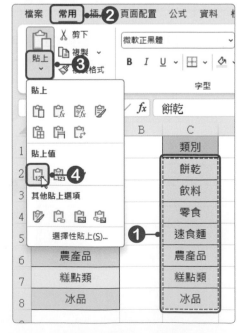

Example 10 報價系統

🕐 使用UNIQUE函數找出不重複資料

除了使用移除重複項工具來找出不重複資料外,還可以使用 **UNIQUE** 函數,提取出不重複資料,且若原資料有變動,被提出的資料也會隨著變動。

說明	可以從範圍或陣列傳回唯一值
語法	UNIQUE (Array,[By_col],[Exactly_once])
引數	◆ **Array**:選取要比較的範圍。 ◆ **By_col**:欄/列,選填。 ◆ **Exactly_once**:提取不重複值/只出現一次值,選真。

01 進入**類別**工作表中,點選 **A2** 儲存格,按下「**公式→函數庫→查閱與參照**」按鈕,於選單中點選 **UNIQUE** 函數。

02 開啟「函數引數」對話方塊後,按下第1個引數 (Array) 的 ⬆ **最小化對話方塊**按鈕,選取範圍。

03 進入**產品明細**工作表中,選取 **D2:D66** 儲存格,選取好後按下 ▣ **展開對話方塊**按鈕。

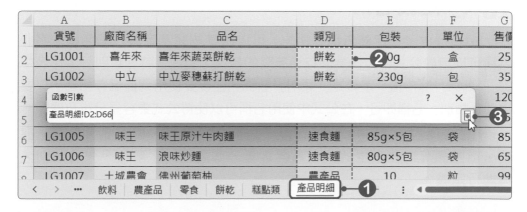

04 回到「函數引數」對話方塊後，按下**確定**按鈕，回到類別工作表後，即可看到被提取出的不重複資料項。

10-2 定義名稱

Excel 提供了「**定義名稱**」功能，可以將某些範圍定義一個名稱，而此名稱可以用於公式中，作為儲存格參照的替代，例如：將「類別」工作表中的「A2:A8」儲存格，定義為「類別」名稱，往後要使用到此儲存格時，只要輸入「類別」名稱即可，在公式中使用名稱可以使得公式更容易分辨及理解。

在此範例中，要將類別、冰品、速食麵、飲料、農產品、零食、餅乾、糕點類等工作表中的資料都各定義一個名稱，了解後，先將類別名稱進行定義。

Example 10 報價系統

01 點選**類別**工作表，選取工作表中的 **A1:A8** 儲存格，按下「**公式→已定義之名稱→從選取範圍建立**」按鈕。

02 開啟「以選取範圍建立名稱」對話方塊，勾選**頂端列**選項，勾選好後，按下**確定**按鈕，完成 A1:A8 儲存格的名稱定義。

03 按下「**公式→已定義之名稱→名稱管理員**」按鈕，開啟「名稱管理員」對話方塊，即可查看已定義的名稱。

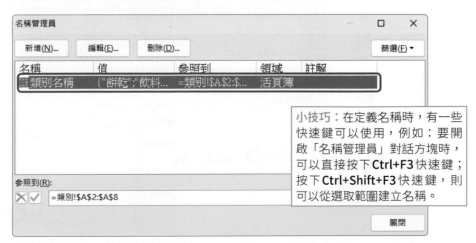

小技巧：在定義名稱時，有一些快速鍵可以使用，例如：要開啟「名稱管理員」對話方塊時，可以直接按下 **Ctrl+F3** 快速鍵；按下 **Ctrl+Shift+F3** 快速鍵，則可以從選取範圍建立名稱。

　　接下來，要將冰品、速食麵、飲料、農產品、零食、餅乾、糕點類等
產品中的資料與貨號分別定義一個名稱，這裡以「冰品」為例，先將「貨
號」資料的名稱定義為「冰品貨號」；再將「冰品」的所有資料名稱定義
為「冰品清單」，了解後就開始進行以下的設定。

01 按下「**公式→已定義之名稱→名稱管理員**」按鈕，開啟「名稱管理員」對
　　話方塊，按下**新增**按鈕。

02 開啟「新名稱」對話方塊，於**名稱**欄位中輸入**冰品貨號**；於**範圍**選單中選
　　擇**活頁簿**，按下**參照到**的⬆**最小化對話方塊**按鈕，選擇範圍。

> **小技巧**：定義名稱時，可以先選取好
> 要定義的儲存格範圍，再按下「**公式**
> **→已定義之名稱→定義名稱**」按鈕，
> 開啟「新名稱」對話方塊，再輸入要
> 定義的「名稱」即可。

03 點選**冰品**工作表，選取 **A2:A7** 範圍，也就是冰品的所有「貨號」資料，選
　　取好後，按下🔳**展開對話方塊**按鈕，回到「新名稱」對話方塊。

04 到這裡「冰品貨號」的名稱就定義好了，沒問題後，按下**確定**按鈕。

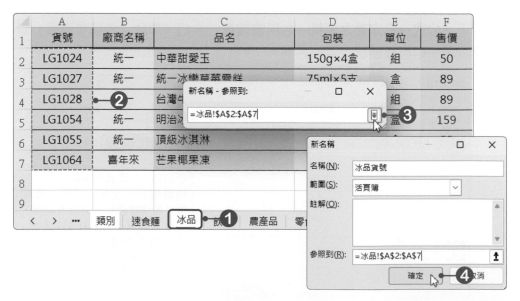

Example 10 報價系統

05 回到「名稱管理員」對話方塊後，再按下**新增**按鈕，繼續新增「冰品清單」名稱。

06 開啟「新名稱」對話方塊，於**名稱**欄位中輸入**冰品清單**；於**範圍**選單中選擇**活頁簿**，按下**參照到**的 🔼 **最小化對話方塊**按鈕，選擇範圍。

07 點選**冰品**工作表，選取 **A2:F7** 範圍，也就是冰品的所有資料，選取好後，按下 🔳 **展開對話方塊**按鈕，回到「新名稱」對話方塊。

08 到這裡「冰品清單」的名稱就定義好了，沒問題後按下**確定**按鈕。

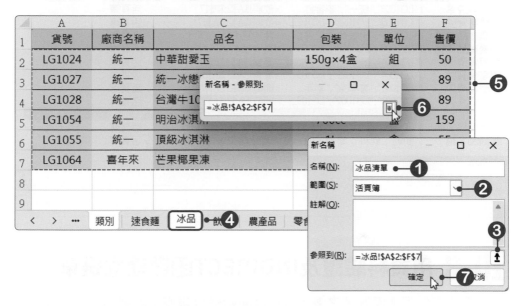

09 回到「名稱管理員」對話方塊，即可看到定義好的名稱。

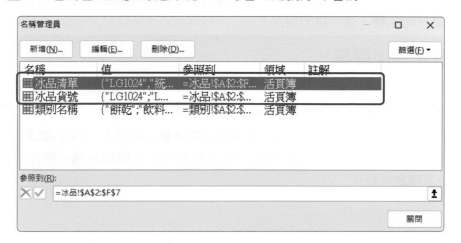

10 接下來，利用相同方式將速食麵、飲料、農產品、零食、餅乾、糕點類等資料內的貨號及所有資料定義名稱。

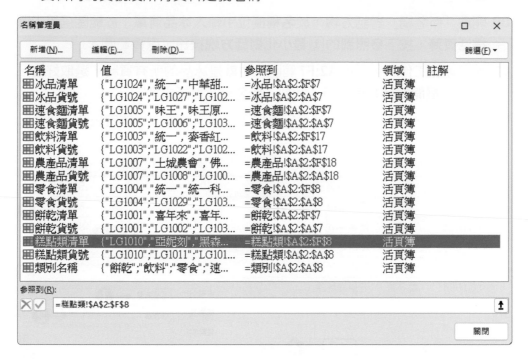

10-3 用資料驗證及INDIRECT函數建立選單

事前工作都準備好了之後，就可以開始進行報價單的製作，首先要設定的是「類別」與「貨號」的選單，這裡直接使用**資料驗證**工具，再配合我們所定義好的**名稱**，進行選單設定。

建立類別選單

01 進入**報價單**工作表中，選取**C5:C14**儲存格，按下「**資料→資料工具→資料驗證**」按鈕，開啟「資料驗證」對話方塊。

02 按下**儲存格內允許**選單鈕，於選單中選擇**清單**，將插入點移至**來源**欄位，再按下**F3**鍵，開啟「貼上名稱」對話方塊，選擇**類別名稱**，選擇好後，按下**確定**按鈕。

Example 10 報價系統

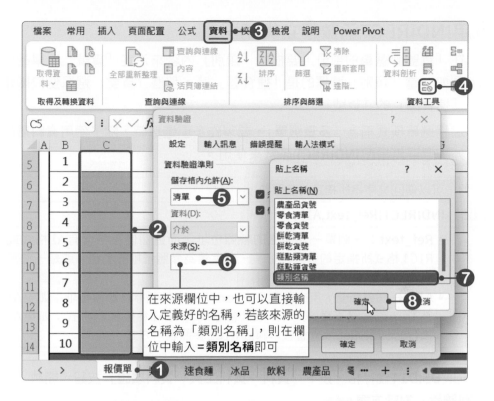

03 該名稱就會被貼到**來源**欄位中，沒問題後按下**確定**按鈕，即可完成**類別**清單的製作。

04 回到工作表後，被選取的範圍就都會加上選單，而選單中的選項就是我們所定義的「類別名稱(A2:A8)」範圍內的資料。按下 ▾ 選單鈕，即可在選單中看到所有的「類別」名稱。

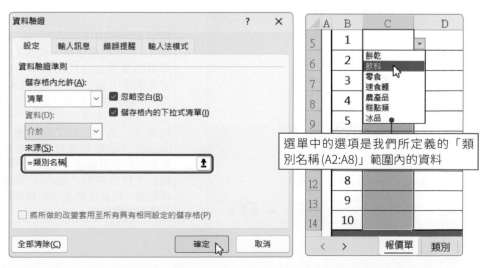

用INDIRECT函數建立貨號選單

在「貨號」選單的部分，要根據「類別」內容來決定「貨號」選單的內容，例如：當「類別」選擇的是「速食麵」時，那麼「貨號」選單便只顯示屬於「速食麵」的「貨號」。

這種選單模式稱為「**多重選單**」，要製作多重選單時，除了使用**資料驗證**工具外，還要再搭配**INDIRECT**函數來使用。

說明	可以傳回文字串所指定的參照位址
語法	**INDIRECT(Ref_text,A1)**
引數	◆ **Ref_text**：一個單一儲存格的參照位址，而這個儲存格含有A1格式或R1C1格式所指定的參照位址、一個定義為參照位址的名稱，或是一個定義為參照位址的字串。 ◆ **A1**：一個邏輯值，用來區別Ref_text所指定的儲存格參照位址；如果A1為True或省略不寫，則Ref_text會被解釋為A1參照表示方式；如果A1為False，則Ref_text會被解釋成R1C1參照表示方式。

01 選取**D5:D14**儲存格，按下「**資料→資料工具→資料驗證**」按鈕，開啟「資料驗證」對話方塊。

02 按下**儲存格內允許**選單鈕，於選單中點選**清單**，於**來源**欄位中，輸入「**=INDIRECT($C5&"貨號")**」公式，表示根據「**$C5&"貨號"**」字串指定的參照位址，找出選單的內容，都設定好後，按下**確定**按鈕。

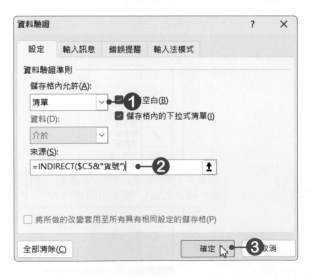

NOTE：「INDIRECT($C5&"貨號")」公式的意思是，根據字串指定的參照位址找出選單的內容，例如：當C5儲存格(類別)為「餅乾」時，則將「餅乾」加上「貨號」字串，也就是「餅乾貨號」名稱，有了名稱後，INDIRECT函數就會根據該名稱所定義的參照範圍，也就是「餅乾」工作表中的「A2:A7」儲存格範圍，再將此範圍中的貨號資料顯示於選單中。

Example 10 報價系統

03 回到工作表後，被選取的範圍就都會加上選單，而選單中的選項就是我們所定義的「貨號」範圍內的資料。

04 接著選擇一個類別，再按下貨號的 選單鈕，即可在選單中看到所有屬於該類別的「貨號」資料。

10-4 用ISBLANK及VLOOKUP函數自動填入資料

有了「類別」與「貨號」等資料後，接下來的品名、廠牌、包裝、單位、售價等資料，就要藉由公式自動填入相關資料。

這裡會使用到IF、ISBLANK、VLOOKUP、INDIRECT等函數，其中IF與INDIRECT函數之前都有介紹過，這裡就不再介紹。

ISBLANK	
說明	可判斷該數值引數是否為空白
語法	**ISBLANK(Value)**
引數	◆ **Value**：用來指定想要判斷的值，它可以是空白儲存格、錯誤值、邏輯值、文字、數字或參照值。

VLOOKUP	
說明	在陣列中依其最左欄為搜尋對象，然後傳回指定陣列的第幾欄位之值
語法	**VLOOKUP(Lookup_value,Table_array,Col_index_num,Range_lookup)**
引數	◆ **Lookup_value**：想要查詢的項目，是打算在陣列最左欄中搜尋的值，可以是數值、參照位址或文字字串。 ◆ **Table_array**：用來查詢的表格範圍，是要在其中搜尋資料的文字、數字或邏輯值的表格，通常是儲存格範圍的參照位址或類似資料庫或清單的範圍名稱。 ◆ **Col_index_num**：傳回同列中第幾個欄位，代表所要傳回的值位於 Table_array 的第幾個欄位。引數值為 1 代表表格中第一欄的值。 ◆ **Range_lookup**：邏輯值，用來設定 VLOOKUP 函數要尋找「完全符合」(FALSE) 或「部分符合」(TRUE) 的值。若為 TRUE 或忽略不填，則表示找出第一欄中最接近的值 (以遞增順序排序)。若為 FALSE，則表示僅尋找完全符合的數值，若找不到，就會傳回 #N/A。

　　了解 ISBLANK 與 VLOOKUP 函數的使用方式後，就可以開始在「品名」儲存格中進行公式的設定。

01 選取 **E5** 儲存格，按下「**公式→函數庫→邏輯**」按鈕，於選單中點選 **IF** 函數，開啟「函數引數」對話方塊。

02 在第 1 個引數 (Logical_test) 中輸入「**ISBLANK($D5)**」公式，判斷 **D5** 儲存格的值是否為空值；在第 2 個引數 (Value_if_true) 中輸入「**""**」文字；在第 3 個引數 (Value_if_false) 中按一下**滑鼠左鍵**，再點選編輯列上的**插入函數**按鈕，回到工作表中，進行 VLOOKUP 函數的插入動作。

Example 10 報價系統

03 回到工作表後，按下「**公式→函數庫→查閱與參照**」按鈕，於選單中點選 **VLOOKUP**函數，開啟「函數引數」對話方塊，先於第1個引數(Lookup_ value)中輸入「**$D5**」。

04 在第2個引數(Table_array)中輸入「**INDIRECT($C5&" 清單 ")**」公式，此 為要搜尋的表格範圍，也就是C5的值加上清單字串，也就是工作表中被 定義為**清單**名稱的儲存格範圍。

05 在第3個引數(Col_index_num)中輸入「**3**」，表示顯示**餅乾**工作表的 **A2:F7**儲存格範圍中的第二欄資料。

06 在第4個引數(Range_lookup)中輸入「**0**」，表示要尋找出完全符合的資 料，都設定好後，按下**確定**按鈕，完成公式的建立。

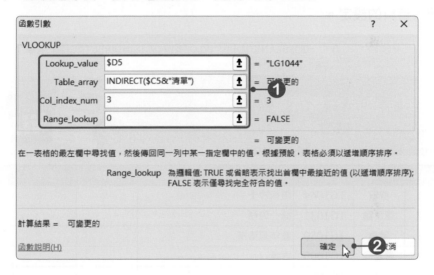

07 回到工作表後，E5儲存格就會根據所輸入的「貨號」自動顯示「品名」的 內容。

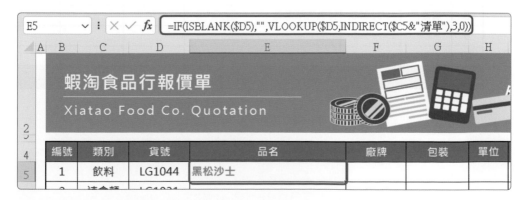

08 這裡來驗證品名是否正確，點選**飲料**工作表，看看**LG1044**貨號的品名是否為**黑松沙士**。

	A	B	C	D	E	F
1	貨號	廠商名稱	品名	包裝	單位	售價
8	LG1042	可口可樂	可口可樂	350cc×6瓶	瓶	89
9	LG1043	可口可樂	雪碧	350cc×6瓶	瓶	89
10	LG1044	黑松	黑松沙士	350cc×6瓶	瓶	85
11	LG1045	味全	味全香豆奶	250cc×24瓶	箱	145
12	LG1046	統一	福樂牛奶	200cc×24瓶	箱	195

09 最後將 **E5** 儲存格的公式複製到 **E6:E14** 儲存格中，即可完成「品名」自動填入資料的設定。

E12 = `=IF(ISBLANK($D12),"",VLOOKUP($D12,INDIRECT($C12&"清單"),3,0))`

蝦淘食品行報價單
Xiatao Food Co. Quotation

編號	類別	貨號	品名	廠牌	包裝	單位
1	飲料	LG1044	黑松沙士			
2	速食麵	LG1031	統一碗麵			
3	零食	LG1050	喜年來蛋捲			
4	農產品	LG1009	香蕉			
5	糕點類	LG1063	大菠蘿			
6	冰品	LG1028	台灣牛100%純鮮乳冰淇淋			
7	餅乾	LG1038	義美蘇打餅乾			
8	農產品	LG1060	特選里肌肉塊			
9						
10						
			合計			

Example 10 報價系統

　　完成了「品名」自動填入內容的設定後，接下來的廠牌、包裝、單位、售價等內容，只要將「品名」的公式複製到這些儲存格中，再更改「Col_index_num)」引數的欄位資料即可。

01 選取 **E5** 儲存格，按下 **Ctrl+C** 複製快速鍵。

	A	B	C	D	E	F	G	H
		編號	類別	貨號	品名	廠牌	包裝	單位
4								
5		1	飲料	LG1044	黑松沙士			
6		2	速食麵	LG1031	統一碗麵			

E5 儲存格公式：`=IF(ISBLANK($D5),"",VLOOKUP($D5,INDIRECT($C5&"清單"),3,0))`

02 選取 **F5:I5** 儲存格，按下「**常用→剪貼簿→貼上**」按鈕，於選單中點選**公式**，選擇好後，即可將 **E5** 儲存格內的公式複製到 **F5:I5** 儲存格。

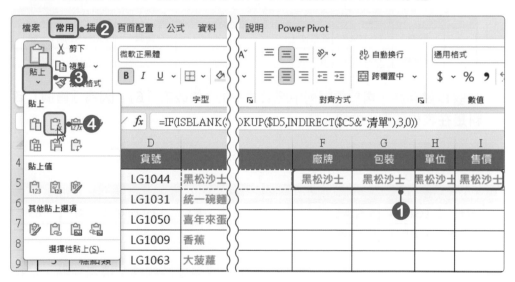

03 接著要來修改公式內容，選取 **F5** 儲存格，再於編輯列中將公式中的 3 修改為「**2**」，因為「廠牌」資料是在表格範圍中的第 2 欄。

公式：`=IF(ISBLANK($D5),"",VLOOKUP($D5,INDIRECT($C5&"清單",2)))`

	A	B	C	D	E	F	G	H
		編號	類別	貨號	品名	廠牌	包裝	單位
4								
5		1	飲料	LG1044	黑松沙士	單"),2,0))	黑松沙士	黑松沙士
6		2	速食麵	LG1031	統一碗麵			

04 選取 **G5** 儲存格，再於編輯列中將公式中的3修改為「**4**」，因為「包裝」資料是在表格範圍中的第4欄。

G5		f_x	=IF(ISBLANK($D5),"",VLOOKUP($D5,INDIRECT($C5&"清單",④)))			

	編號	類別	貨號	品名	廠牌	包裝	單位
5	1	飲料	LG1044	黑松沙士	黑松	350cc×6瓶	黑松沙士
6	2	速食麵	LG1031	統一碗麵			

05 選取 **H5** 儲存格，再於編輯列中將公式中的3修改為「**5**」，因為「單位」資料是在表格範圍中的第5欄。

H5		f_x	=IF(ISBLANK($D5),"",VLOOKUP($D5,INDIRECT($C5&"清單",⑤)))

	編號	類別	貨號	品名	廠牌	包裝	單位
5	1	飲料	LG1044	黑松沙士	黑松	350cc×6瓶	瓶
6	2	速食麵	LG1031	統一碗麵			

06 選取 **I5** 儲存格，再於編輯列中將公式中的3修改為「**6**」，因為「售價」資料是在表格範圍中的第6欄。

		f_x	=IF(ISBLANK($D5),"",VLOOKUP($D5,INDIRECT($C5&"清單",⑥)))

類別	貨號	品名	廠牌	包裝	單位	售價
飲料	LG1044	黑松沙士	黑松	350cc×6瓶	瓶	85
速食麵	LG1031	統一碗麵				

07 公式都修改好後，再選取 **F5:I5** 儲存格，將滑鼠游標移至填滿控點，並拖曳至 I14 儲存格，將公式複製到其他儲存格中。

	f_x	=IF(ISBLANK($D5),"",VLOOKUP($D5,INDIRECT($C5&"清單"),2,0))				

貨號	品名	廠牌	包裝	單位	售價	數量
LG1044	黑松沙士	黑松	350cc×6瓶	瓶	85	
LG1031	統一碗麵					
LG1050	喜年來蛋捲					
LG1009	香蕉					

Example 10 報價系統

08 公式都複製完成後，當選擇「類別」及「貨號」時，品名、廠牌、包裝、單位、售價等資料就會自動填入相對應的內容。

	F5			✓ : × ✓ fx	=IF(ISBLANK($D5),"",VLOOKUP($D5,INDIRECT($C5&"清單"),2,0))				
	A	B	C	D	E	F	G	H	I
4	編號	類別	貨號		品名	廠牌	包裝	單位	售價
5	1	飲料	LG1044	黑松沙士		黑松	350cc×6瓶	瓶	85
6	2	速食麵	LG1031	統一碗麵		統一	85g×3碗	組	65
7	3	零食	LG1050	喜年來蛋捲		喜年來	72g×6入	盒	89
8	4	農產品	LG1009	香蕉		土城農會	1	斤	20
9	5	糕點類	LG1063	大菠蘿		土城農會	1	個	40
10	6	冰品	LG1028	台灣牛100%純鮮乳冰淇淋		統一	150g×6杯	組	89
11	7	餅乾	LG1038	義美蘇打餅乾		義美		盒	65
12	8	農產品	LG1060	特選里肌肉塊		土城農會	1	公斤	138
13	9								
14	10								

▥ 知識補充：**HLOOKUP函數**

HLOOKUP函數與VLOOKUP函數類似。HLOOKUP函數可以查詢某個項目，傳回指定的欄位。只不過它在尋找資料時，是以水平的方式左右查詢，找到項目後，傳回同一欄的某一列資料。

使用「HLOOKUP函數」要注意的地方，除了表格的最上方列必須為要查詢的項目，這些項目必須由左到右遞增排序；另外在指定HLOOKUP函數的第2個引數時，選取的表格必須同時包括標題。

語法	HLOOKUP(Lookup_value,Table_array,Row_index_num,Range_lookup)
引數	◆ **Lookup_value**：想要查詢的項目，是打算在陣列最上方進行搜尋的值，可以是數值、參照位址或文字字串。 ◆ **Table_array**：用來查詢的表格範圍，是要在其中搜尋資料的文字、數字或邏輯值的表格，通常是儲存格範圍的參照位址或類似資料庫或清單的範圍名稱。 ◆ **Row_index_num**：代表所要傳回的值位於Table_array的第幾列。引數值為1代表表格中第一列的值。 ◆ **Range_lookup**：邏輯值，用來設定HLOOKUP函數要尋找「完全符合」(FALSE)或「部分符合」(TRUE)的值。若為TRUE或忽略不填，則表示找出第一列中最接近的值(以遞增順序排序)。若為FALSE，則表示僅尋找完全符合的數值，若找不到，就會傳回#N/A。

10-5 用SUMPRODUCT函數計算合計金額

當報價單建立完成後，最後的合計金額可以利用SUMPRODUCT函數來做計算，該函數可以用來計算各陣列中，所有對應元素乘積的總和。

說明	傳回指定陣列中所有對應元素乘積的總和
語法	SUMPRODUCT(Array1,[Array2],[Array3],...)
引數	◆ **Array1**：第一個陣列引數，各陣列必須有相同的維度(相同的列數，相同的欄數)，否則SUMPRODUCT函數會傳回「#VALUE!」錯誤值。如果陣列中含有非數值資料的陣列元素，則SUMPRODUCT會將該儲存格當作0來處理。 ◆ **Array2,Array3,...**：第2個到第255個陣列引數。

01 選取**H15**儲存格，按下「**公式→函數庫→數學與三角函數**」按鈕，於選單中點選**SUMPRODUCT**函數，開啟「函數引數」對話方塊。

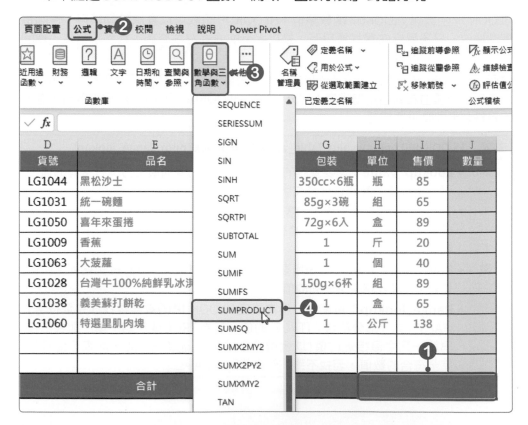

Example 10 報價系統

02 按下第1個引數(Array1)的 ⬆ **最小化對話方塊**按鈕，於工作表中選擇 **I5:I14**儲存格範圍，選擇好後，按下 ⬇ **展開對話方塊**按鈕。

	D	E	F	G	H	I	J
				=SUMPRODUCT(I5:I14)			
	貨號	品名	廠牌	包裝	單位	售價	數量
	LG1044	黑松沙士	黑松	350cc×6瓶	瓶	85	
	LG1031	統一碗麵	統一	85g×3碗	組	65	
	LG1050	喜年來蛋捲	喜年來	72g×6入	盒	89	①
	LG1009	香蕉	土城農會	1	斤	20	
	LG1063	大菠蘿	土城農會	1	個	40	
	LG1	函數引數 ? ✕					
	LG1	I5:I14 ⬇ ②					
	LG1060	特選里肌肉塊	土城農會	1	公斤	138	
	合計				=SUMPRODUCT(I5:I14)		

03 按下第2個引數(Array2)的 ⬆ **最小化對話方塊**按鈕，於工作表中選擇 **J5:J14**儲存格範圍，選擇好後，按下 ⬇ **展開對話方塊**按鈕。

	D	E	F	G	H	I	J
				=SUMPRODUCT(I5:I14,J5:J14)			
	貨號	品名	廠牌	包裝	單位	售價	數量
	LG1044	黑松沙士	黑松	350cc×6瓶	瓶	85	
	LG1031	統一碗麵	統一	85g×3碗	組	65	
	LG1050	喜年來蛋捲	喜年來	72g×6入	盒	89	①
	LG1009	香蕉	土城農會	1	斤	20	
	LG1063	大菠蘿	土城農會	1	個	40	
	LG1	函數引數 ? ✕					
	LG1	J5:J14 ⬇ ②					
	LG1060	特選里肌肉塊	土城農會	1	公斤	138	
	合計				=SUMPRODUCT(I5:I14,J5:J14)		

04 範圍都選擇好後，按下**確定**按鈕，完成公式的建立。

05 回到工作表後，在數量欄位中輸入數量，報價單的合計金額就會自動計算完成。

編號	類別	貨號	品名	廠牌	包裝	單位	售價	數量
1	飲料	LG1044	黑松沙士	黑松	350cc×6瓶	瓶	85	5
2	速食麵	LG1031	統一碗麵	統一	85g×3碗	組	65	10
3	零食	LG1050	喜年來蛋捲	喜年來	72g×6入	盒	89	6
4	農產品	LG1009	香蕉	土城農會	1	斤	20	6
5	糕點類	LG1063	大菠蘿	土城農會	1	個	40	12
6	冰品	LG1028	台灣牛100%純鮮乳冰淇淋	統一	150g×6杯	組	89	12
7	餅乾	LG1038	義美蘇打餅乾	義美	1	盒	65	6
8	農產品	LG1060	特選里肌肉塊	土城農會	1	公斤	138	2
9								
10								
合計								$3,943.00

Example 10 報價系統

10-6 活頁簿的保護

報價系統設計好後,可別先急著發布,為了避免在填寫的過程中,工作表不小心被某些人誤刪或修改,而必須重新製作,所以要為活頁簿加上保護的設定。

活頁簿的保護設定

有時不希望活頁簿內容被他人擅自修改,可以針對活頁簿設定「保護」。如此一來,其他人就不能隨便修改工作表的內容或名稱,必須要有密碼才能解除保護。

01 按下「**校閱→保護→保護活頁簿**」按鈕,開啟「保護結構及視窗」對話方塊。

02 在**密碼**欄位中設定密碼(CHWA-001),在**保護活頁簿的**選項中,將**結構**選項勾選,設定好後,按下**確定**按鈕。

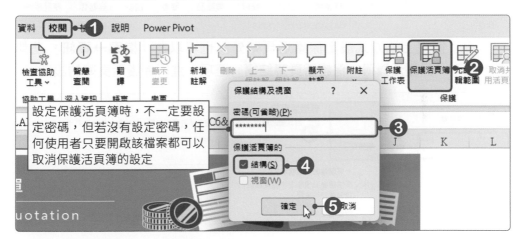

設定保護活頁簿時,不一定要設定密碼,但若沒有設定密碼,任何使用者只要開啟該檔案都可以取消保護活頁簿的設定

03 開啟「確認密碼」對話方塊後,請再次輸入密碼,輸入好後,按下**確定**按鈕。

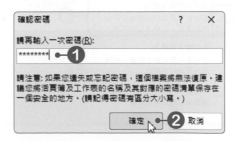

04 到這裡就完成了保護活頁簿的設定。而保護活頁簿的結構後，就無法移動、複製、刪除、隱藏、新增工作表了。

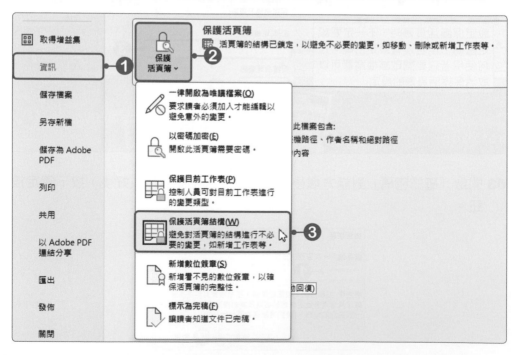

4	編號	類別	貨號	品名	廠牌	包裝	單位
5	1	飲料	LG1044	黑松沙士	黑松	350cc×6瓶	瓶
6	2	速食麵	LG1031	統一碗麵	統一	85g×3碗	組
7	3	零食		插入(I)... 卷	喜年來	72g×6入	盒
8	4	農產品		刪除(D)			斤
9	5	糕點類		重新命名(R)			個
10	6	冰品		移動或複製(M)... 0%純鮮乳冰淇淋	統一	150g×6杯	組
11	7	餅乾		檢視程式碼(V) 餅乾	義美	1	盒
12	8	農產品		保護工作表(P)... 肉塊	土城農會	1	公斤
13	9			索引標籤色彩(T) >			
14	10			隱藏(H)			
15				取消隱藏(U)... 合計			
16				選取所有工作表(S)			

保護活頁簿的結構後，就無法移動、複製、刪除、隱藏、新增工作表

報價單　類別　速食麵　冰品　飲料　農產品　零食　餅乾　糕點類　產品明細

除了使用上述方式設定保護活頁簿外，也可以在「**檔案→資訊**」功能中，按下「**保護活頁簿→保護活頁簿結構**」選項，進行保護活頁簿的設定。

取得增益集

保護活頁簿
活頁簿的結構已鎖定，以避免不必要的變更，如移動、刪除或新增工作表等。

資訊 ❶　保護活頁簿 ❷

儲存檔案

另存新檔

儲存為 Adobe PDF

一律開啟為唯讀檔案(O)
要求讀者必須加入才能編輯以避免意外的變更。

以密碼加密(E)
開啟此活頁簿需要密碼。

此檔案包含:
機路徑、作者名稱和絕對路徑
內容

列印

保護目前工作表(P)
控制人員可對目前工作表進行的變更類型。

共用

以 Adobe PDF 連結分享

保護活頁簿結構(W)
避免對活頁簿的結構進行不必要的變更，如新增工作表等。 ❸

匯出

發佈

新增數位簽章(S)
新增署不見的數位簽章，以確保活頁簿的完整性。

動回復)

標示為完稿(F)
讓讀者知道文件已完稿。

關閉

Example 10 報價系統

設定允許編輯範圍

除了針對工作表、活頁簿設定保護外，也可以指定某些範圍不必保護，允許他人使用及修改。例如：在「報價系統」工作表中，只讓使用者在 C5:D14、J5:J14 儲存格中進行資料的輸入動作，而其他部分則無法修改，要達到這樣的目的，可以使用**允許編輯範圍**功能。

01 選取 **C5:D14** 及 **J5:J14** 儲存格，按下「**校閱→保護→允許編輯範圍**」按鈕，開啟「允許使用者編輯範圍」對話方塊，按下**新範圍**按鈕。

編號	類別	貨號	品名	廠牌	包裝	單位	售價	數量
1	飲料	LG1044	黑松沙士	黑松	350cc×6瓶	瓶	85	5
2	速食麵	LG1031	統一碗麵	統一	85g×3碗	組	65	10
3	零食	LG1050	喜年來蛋捲	喜年來	72g×6入	盒	89	6
4	農產品	LG1009	香蕉	土城農會	1	斤	20	6
5	糕點類	LG1063	大蒜	土城農會	1	個	40	12
6	冰品	LG1028	台灣牛100%純鮮乳冰淇淋	統一	150g×6杯	組	89	12
7	餅乾	LG1038	義美蘇打餅乾	義美	1	盒	65	6
8	農產品	LG1060	特選里肌肉塊	土城農會	1	公斤	138	2
9								
10								
合計							$3,943.00	

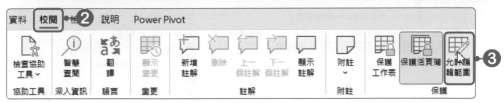

02 開啟「新範圍」對話方塊後，在**標題**欄位中輸入要使用的標題名稱；在**參照儲存格**中會自動顯示所選取的範圍；在**範圍密碼**欄位中輸入密碼，不輸入表示不設定保護密碼，設定好後，按下**確定**按鈕，需要再確認一次密碼。

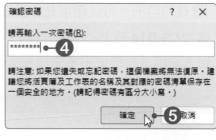

03 密碼確認完後，會回到「允許使用者編輯範圍」對話方塊，按下**保護工作表**按鈕，開啟「保護工作表」對話方塊，進行保護工作表的設定。

04 在**要取消保護工作表的密碼**欄位中輸入密碼(CHWA-001)，在**允許此工作表的所有使用者**清單中，將**選取鎖定的儲存格**及**選取未鎖定的儲存格**選項勾選，都設定好後，按下**確定**按鈕。

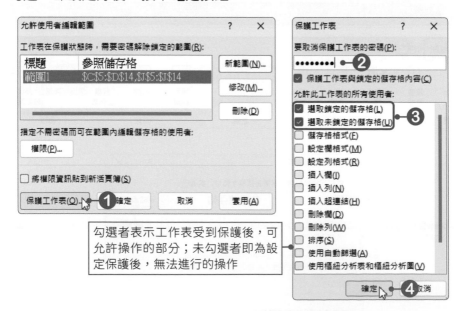

Example 10 報價系統

05 按下**確定**按鈕後，會再開啟「確認密碼」對話方塊，請再輸入一次密碼，輸入好後，按下**確定**按鈕。

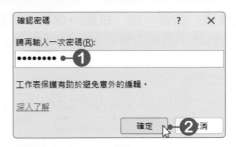

06 完成以上步驟後，當使用者開啟該檔案，若要填寫資料時，須先輸入密碼，才能進行資料輸入的動作。

	B	C	D	E	F	G	H
4	編號	類別	貨號	品名	廠牌	包裝	單位
5	1	飲料	LG1044	黑松沙士	黑松	350cc×6瓶	瓶
6	2	速食麵	LG1031	統一碗麵	統一	85g×3碗	組
7	3	零食	LG1050	喜年來蛋捲	喜年來	72g×6入	盒
8	4	農產品	LG1009	香蕉	土城農會	1	斤
9	5	糕點類	LG1	會		1	個
10	6	冰品	LG1			150g×6杯	組
11	7	餅乾	LG1			1	盒
12	8	農產品	LG1	會		1	公斤
13	9						

解除鎖定範圍
您嘗試變更的儲存格有密碼保護。
輸入密碼以變更儲存格(E)：
****
確定　　取消

若要填寫資料時，須先輸入密碼，才能進行資料輸入的動作

合計

07 若在不允許編輯的儲存格中輸入資料時，則會出現警告訊息。

B	C	D	E	F	G	H	I
編號	類別	貨號	品名	廠牌	包裝	單位	售價
1	飲料	LG1044	黑松沙士	黑松	350cc×6瓶	瓶	85
2	速食麵	LG1031	統一碗麵	統一	85g×3碗	組	65
3							
4	農						
5	糕						
6							
7	餅乾	LG1030			1	盒	65

Microsoft Excel
您嘗試變更的儲存格或圖表在受保護的工作表中。若要進行變更，請取消保護該工作表。您可能需要輸入密碼。
確定

取消保護工作表及活頁簿

當工作表及活頁簿被設定為保護狀態，若要取消保護，可以按下「**校閱 →保護→取消保護工作表**」按鈕，或「**校閱→保護→保護活頁簿**」按鈕，來 解除保護，解除保護狀態時，須輸入當初設定的密碼才能取消保護。

須輸入當初設定的密 碼才能取消保護

檔案的密碼保護

除了針對活頁簿及工作表的編輯權限進行保護之外，也可以直接為活頁 簿檔案設定開啟密碼，只讓知道密碼的人開啟檔案，以確保資料的安全。

01 按下「**檔案→資訊→保護活頁簿**」按鈕，在選單中點選**以密碼加密**，開 啟「加密文件」對話方塊。

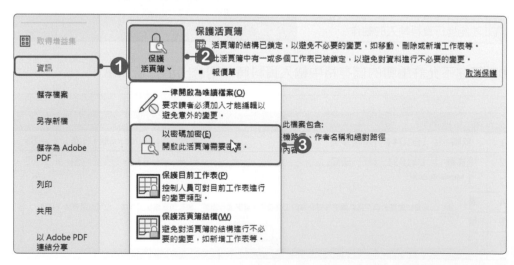

Example 10 報價系統

02 輸入欲設定的檔案開啟密碼(CHWA-001)，輸入好後，按下**確定**按鈕。

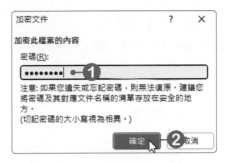

03 按下**確定**按鈕後，會再開啟「確認密碼」對話方塊，請再輸入一次密碼，輸入好後，按下**確定**按鈕。

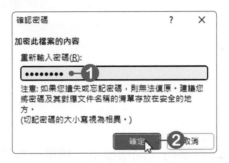

04 密碼設定完成後，在**保護活頁簿**選項中就會顯示「開啟此活頁簿需要密碼」的提示訊息。

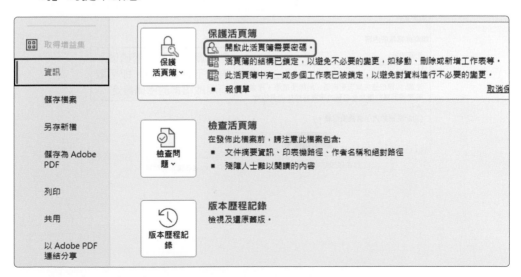

05 再次開啟該檔案時，必須先輸入密碼，才能順利開啟檔案進行編輯。

開啟活頁簿時，須輸入密碼才能開啟

06 若要取消開啟檔案的密碼時，同樣按下「**檔案→資訊→保護活頁簿→以密碼加密**」按鈕，在「加密文件」對話方塊中，將**密碼**欄位中的密碼刪除，再按下**確定**按鈕，就可以取消該檔案的開啟密碼了。

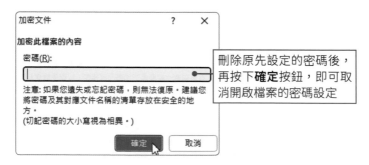

刪除原先設定的密碼後，再按下**確定**按鈕，即可取消開啟檔案的密碼設定

Example 10 報價系統

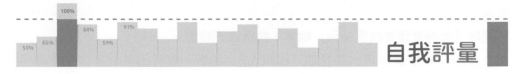

自我評量

● 選擇題

(　　)1. 在 Excel 中，關於「篩選唯一值」與「移除重複項」的敘述，下列哪個不正確？ (A)篩選唯一值與移除重複項執行後，重複的資料均被刪除 (B)移除重複項執行後會將重複性資料永久刪除，篩選唯一值執行後，將會隱藏重複性資料　(C)執行「資料→排序與篩選→進階→在原有範圍顯示篩選結果」，並選取「不選重複的記錄」即可篩選唯一值　(D)執行「資料→資料工具→移除重複項」選擇指定重複項目的欄位，便刪除重複性資料。

(　　)2. 下列哪個函數可以從範圍或陣列傳回唯一值？ (A) SUMPRODUCT 函數 (B) UNIQUE 函數　(C) VLOOKUP 函數　(D) INDIRECT 函數。

(　　)3. 在 Excel 中，若要開啟「名稱管理員」時，可以按下下列哪組快速鍵？ (A) Alt+F3　(B) Ctrl+F3　(C) Shift+F3　(D) Tab+F3。

(　　)4. 在 Excel 中，若要「從選取範圍建立」名稱時，可以按下下列哪組快速鍵？ (A) Shift+Tab+F3　(B) Ctrl+Alt+F3　(C) Alt+Shift+F3　(D) Ctrl+Shfit+F3。

(　　)5. 下列哪個函數可以用來判斷該數值引數是否為空白？ (A) ISBLANK 函數 (B) SUMPRODUCT 函數　(C) VLOOKUP 函數　(D) INDIRECT 函數。

(　　)6. 下列哪個函數可以在表格裡上下地搜尋，找出想要的項目，並傳回跟項目同一列的某個欄位內容？ (A) ISBLANK 函數　(B) SUMPRODUCT 函數 (C) VLOOKUP 函數　(D) INDIRECT 函數。

(　　)7. 下列哪一個函數，是用來計算各陣列中，所有對應元素乘積的總和？ (A) SUM 函數　(B) SUMIF 函數　(C) SUMPRODUCT 函數　(D) COUNT 函數。

(　　)8. 下列敘述何者不正確？ (A)資料驗證功能無法在儲存格內自行設定函數與公式的驗證準則　(B)若要於公式中插入範圍名稱時，可以按下「F3」鍵 (C) INDIRECT 函數可以傳回一文字串所指定的參照位址　(D)使用 SUMPRODUCT 函數時，引數中的「陣列」必須有相同的列數與相同的欄數。

● 實作題

1. 開啟「手機業績查詢表.xlsx」檔案，進行以下設定。

⊙ 使用「移除重複項」工具或「UNIQUE」函數，統計出共有多少個廠商名稱，並將結果存放於「廠商統計」工作表中。

⊙ 請分別建立各廠牌手機的「名稱」，各廠牌手機分別建立二個名稱，一個為「××機型」，資料範圍是「機型」資料；另一個名稱為「××清單」，資料範圍是該手機的所有資料。

⊙ 在「銷售業績查詢表」工作表中，進行銷售業績查詢表的製作，請在「C2」儲存格中建立「廠牌」選單；在「E2」儲存格中建立「機型」選單。

⊙ 當選擇「廠牌(C2)」後，「機型(E2)」儲存格中便顯示該廠商的所有機型名稱，當選擇好機型名稱後，價格、銷售數量、銷售業績等資料便自動顯示於儲存格中。

銷售業績查詢表						
廠牌名稱	Apple	機型名稱	iPhone 17 (128G) [紫]			
價格	$26,390	銷售數量	2	銷售業績	$52,780	

Example 11

員工考績表

● 範例檔案

Example11→員工考績表.xlsx

Example11→區間標準.xlsx

● 結果檔案

Example11→員工考績表-OK.xlsx

Example11→員工考績表-DATEDIF函數.xlsx

公司在接近年底的時候，都會忙著考核員工的年度績效並計算年終獎金。雖然每家公司對於員工考績的核算以及獎金發放的標準不一，但如果能夠善用 Excel 的各項函數，同樣能夠輕鬆完成這項年度大事。

在「員工考績表」範例中，包含了「員工年資表」、「113年考績表」以及「查詢年終獎金」等三個工作表，我們將依序完成這個活頁簿中的各項函數設定，以利各項數值的計算。

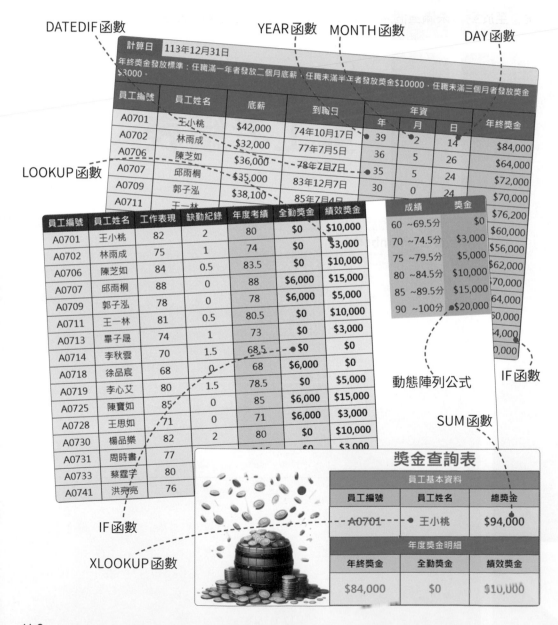

DATEDIF 函數　　　　YEAR 函數　MONTH 函數　　　DAY 函數

計算日　113年12月31日

年終獎金發放標準：任職滿一年者發放二個月底薪，任職未滿半年者發放獎金$10000，任職未滿三個月者發放獎金$3000。

員工編號	員工姓名	底薪	到職日	年資			年終獎金
				年	月	日	
A0701	王小桃	$42,000	74年10月17日	39	2	14	$84,000
A0702	林雨成	$32,000	77年7月5日	36	5	26	$64,000
A0706	陳芝如	$36,000	78年7月7日	35	5	24	$72,000
A0707	邱雨桐	$35,000	83年12月7日	30	0	24	$70,000
A0709	郭子泓	$38,100	85年7月4日				$76,200
A0711	王一林						$60,000

LOOKUP 函數

員工編號	員工姓名	工作表現	缺勤紀錄	年度考績	全勤獎金	績效獎金
A0701	王小桃	82	2	80	$0	$10,000
A0702	林雨成	75	1	74	$0	$3,000
A0706	陳芝如	84	0.5	83.5	$0	$10,000
A0707	邱雨桐	88	0	88	$6,000	$15,000
A0709	郭子泓	78	0	78	$6,000	$5,000
A0711	王一林	81	0.5	80.5	$0	$10,000
A0713	畢子晟	74	1	73	$0	$3,000
A0714	李秋雲	70	1.5	68.5	$0	$0
A0718	徐品宸	68	0	68	$6,000	$0
A0719	李心艾	80	1.5	78.5	$0	$5,000
A0725	陳寶如	85	0	85	$6,000	$15,000
A0728	王思如	71	0	71	$6,000	$3,000
A0730	楊品樂	82	2	80	$0	$10,000
A0731	周時書	77				$3,000
A0733	蔡霆字	80				
A0741	洪帛亮	76				

成績	獎金
60 ~69.5分	$0
70 ~74.5分	$3,000
75 ~79.5分	$5,000
80 ~84.5分	$10,000
85 ~89.5分	$15,000
90 ~100分	$20,000

動態陣列公式　　　　IF 函數

SUM 函數

IF 函數

XLOOKUP 函數

獎金查詢表

員工基本資料		
員工編號	員工姓名	總獎金
A0701	王小桃	$94,000

年度獎金明細		
年終獎金	全勤獎金	績效獎金
$84,000	$0	$10,000

Example 11 員工考績表

11-1 用YEAR、MONTH及DAY函數計算年資

在「員工考績表.xlsx」檔案中的「員工年資表」工作表中，記錄了每位員工的到職日期以及底薪，這是計算年終獎金的兩個必要元素。在計算年終獎金之前，必須先完成年資的計算。依照公司的規定，到職任滿一年者，均能領到二個月的年終獎金；而到職任滿六個月但未滿一年者，則發放一萬元的年終獎金；至於到職未滿三個月的新人，則發放三千元的年終獎金。

如果要以人工計算每位員工的年資，再填寫發放金額，不但費時費力，而且很容易發生計算上或填寫時的錯誤，這時可以利用 Excel 中的日期函數，來自動計算年資與應得的年終獎金。

在 Excel 中的 **YEAR**、**MONTH** 及 **DAY** 函數，可分別將某一特定日期的年、月、日取出。所以可以利用這些函數，求出計算日及到職日的年、月、日，再將它們相減，以得到員工的實際年資。

YEAR	
說明	取出某一特定日期的年份
語法	YEAR(Serial_number)
引數	◆ Serial_number：要尋找的日期。
MONTH	
說明	取出某一特定日期的月份
語法	MONTH(Serial_number)
引數	◆ Serial_number：要尋找的日期。
DAY	
說明	取出某一特定日期的日
語法	DAY(Serial_number)
引數	◆ Serial_number：要尋找的日期。

用YEAR取出年份

首先要用 YEAR 函數取出員工的到職年數。

01 進入**員工年資表**工作表，點選 E5 儲存格，按下「**公式→函數庫→日期和時間**」按鈕，於選單中點選 **YEAR** 函數，開啟「函數引數」對話方塊。

02 將滑鼠游標移至引數 (Serial_number) 中,再點選工作表中的 **B1** 儲存格,點選後,將 B1 改成「絕對參照」位址 **$B$1**,因為所有員工的年資計算都要以 B1 儲存格為計算標準。設定好後,按下**確定**按鈕,回到工作表中。

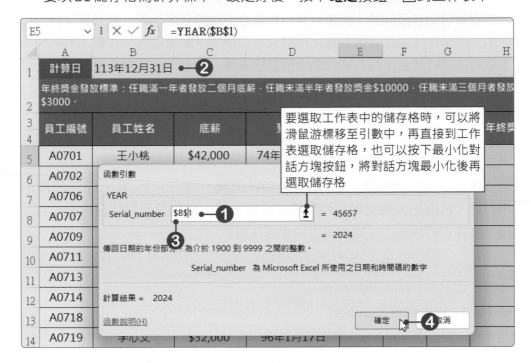

03 目前已設定好的函數公式為「=YEAR($B$1)」,是用來擷取「113年12月31日」資料中的「年」,接下來還必須扣除員工的到職日,才能計算出實際年資。

04 在資料編輯列的公式最後,繼續輸入一個「-」減號,接著按下資料編輯列左邊的**方塊名稱**選單鈕,於選單中選擇 **YEAR** 函數。

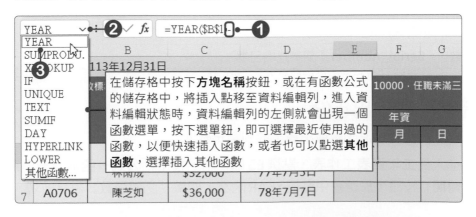

Example 11 員工考績表

05 開啟「函數引數」對話方塊後，將滑鼠游標移至引數 (Serial_number) 中，再點選工作表中的 **D5** 儲存格，設定好後，按下**確定**按鈕，回到工作表中。

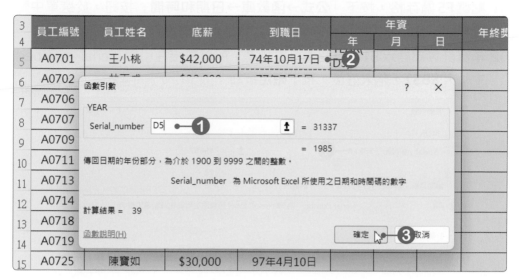

06 到這裡就計算出員工「王小桃」已經在公司服務滿 39 年了。

07 接著將 E5 儲存格的公式複製到 **E6:E34** 儲存格中，就可以計算出所有員工的到職年數了。

用MONTH函數取出月份

這裡要使用MONTH函數取出員工的到職月數。

01 點選**F5**儲存格，按下「**公式→函數庫→日期和時間**」按鈕，於選單中點選**MONTH**函數，開啟「函數引數」對話方塊。

02 年資計算都要以B1儲存格為計算標準，所以直接在引數(Serial_number)中輸入**$B$1**，輸入好後，按下**確定**按鈕。

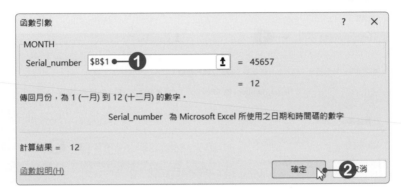

03 在資料編輯列的公式最後，繼續輸入一個「-」減號。接著按下資料編輯列左邊的**方塊名稱**選單鈕，於選單中選擇**MONTH**函數。

04 直接在引數(Serial_number)中輸入「**D5**」，輸入好後，按下**確定**按鈕，完成兩個MONTH函數的相減。

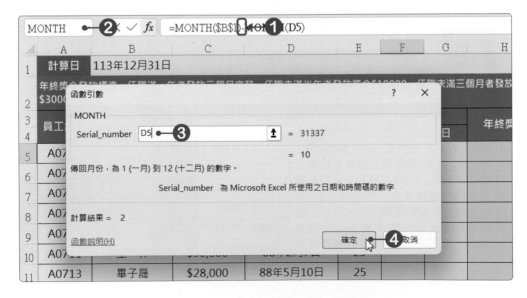

Example 11 員工考績表

05 到這裡就計算出員工「王小桃」已經在公司服務滿39年又2個月。

06 將F5儲存格內的公式複製到**F6:F34**儲存格中，就可以計算出所有員工的到職月數了。

F5			fx	=MONTH($B$1)-MONTH(D5)			

	A	B	C	D	E	F	G	H
1	計算日	113年12月31日						
2	年終獎金發放標準：任職滿一年者發放二個月底薪，任職未滿半年者發放獎金$10000，任職未滿三個月者發放 $3000。							
3	員工編號	員工姓名	底薪	到職日		年資		年終獎
4					年	月	日	
5	A0701	王小桃	$42,000	74年10月17日	39	2		
6	A0702	林雨成	$32,000	77年7月5日	36	5		
7	A0706	陳芝如	$36,000	78年7月7日	35	5		
8	A0707	邱雨桐	$35,000	83年12月7日	30	0		
9	A0709	郭子泓	$38,100	85年7月4日	28	5		
10	A0711	王一林	$30,000	88年2月7日	25	10		
11	A0713	畢子晟	$28,000	88年5月10日	25	7		
12	A0714	李秋雲	$31,000	90年1月8日	23	11		
13	A0718	徐品宸	$35,000	94年3月4日	19	9		
14	A0719	李心艾	$32,000	96年1月17日	17	11		
15	A0725	陳寶如	$30,000	97年4月10日	16	8		

用DAY函數取出日期

這裡要使用DAY函數取出員工的到職日數。

01 點選 **G5** 儲存格，按下「**公式→函數庫→日期和時間**」按鈕，於選單中點選 **DAY** 函數，開啟「函數引數」對話方塊。

02 在引數 (Serial_number) 中輸入「**$B1**」，輸入好後，按下**確定**按鈕。

03 接著在資料編輯列的公式最後，繼續輸入一個「**-**」減號，再按下資料編輯列左邊的**方塊名稱**選單鈕，於選單中選擇 **DAY** 函數，開啟「函數引數」對話方塊。

04 直接在引數 (Serial_number) 中輸入到職日所在的「**D5**」，輸入好後，按下**確定**按鈕，完成兩個DAY函數的相減。

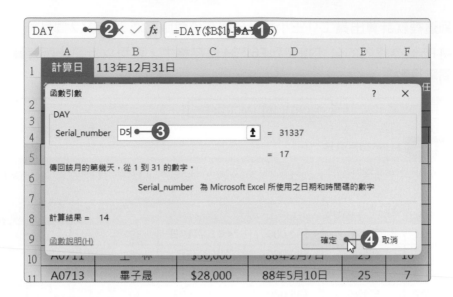

05 到這裡就計算出員工「王小桃」已經在公司服務 39 年 2 個月又 14 天了。

06 接著將 G5 儲存格內的公式複製到 G6:G34 儲存格中，就可以計算出所有員工的到職日數了。

員工編號	員工姓名	底薪	到職日	年資			年終獎
				年	月	日	
A0701	王小桃	$42,000	74年10月17日	39	2	14	
A0702	林雨成	$32,000	77年7月5日	36	5	26	
A0706	陳芝如	$36,000	78年7月7日	35	5	24	
A0707	邱雨桐	$35,000	83年12月7日	30	0	24	
A0709	郭子泓	$38,100	85年7月4日	28	5	27	
A0711	王一林	$30,000	88年2月7日	25	10	24	
A0713	畢子晟	$28,000	88年5月10日	25	7	21	
A0714	李秋雲	$31,000	90年1月8日	23	11	23	
A0718	徐品宸	$35,000	94年3月4日	19	9	27	
A0719	李心艾	$32,000	96年1月17日	17	11	14	
A0725	陳寶如	$30,000	97年4月10日	16	8	21	
A0728	王思如	$32,000	97年5月14日	16	7	17	

年終獎金發放標準：任職滿一年者發放二個月底薪，任職未滿半年者發放獎金$10000，任職未滿三個月者發放$3000。

Example 11 員工考績表

用DATEDIF函數取出兩日期的差距

除了使用上述方式計算年資外，還可以使用 **DATEDIF**函數**計算出兩日期之間的日數、月數或年數間隔**。不過，由於本例結算日為全年最後一天，因此可以使用年/月/日相減來取得年資，但若結算日不固定或是非全年最後一天，運算結果就可能發生負號(小減大)的情況，這時就可以改用 DATEDIF 函數來求算日期差。

DATEDIF 函數屬於 Excel 的隱藏函數，無法透過函數庫找到它，只能直接輸入使用。

語法	DATEDIF(Start_date,End_date,Unit)	
引數	◆ **Start_date**：開始日期。	
	◆ **End_date**：結束日期。(若開始日期大於結束日期，將顯示 #NUM!)	
	◆ **Unit**：要傳回的單位。	
	"Y"	期間內整年的年數。例如：111/1/1~112/3/15，傳回1。
	"M"	期間內整月的月數。例如：111/1/1~112/3/15，傳回14。
	"D"	期間內的日數。例如：111/1/1~112/3/15，傳回438。
	"MD"	start_date 與 end_date 間的日差異，會忽略日期中的月和年。
	"YM"	start_date 與 end_date 間的月差異，會忽略日期中的日和年。
	"YD"	start_date 與 end_date 間的日差異，會忽略日期中的年。

以下為本例改以 DATEDIF 函數來計算年資的作法：

01 進入**員工年資表**工作表，點選的 **E5** 儲存格，直接在資料編輯列輸入公式「**=DATEDIF(D5,$B$1,"y")**」，因為所有員工皆以 B1 儲存格為年資計算標準，故將 B1 設定為絕對參照位址 $B$1。輸入好後，按下 **Enter** 鍵，完成「年」的計算。

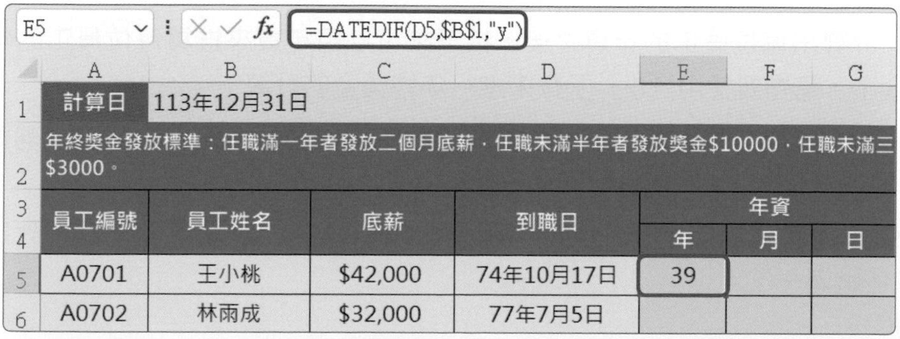

E5	✕ ✓ *fx*	=DATEDIF(D5,$B$1,"y")				
	A	B	C	D	E	F	G
1	計算日	113年12月31日					
2	年終獎金發放標準：任職滿一年者發放二個月底薪，任職未滿半年者發放獎金$10000，任職未滿三$3000。						
3	員工編號	員工姓名	底薪	到職日	年資		
4					年	月	日
5	A0701	王小桃	$42,000	74年10月17日	39		
6	A0702	林雨成	$32,000	77年7月5日			

02 點選 **F5** 儲存格，在資料編輯列輸入公式「**=DATEDIF(D5,$B$1, "ym")**」，其中單位設定為 **"ym"** 表示忽略日期中的年份並傳回起始日與結束日的間隔月數。輸入好後，按下 **Enter** 鍵，完成「月」的計算。

F5			f_x	=DATEDIF(D5,$B$1,"ym")		
	A	B	C	D	E	F	G

	A	B	C	D	E	F	G
1	計算日	113年12月31日					
2	年終獎金發放標準：任職滿一年者發放二個月底薪，任職未滿半年者發放獎金$10000，任職未滿三$3000。						
3 4	員工編號	員工姓名	底薪	到職日	年資		
					年	月	日
5	A0701	王小桃	$42,000	74年10月17日	39	2	
6	A0702	林兩成	$32,000	77年7月5日			

03 點選 **G5** 儲存格，在資料編輯列輸入公式「**=DATEDIF(D5,$B$1,"md")**」，其中單位設定為 **"md"** 表示忽略日期中的年份及月份，傳回起始日與結束日的間隔日數。輸入好後，按下 **Enter** 鍵，完成「日」的計算。

G5			f_x	=DATEDIF(D5,$B$1, "md")		
	A	B	C	D	E	F	G

	A	B	C	D	E	F	G
1	計算日	113年12月31日					
2	年終獎金發放標準：任職滿一年者發放二個月底薪，任職未滿半年者發放獎金$10000，任職未滿三$3000。						
3 4	員工編號	員工姓名	底薪	到職日	年資		
					年	月	日
5	A0701	王小桃	$42,000	74年10月17日	39	2	14
6	A0702	林兩成	$32,000	77年7月5日			

11-2 用IF函數計算年終獎金

計算出每位員工的年資之後，接下來可以用年資來推算每位員工的年終獎金了，這裡要使用「IF」函數來進行年終獎金的計算。

01 點選 **H5** 儲存格，再按下「**公式→函數庫→邏輯**」按鈕，於選單中選擇 **IF** 函數，開啟「函數引數」對話方塊。

02 於第1個引數 (Logical_test) 中輸入「**E5>=1**」，判斷該員工年資年數是否任職滿一年。

Example 11 員工考績表

03 在第2個引數(Value_if_true)中輸入「**C5*2**」，表示若任職滿一年以上，則年終獎金將發放兩個月的底薪。

04 在第3個引數(Value_if_false)中輸入一個多重的IF巢狀判斷式「**IF(F5>= 6,10000,3000)**」。表示任職未滿一年者，則繼續判斷其年資月數是否已達六個月，若「是」則發放10000元；「否」則發放3000元。都設定好後，按下**確定**按鈕，即可計算出年終獎金。

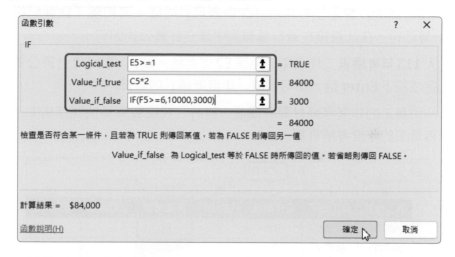

05 工作表中顯示員工「王小桃」，年資為39年2個月又14天，所以年終獎金為兩個月的底薪，即「$42,000×2=$84,000」。

06 第一位員工的年終獎金計算完成後，再將公式複製到其他儲存格中，完成所有員工的年終獎金計算。

H5　　fx　=IF(E5>=1,C5*2,IF(F5>=6,10000,3000))

員工姓名	底薪	到職日	年資			年終獎金
			年	月	日	
王小桃	$42,000	74年10月17日	39	2	14	$84,000
林雨成	$32,000	77年7月5日	36	5	26	$64,000
陳芝如	$36,000	78年7月7日	35	5	24	$72,000
邱雨桐	$35,000	83年12月7日	30	0	24	$70,000
郭子泓	$38,100	85年7月4日	28	5	27	$76,200

113年12月31日

放標準：任職滿一年者發放二個月底薪，任職未滿半年者發放獎金$10000，任職未滿三個月者發放獎金

11-3 計算年度考績及全勤獎金

除了年終獎金之外，還必須計算出年度考績，及依照每位員工的缺勤紀錄計算全勤獎金。

計算年度考績

年度考績的計算是以今年的「工作表現」成績，再扣除「缺勤紀錄」的點數計算而得，在此直接在資料編輯列中建立計算公式即可。

01 進入 **113年考績表** 工作表中，點選 **E2** 儲存格，輸入 **=C2-D2** 計算公式，輸入完成按下 **Enter** 鍵，即可完成「年度考績」的計算。

02 第一位員工的年度考績計算完成後，再將公式複製到其他儲存格中，完成所有員工的年度考績計算。

	A	B	C	D	E	F	G
	員工編號	員工姓名	工作表現	缺勤紀錄	年度考績	全勤獎金	績效獎金
1							
2	A0701	王小桃	82	2	80		
3	A0702	林雨成	75	1	74		
4	A0706	陳芝如	84	0.5	83.5		
5	A0707	邱雨桐	88	0	88		
6	A0709	郭子泓	78	0	78		
7	A0711	王一林	81	0.5	80.5		
8	A0713	畢子晟	74	1	73		
9	A0714	李秋雲	70	1.5	68.5		
10	A0718	徐品宸	68	0	68		
11	A0719	李心艾	80	1.5	78.5		

E2 欄公式：=C2-D2

計算全勤獎金

全勤獎金的計算是以缺勤紀錄來獎勵，若當年度的缺勤紀錄為0時，就發6,000元做為獎勵，所以這裡可以使用IF函數來判斷缺勤紀錄是否為0，若為0則顯示6000，若大於0則顯示0。

01 進入 **113年考績表** 工作表中，點選 **F2** 儲存格，再按下「**公式→函數庫→邏輯**」按鈕，於選單中選擇 **IF** 函數，開啟「函數引數」對話方塊。

Example 11 員工考績表

02 於第1個引數(Logical_test)中輸入「**D2=0**」,判斷該員工缺勤紀錄是否為0。

03 於第2個引數(Value_if_true)中輸入「**6000**」,表示若沒有缺勤紀錄,則發放6,000元獎金。

04 於第3個引數(Value_if_false)中輸入「**0**」,表示若有缺勤紀錄,則不發放獎金。都設定好後,按下**確定**按鈕,完成全勤獎金的計算。

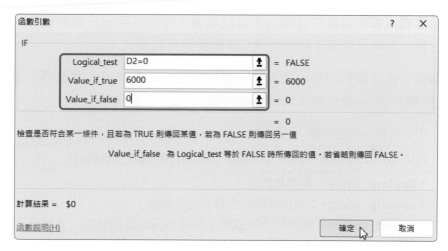

05 第一位員工的全勤獎金計算完成後,再將公式複製到其他儲存格中,完成所有員工的全勤獎金計算。

	A	B	C	D	E	F	G
	員工編號	員工姓名	工作表現	缺勤紀錄	年度考績	全勤獎金	績效獎金
2	A0701	王小桃	82	2	80	$0	
3	A0702	林雨成	75	1	74	$0	
4	A0706	陳芝如	84	0.5	83.5	$0	
5	A0707	邱雨桐	88	0	88	$6,000	
6	A0709	郭子泓	78	0	78	$6,000	
7	A0711	王一林	81	0.5	80.5	$0	
8	A0713	畢子晟	74	1	73	$0	
9	A0714	李秋雲	70	1.5	68.5	$0	
10	A0718	徐品宸	68	0	68	$6,000	
11	A0719	李心艾	80	1.5	78.5	$0	
12	A0725	陳寶如	85	0	85	$6,000	

F2 : =IF(D2=0,6000,0)

11-4 用LOOKUP函數核算績效獎金

接下來要利用**LOOKUP**函數,依照員工「年度考績」的成績等級以及公司規定的發放標準,自動判斷每位員工所應得的「績效獎金」。

LOOKUP函數有兩種語法型式,說明如下:

● **向量形式**:會在向量中找尋指定的搜尋值,然後移至另一個向量中的同一個位置,並傳回該儲存格的內容。本範例使用該形式。

● **陣列式**:會在陣列的第一列或第一欄搜尋指定的搜尋值,然後傳回最後一列(或欄)的同一個位置上之儲存格內容。

說明	用來搜尋一列或一欄
語法	LOOKUP(Lookup_value, Lookup_vector, Result_vector)
引數	◆ **Lookup_value**:要尋找的值。 ◆ **Lookup_vector**:在這個範圍內尋找符合的值。 ◆ **Result_vector**:找到符合的值時,所要傳回的值的範圍,其值範圍大小應與Lookup_vector相同。

🕐 使用動態陣列公式複製區間標準

動態陣列公式(Dynamic Array Formulas)是Microsoft於Excel 2021版本推出的新功能,在Excel 2019及更早的版本並無法使用此功能。簡單來說,動態陣列公式就是「一呼百應」的具體呈現,透過單一儲存格去參照一整個表格。只要在一個儲存格中撰寫公式,這個儲存格就可以去呼叫整個陣列,或是進行陣列的計算。而透過動態陣列公式所取得的陣列為**動態陣列**(Dynamic Array),會以藍色細框線標示,可將整個陣列視為一個同時存在或消失的群體,只要刪除起始儲存格中的公式,陣列表格就會整個消失。

在此範例中,將從「區間標準.xlsx」檔案中取得區間標準,一般作法可透過複製/貼上的方式將表格複製過來,但這裡將在儲存格中建立動態陣列公式,將整個區間標準表直接貼在J2儲存格上,如此除了可節省一一輸入的時間,也能與原始資料產生連動。

01 建立動態陣列公式時,來源陣列須為開啟狀態,因此須事先開啟來源工作表「區間標準.xlsx」檔案。

Example 11 員工考績表

02 回到**113年考績表**工作表，點選 **J2** 儲存格，先輸入公式前導符號「=」，接著框選「**區間標準.xlsx**」活頁簿中的 **A2:C7** 儲存格，框選好後，按下 **Enter** 鍵，完成動態陣列公式的建立。

03 此時**113年考績表**工作表的 **J2** 儲存格已透過動態陣列公式，輕鬆呼叫「區間標準.xlsx」活頁簿中的 **A2:C7** 儲存格資料過來，以便做為稍後 LOOKUP 函數要用來分組的依據。

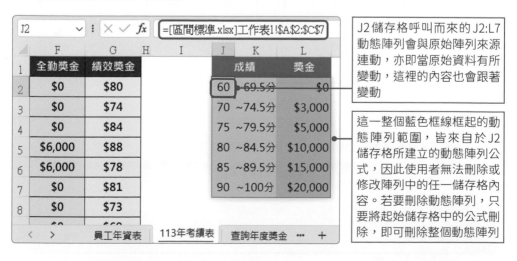

J2 儲存格呼叫而來的 J2:L7 動態陣列會與原始陣列來源連動，亦即當原始資料有所變動，這裡的內容也會跟著變動

這一整個藍色框線框起的動態陣列範圍，皆來自於 J2 儲存格所建立的動態陣列公式，因此使用者無法刪除或修改陣列中的任一儲存格內容。若要刪除動態陣列，只要將起始儲存格中的公式刪除，即可刪除整個動態陣列

建立LOOKUP函數

建立好「績效獎金」的區間標準後,接著就可以開始使用LOOKUP函數來計算績效獎金。

01 選取 **G2** 儲存格,再按下「**公式→函數庫→查閱與參照**」按鈕,於選單中選擇 **LOOKUP** 函數。

02 LOOKUP有向量與陣列兩組引數清單,在「選取引數」對話方塊中,點選向量引數清單,也就是 **look_up value, lookup_vector,result_vector** 選項,選擇好後,按下**確定**按鈕。

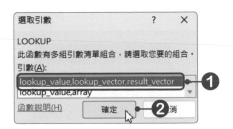

03 開啟「函數引數」對話方塊後,在第1個引數(Lookup_value)中輸入「**E2**」,也就是員工的「年度考績」成績。

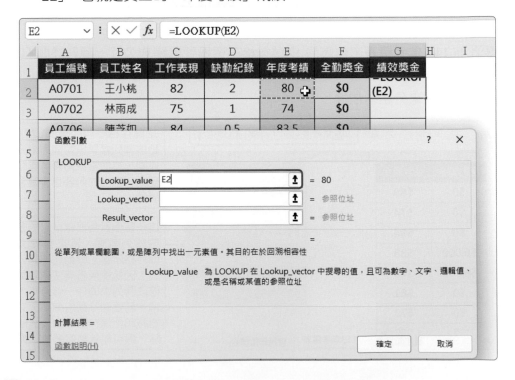

Example 11 員工考績表

04 接著將滑鼠游標移至第2個引數 (Lookup_vector) 中，再於工作表中選取 **J2:J7** 儲存格範圍，也就是做為分組條件的依據。

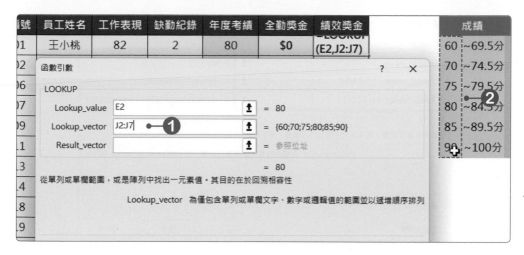

05 將第2個引數範圍改為絕對位址 **$J$2:$J$7**，這樣在將公式複製到其他儲存格時，才不會參照到錯誤的範圍。

06 接著將滑鼠游標移至第3個引數 (Result_vector) 中，再於工作表中選取 **L2:L7** 儲存格範圍，也就是各個層級所發放的績效獎金金額。

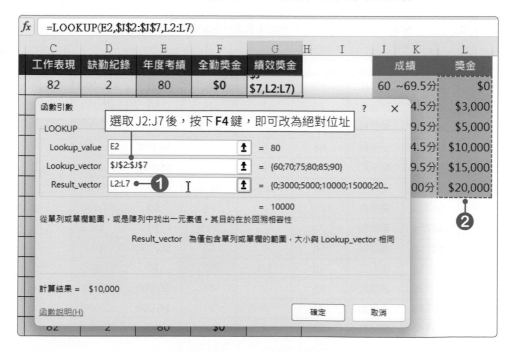

07 將第3個引數範圍改為絕對位址 **$L$2:$L$7**,都設定好後,按下**確定**按鈕,完成公式的設定。

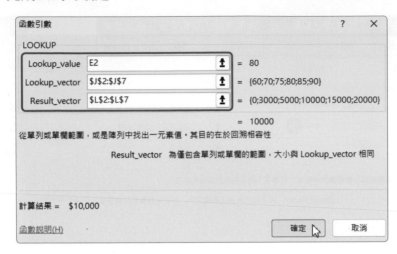

08 因為王小桃的年度考績為80分,屬於「80~84.5分」這個層級,所以工作表中會自動算出其今年度的績效獎金為 $10,000。

09 第一位員工的績效獎金計算完成後,再將公式複製到其他儲存格中,完成所有員工的績效獎金計算。

	A	B	C	D	E	F	G	H
	員工編號	員工姓名	工作表現	缺勤紀錄	年度考績	全勤獎金	績效獎金	
1								
2	A0701	王小桃	82	2	80	$0	$10,000	
3	A0702	林雨成	75	1	74	$0	$3,000	
4	A0706	陳芝如	84	0.5	83.5	$0	$10,000	
5	A0707	邱雨桐	88	0	88	$6,000	$15,000	
6	A0709	郭子泓	78	0	78	$6,000	$5,000	
7	A0711	王一林	81	0.5	80.7	$0	$10,000	
8	A0713	畢子晟	74	1	73	$0	$3,000	
9	A0714	李秋雲	70	1.5	68.5	$0	$0	
10	A0718	徐品宸	68	0	68	$6,000	$0	
11	A0719	李心艾	80	1.5	78.5	$0	$5,000	
12	A0725	陳寶如	85	0	85	$6,000	$15,000	
13	A0728	王思如	71	0	71	$6,000	$3,000	
14	A0730	楊品樂	82	2	80	$0	$10,000	

G2 的公式為:=LOOKUP(E2,$J$2:$J$7,$L$2:$L$7)

Example 11 員工考績表

11-5 年度獎金查詢表製作

各種獎金都計算完成後,接著要製作年度獎金查詢表,可利用它來查詢某位員工在今年度所能領到的總獎金。

🕐 用XLOOKUP函數自動顯示資料

使用XLOOKUP函數,可在指定表格或範圍中進行垂直或水平查找,找到比對相符的資料後,傳回該筆資料中,指定欄位的訊息。

說明	在指定表格或範圍中進行垂直或水平查找,找到比對相符的資料後,傳回該筆資料中,指定欄位的訊息
語法	XLOOKUP(Lookup_value, Lookup_array, Return_array, [If_not_found], [Match_mode], [Search_mode])

引數	◆ **Lookup_value**:要搜尋的值,可以是數值、參照位址或字串。
	◆ **Lookup_array**:要進行比對搜尋的範圍,通常是儲存格範圍的參照位址或類似資料庫或清單的範圍名稱。
	◆ **Return_array**:要傳回的範圍,可以是多個欄位範圍。
	◆ **If_not_found**:(可省略)若比對後無相符項目,所要顯示的文字(若不指定則會傳回#N/A)。
	◆ **Match_mode**:(可省略)指定比對類型,引數值有0、-1、1、2。
	
	    0 完全符合。如果找不到,請傳回#N/A。(預設值)
	  -1 完全符合。如果找不到,請傳回下一個較小的專案。
	    1 完全符合。如果找不到,請傳回下一個較大的專案。
	    2 萬用字元搭配*、?和~具有特殊意義。
	
	◆ **Search_mode**:(可省略)指定要使用的搜尋模式,就是指定XLOOKUP該先從第一個項目開始往後找、還是先從最後一個項目開始往前找。引數值有1、-1、2、-2。
	
	    1 從第一個專案開始執行搜尋。(預設值)
	  -1 從最後一個專案開始執行反向搜尋。
	    2 執行依賴lookup_array以遞增順序排序的二進位搜尋。如果未排序,將會傳回不正確結果。
	  -2 執行依賴lookup_array以遞減順序排序的二進位搜尋。如果未排序,將會傳回不正確結果。

接著要在**查詢年度獎金**工作表中使用XLOOKUP函數，在製作好的**員工年資表**工作表及**113年考績表**工作表中比對資料，讓表格只須輸入員工編號，就能自動顯示該名員工的姓名、年終獎金、全勤獎金及績效獎金等資料。

01 點選**查詢年度獎金**工作表中的**C4**儲存格，按下「**公式→函數庫→查閱與參照**」按鈕，於選單中選擇**XLOOKUP**函數，開啟「函數引數」對話方塊。

02 於第1個引數(Lookup_value)中輸入員工編號的儲存格位址「**$B$4**」(因為後續會將公式複製到其他儲存格，所以此處設定為絕對參照)。

03 接著設定要進行比對搜尋的儲存格範圍，也就是**員工年資表**工作表的「員工編號」欄位。將滑鼠游標移至第2個引數(Lookup_array)中，再點選**員工年資表**工作表，選取**A5:A34**儲存格範圍。

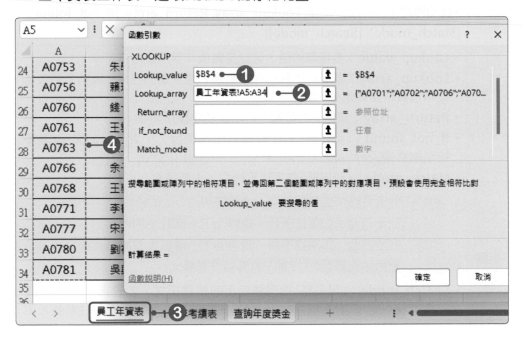

04 回到「函數引數」對話方塊中後，因為後續要將公式複製到其他儲存格，所以將插入點移至資料儲存格位址A5:A34，按下**F4**鍵，把儲存格範圍轉換成絕對參照**$A$5:$A$34**。

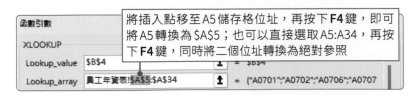

將插入點移至A5儲存格位址，再按下**F4**鍵，即可將A5轉換為$A$5；也可以直接選取A5:A34，再按下**F4**鍵，同時將二個位址轉換為絕對參照

Example 11 員工考績表

05 接著繼續設定傳回值的範圍，將滑鼠游標移至第 3 個引數 (Return_array)
中，再點選**員工年資表**工作表，選取 **B5:B34** 儲存格範圍。

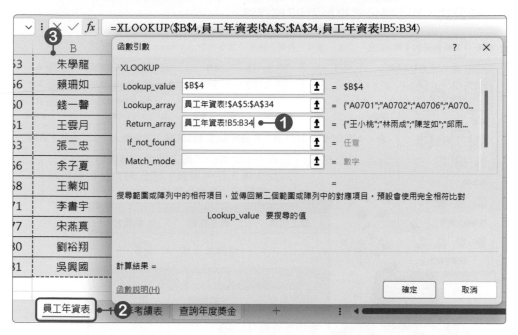

06 接著在第 4 個引數 (If_not_found) 中輸入「**查無此員編**」文字。都設定好
後，按下**確定**按鈕，完成「員工姓名」的查詢設定。

07 「員工姓名」查詢設定完成後，選取**C4**儲存格，按下**Ctrl+C**複製快速鍵，選取**B7**儲存格，再按下「**常用→剪貼簿→貼上**」按鈕，於選單中選擇**公式**，即可將公式複製到B7儲存格。

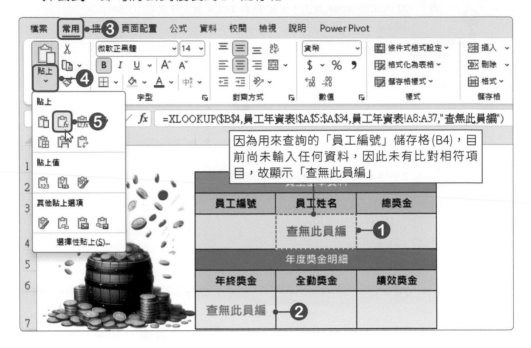

因為用來查詢的「員工編號」儲存格(B4)，目前尚未輸入任何資料，因此未有比對相符項目，故顯示「查無此員編」

08 將C4公式複製到B7儲存格後，按下資料編輯列上的 *fx* **插入函數**按鈕，開啟「函數引數」對話方塊，修改引數設定。

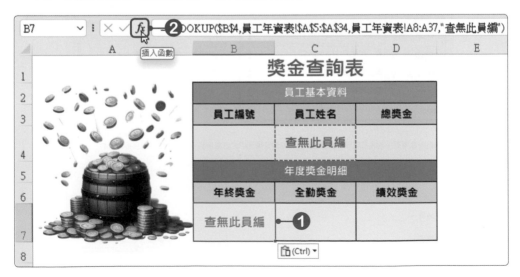

Example 11 員工考績表

09 將第3個引數的資料範圍重新框選為「**員工年資表!H5:H34**」，表示這裡要傳回的是H欄的「年終獎金」欄位資料；並將第4個引數內容刪除，都設定好後，按下**確定**按鈕。

10 在B7儲存格中就會顯示 **#N/A**（表示函數中有些無效的值）錯誤訊息，那是因為還未輸入員工編號的關係。

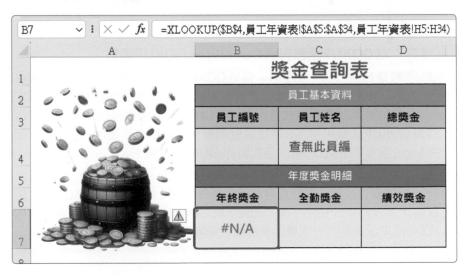

11 將C8儲存格依照同樣方式建立XLOOKUP函數公式。這裡要進行搜尋的範圍是「113年考績表」工作表中的「全勤獎金」及「績效獎金」欄位，因為XLOOKUP可以同時傳回兩個相鄰欄位的資料，所以在第3個引數(Return_array)中的儲存格範圍要設定為**F2:G31**。

12 都設定好後，按下**確定**按鈕，即可同時完成「全勤獎金」及「績效獎金」的查詢設定。

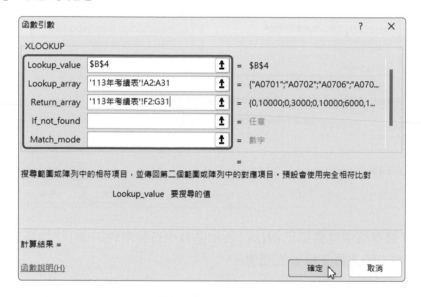

知識補充：XLOOKUP函數與VLOOKUP/HLOOKUP函數

XLOOKUP函數是Excel 2021新增的，與VLOOKUP、HLOOKUP函數皆為Excel的查詢函數，可在多個欄位的表格中進行查詢比對，找到符合項目後，再傳回指定的欄位。VLOOKUP函數是以垂直方式進行查詢，HLOOKUP函數是以水平方式進行左右查詢，而XLOOKUP函數可用來查詢垂直對照表，也可用來查詢水平對照表，因此可取代原先Excel版本中的VLOOKUP函數與HLOOKUP函數。

在使用上，XLOOKUP函數相對方便，且具有更大彈性。舉例來說，VLOOKUP函數限制進行比對的欄位只能放置在搜尋範圍的最左邊第1欄，而XLOOKUP函數則無限制，可以設定為表格中的任何一欄。此外，VLOOKUP函數一次只能回傳一個欄位的資訊，XLOOKUP函數則可一次傳回多個欄位範圍。

Example 11 員工考績表

⏲ 用SUM函數計算總獎金

當年終獎金、全勤獎金及績效獎金都被查詢出來後，就可以將這三個獎金加總，便是總獎金了。

01 點選 **D4** 儲存格，按下「**公式→函數庫→自動加總**」按鈕，於選單中點選 **加總**，加入 SUM 函數。

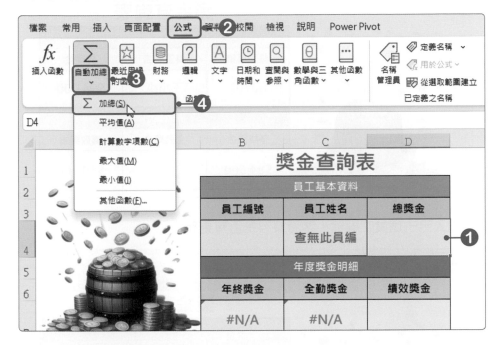

02 選取 **B7:D7** 儲存格，選取好後按下 **Enter** 鍵，完成 SUM 函數的建立。

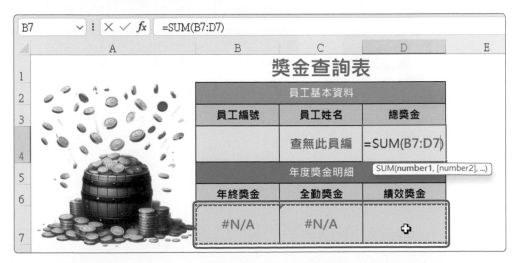

03 到這裡,年度獎金的查詢表已經製作完成囉!接著請在 B4 儲存格中輸入員工編號,輸入完後,按下 **Enter** 鍵,就會自動顯示該名員工的姓名、年終獎金、全勤獎金、績效獎金及總獎金等資訊。

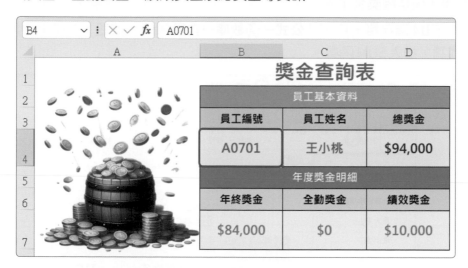

04 再輸入另一個員工編號,看看資料是否有更新。

Example 11 員工考績表

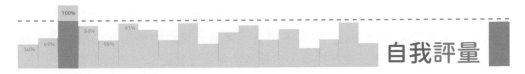

自我評量

● 選擇題

( )1. 在 Excel 中，下列哪一個函數可以取出日期的年？ (A) YEAR　(B) MONTH　(C) DAY　(D) TODAY。

( )2. 在 Excel 中，A1 儲存格的資料為「2026/1/22」，若於 A2 儲存格輸入「=DAY(A1)」，則會顯示為？ (A) 2026　(B) 1　(C) 22　(D) 錯誤訊息。

( )3. 在 Excel 中，A1 儲存格的資料為「2026/1/22」，若於 A2 儲存格輸入「=MONTH(A1)」，則會顯示為？ (A) 2026　(B) 1　(C) 22　(D) 錯誤訊息。

( )4. 下列哪一個函數為邏輯類型函數？ (A) XLOOKUP　(B) COUNTA　(C) IF　(D) SUM。

( )5. 在設定儲存格範圍時，想要進行相對位置與絕對位置的切換，應按下何鍵？ (A) Ctrl+F4　(B) Ctrl+ Shift　(C) Ctrl+Space　(D) F4。

( )6. 在 Excel 中，當儲存格進入「公式」的編輯狀態時，資料編輯列左側出現的函數選單，代表何意？ (A) 最常使用到的函數清單　(B) 系統依照目前表單需求而篩選出可能使用到的函數選單　(C) 最近使用過的函數清單　(D) 系統隨機顯示的函數清單。

( )7. 在 Excel 中，下列哪一個函數可以在表格裡進行比對搜尋，並傳回指定欄位內容？ (A) XLOOKUP　(B) IF　(C) SUM　(D) RANK.EQ。

( )8. 下列關於 XLOOKUP、HLOOKUP 與 VLOOKUP 等查詢函數的敘述，何者正確？ (A) XLOOKUP 函數可傳回多個欄位範圍，HLOOKUP 與 VLOOKUP 函數只能傳回一個　(B) HLOOKUP 用於表格，VLOOKUP 可用於非表格　(C) HLOOKUP 的搜尋方向是垂直，VLOOKUP 的搜尋方向是水平　(D) XLOOKUP 函數限制比對欄位只能放置在搜尋範圍的第 1 欄。

( )9. 在設定 XLOOKUP 函數時，下列何者不是必填的引數項目？ (A) Return_array　(B) If_not_found　(C) Lookup_array　(D) Lookup_value。

( )10.若在儲存格看到「#N/A」的錯誤訊息時，表示？ (A) 函數中有些無效的值　(B) 沒有設定函數　(C) 該函數為巢狀函數　(D) 以上皆是。

● 實作題

1. 開啟「拍賣交易紀錄.xlsx」檔案,請在「郵資」欄位中使用LOOKUP函數建立公式,可依據包裹資費表標準,自動顯示各筆交易紀錄的郵資金額。

	A	B	C	D	E	F	G	H	I
1	拍賣編號	商品名稱	得標價格	物品重量	郵資				
2	c24341778	CanTwo格子及膝裙	$280	147	$40			包裹資費表	
3	g36445352	Nike黑色鴨舌帽	$150	101	$40		重量(克)		郵資
4	h34730759	Converse輕便側背包	$120	212	$50		0 ~100		$30
5	p31329580	雅絲蘭黛雙重滋養全日膏霜(#74)	$400	34	$30		101 ~200		$40
6	t34905309	Miffy免可愛六孔活頁簿	$150	225	$50		201 ~300		$50
7	h53356282	側背藤編小包包	$100	121	$40		301 ~400		$60
8	e31546199	串珠項鍊	$350	150	$40		401 ~500		$70
9	b34832467	Levis'牛仔外套	$2,200	704	$100		501 ~600		$80
10	g34228177	Esprit金色尖頭鞋	$1,800	480	$70		601 ~700		$90
11	c31813109	A&F繡花牛仔短裙	$2,000	290	$50		701 ~800		$100
12	a35699052	Nike天空藍排汗運動背心	$590	241	$50		801 ~900		$110
13	f53182829	黑色圍巾	$180	181	$40		901 ~1000		$120
14	s37232965	SNOOPY面紙套	$200	304	$60				
15	e53721737	扶桑花小髮夾2入	$80	31	$30				

2. 開啟「班級成績單.xlsx」檔案,進行以下設定。

⊙ 在「查詢表」工作表中使用XLOOKUP函數建立查詢公式,當輸入學號時,會自動顯示該位學生的其他資料。

⊙ 在「成績等級」中,自動依學生個人平均顯示成績的等級,當平均≥85時,顯示「優等」;當平均≥70時,顯示「中等」,否則顯示「不佳」。

	A	B	C	D	E	F	G	H
1	成績查詢表							
2	學號	C02301			姓名	李怡君		
3	國文	英文	科技	通識	體育	總分	個人平均	總名次
4	72	70	68	81	90	381	76.2	12
5	成績等級	中等						

Example 12

投資理財試算

● 範例檔案

Example12→投資理財試算.xlsx

● 結果檔案

Example12→投資理財試算-OK.xlsx

　　無論是公司行號，乃至於家庭或個人，都能運用Excel在財務方面的函數，幫助我們有效處理繁瑣又複雜的運算，輕輕鬆鬆掌管自己的財務資訊喔！本章範例就以Excel的財務函數為主軸，看看Excel到底能夠提供哪方面的財務運算吧！

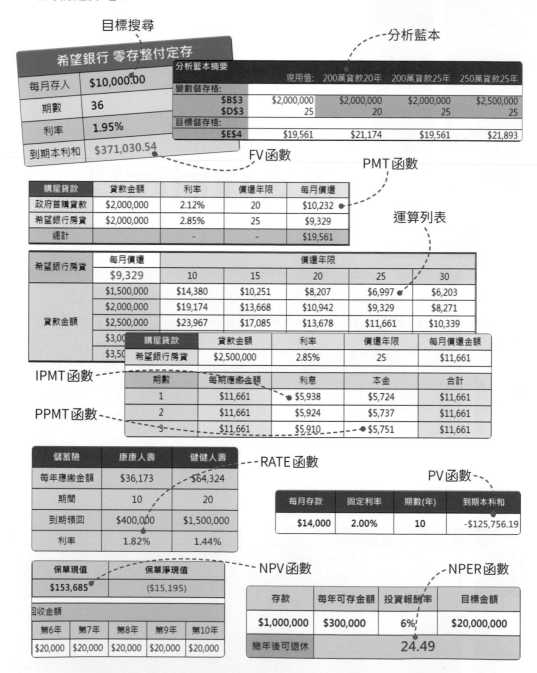

目標搜尋

分析藍本

希望銀行 零存整付定存

每月存入	$10,000.00
期數	36
利率	1.95%
到期本利和	$371,030.54

分析藍本摘要

		現用值：	200萬貸款20年	200萬貸款25年	250萬貸款25年
變數儲存格：					
	$B$3	$2,000,000	$2,000,000	$2,000,000	$2,500,000
	$D$3	25	20	25	25
目標儲存格：					
	$E$4	$19,561	$21,174	$19,561	$21,893

FV函數

PMT函數

運算列表

購屋貸款	貸款金額	利率	償還年限	每月償還
政府首購貸款	$2,000,000	2.12%	20	$10,232
希望銀行房貸	$2,000,000	2.85%	25	$9,329
總計	-	-	-	$19,561

希望銀行房貸	每月償還	償還年限				
	$9,329	10	15	20	25	30
貸款金額	$1,500,000	$14,380	$10,251	$8,207	$6,997	$6,203
	$2,000,000	$19,174	$13,668	$10,942	$9,329	$8,271
	$2,500,000	$23,967	$17,085	$13,678	$11,661	$10,339
	$3,00...					
	$3,50...					

購屋貸款	貸款金額	利率	償還年限	每月償還金額
希望銀行房貸	$2,500,000	2.85%	25	$11,661

IPMT函數

PPMT函數

期數	每期應繳金額	利息	本金	合計
1	$11,661	$5,938	$5,724	$11,661
2	$11,661	$5,924	$5,737	$11,661
3	$11,661	$5,910	$5,751	$11,661

RATE函數

PV函數

儲蓄險	康康人壽	健健人壽
每年應繳金額	$36,173	$64,324
期間	10	20
到期領回	$400,000	$1,500,000
利率	1.82%	1.44%

每月存款	固定利率	期數(年)	到期本利和
$14,000	2.00%	10	-$125,756.19

NPV函數

NPER函數

保單現值	保單淨現值
$153,685	($15,195)

回收金額				
第6年	第7年	第8年	第9年	第10年
$20,000	$20,000	$20,000	$20,000	$20,000

存款	每年可存金額	投資報酬率	目標金額
$1,000,000	$300,000	6%	$20,000,000
幾年後可退休		24.49	

Example 12 投資理財試算

12-1 用FV函數計算零存整付的到期本利和

「零存整付定期存款」是指在一定的期間內，每月持續存入固定的金額在定存帳戶中，等到期滿就可以一次將定存帳戶裡的本金與利息一併提領出來，而在 Excel 中可以使用 **FV** 函數來計算零存整付的到期本利和。

說明	計算零存整付存款本利和
語法	FV(Rate,Nper,Pmt,[Pv],[Type])
引數	◆ **Rate**：各期的利率。 ◆ **Nper**：年金的總付款期數。 ◆ **Pmt**：分期付款的金額；不得在年金期限內變更。 ◆ **Pv**：現在或未來付款的目前總額。 ◆ **Type**：為0或1的數值，用以界定各期金額的給付時點。1表示期初給付；0或省略未填則表示期末給付。

有了一份穩定的收入之後，小桃想將薪水固定提撥一部分存起來，所以有意加入「希望銀行」的「零存整付定期存款」方案。以「希望銀行」目前的牌告利率來估算，三年期的定存利率為1.95%，若小桃每月固定繳存$10,000，三年後到期，小桃的定存帳戶裡共累積了多少本利和？這裡要使用 **FV** 函數來算一算。

這裡請進入「投資理財試算.xlsx」檔案中的**零存整付定存試算**工作表，來看看三年後小桃的定存帳戶裡，共累積了多少本利和。

01 在 B2 儲存格中輸入每月欲存入的金額「**10000**」；在 B3 儲存格中輸入三年來所繳交的總期數，也就是 12 個月乘以三年，共「**36**」期；在 B4 儲存格中輸入希望銀行所規定的利率「**1.95**」。

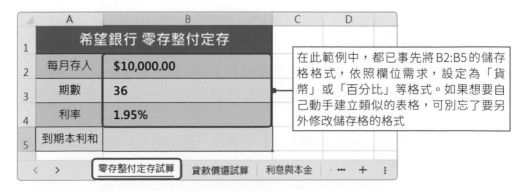

在此範例中，都已事先將B2:B5的儲存格格式，依照欄位需求，設定為「貨幣」或「百分比」等格式。如果想要自己動手建立類似的表格，可別忘了要另外修改儲存格的格式

02 選取 **B5** 儲存格，按下「**公式→函數庫→財務**」按鈕，於選單中點選 **FV** 函數，開啟「函數引數」對話方塊。

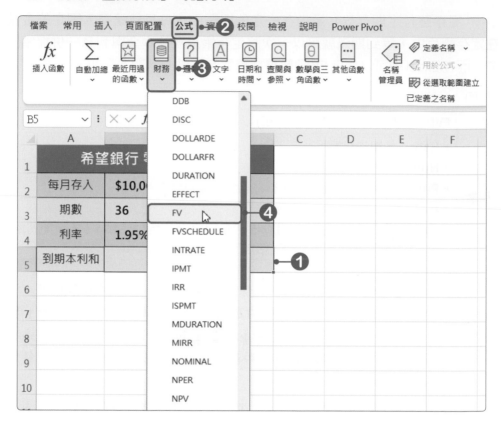

03 將滑鼠游標移至第 1 個引數 (Rate) 中，再於工作表中選取 **B4** 儲存格。要注意 1.95% 為「年」利率，而小桃是按「月」存入的，所以每期利率應將 1.95% 再除以 12 個月，才是實際每期的計算利率，所以請在 **B4** 後輸入「**/12**」。

04 接著設定定存的總期數，將滑鼠游標移至第 2 個引數 (Nper) 中，再於工作表中選取 **B3** 儲存格。

05 接著設定每期存款金額，將滑鼠游標移至第 3 個引數 (Pmt) 中，再於工作表中點選 **B2** 儲存格。由於每期按月繳付 $10000，所以要在 B2 前加上「**-**」號，表示支付金額。

06 最後在第 5 個引數 (Type) 中輸入「**1**」，表示「期初給付」每期金額，都設定好後，按下**確定**按鈕。

Example 12 投資理財試算

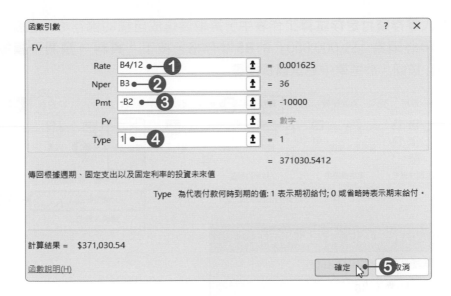

07 回到工作表中，就計算出三年後到期時，小桃可以領回$371,030.54。

B5		:	× ✓ fx	=FV(B4/12,B3,-B2,,1)		

	A	B	C	D
1	希望銀行 零存整付定存			
2	每月存入	$10,000.00		
3	期數	36		
4	利率	1.95%		
5	到期本利和	$371,030.54		

12-2 目標搜尋

　　一般在 Excel 上的運用，大多都是利用 Excel 計算已存在的資料，以求出答案，其實 Excel 也可以根據答案，往回推算資料的數值。例如：小桃目前所規劃的購屋計劃，打算在三年後利用零存整付定期存款的本利和，支付購屋的頭期款 $1,000,000，那麼以目前的利率推算，她每個月必須要固定存多少錢，才可以達到這個目標呢？

　　遇到這類的問題，可以使用 Excel 的**目標搜尋**功能來推算答案。目標搜尋的使用方法，是幫目標設定期望值，以及一個可以變動的變數，它會調整變數的值，讓目標能夠符合所設定的期望值。

01 進入**零存整付定存試算**工作表中,選取要達成目標的儲存格,也就是本利和必須為「$1,000,000」的 **B5** 儲存格,按下「**資料→預測→模擬分析**」按鈕,於選單中點選**目標搜尋**。

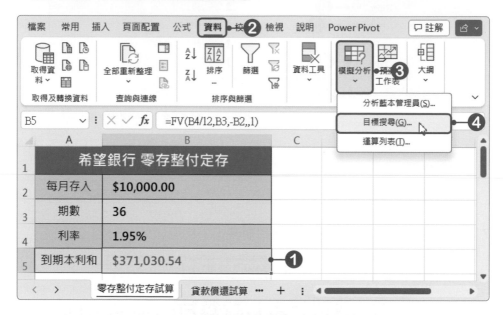

02 開啟「目標搜尋」對話方塊後,在「目標儲存格」中會顯示 **B5** 儲存格,這就是「到期本利和」。

03 在「目標值」欄位中設定三年後要存得的金額「**1000000**」。

04 將滑鼠游標移至「變數儲存格」欄位中,再選取工作表中的 **B2** 儲存格,選取後會自動轉換為絕對位址,這是要推算每月存入金額的欄位,都設定好後,按下**確定**按鈕。

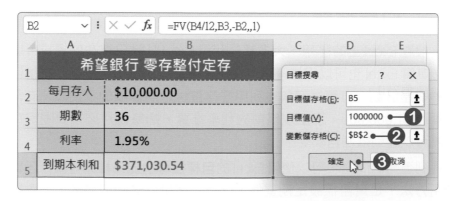

Example 12 投資理財試算

05 工作表中就會出現「目標搜尋狀態」的視窗，顯示已完成計算。再看看工作表中的變化，目標儲存格 B5，在此同時顯示為目標值 **$1,000,000.00**，變數儲存格 B2，則自動搜尋相對應的數值，計算出小桃每月必須存入 **$26,951.96**，才能在三年後存得一百萬元。

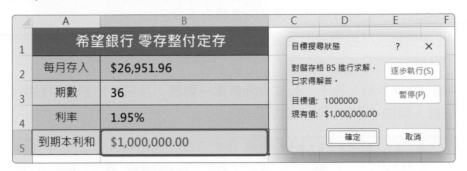

06 如果這時在「目標搜尋狀態」視窗中按下**確定**按鈕，目標儲存格及變數儲存格會自動替換成搜尋後的數值；若按下**取消**按鈕，則工作表會回復原來的模樣，所有的數值都不會改變。

12-3 用PMT函數計算貸款每月應償還金額

當小桃辛苦存得100萬的頭期款之後，她看中了一戶房價550萬元的房子。但在購屋之前，她想先試算將來的房貸貸款金額以及每月應償還金額。此時，可以使用 **PMT** 函數計算貸款每月應償還金額。

說明	用來計算貸款的攤還金額
語法	PMT(Rate,Nper,Pv,[Fv],[Type])
引數	◆ **Rate**：各期的利率。 ◆ **Nper**：年金的總付款期數。 ◆ **Pv**：未來每期年金現值的總和。 ◆ **Fv**：最後一次付款完成後，所能獲得的現金餘額。若省略不填，則預設值為0。 ◆ **Type**：為0或1的數值，用以界定各期金額的給付時點。若為0或省略未填，表示為期末給付；若為1，則表示為期初給付。

依照小桃的購屋計劃，扣除已存得的頭期款100萬，尚需貸款450萬元才足夠購屋。配合政府的首次購屋優惠房貸，一般縣市提供200萬以內，二十年2.12%的優惠房貸。其餘的250萬則以「希望銀行」所提供的房貸利率，250萬二十五年的房貸利率為2.85%來估算。接下來我們來試算看看在這樣的條件下，小桃每個月應償還的金額為多少？

這裡請進入「投資理財試算.xlsx」檔案中的**貸款償還試算**工作表，進行以下的練習。

01 選取 **E2** 儲存格，按下「**公式→函數庫→財務**」按鈕，於選單中點選 **PMT** 函數，開啟「函數引數」對話方塊。

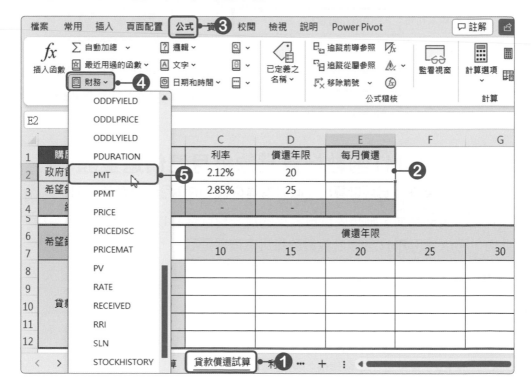

02 將滑鼠游標移至第1個引數 (Rate) 中，再於工作表中選取 **C2** 儲存格，因為2.12%為「年」利率，而貸款是按「月」償還的，所以必須要將2.12%再除以12個月，才是實際每期的計算利率。

03 將滑鼠游標移至第2個引數 (Nper) 中，再於工作表中選取 **D2** 儲存格，同樣由於按月償還的關係，所以償還年限要再乘以12，才是償還總期數。

Example 12 投資理財試算

04 將滑鼠游標移至第3個引數(Pv)中,再於工作表中選取**B2**儲存格,由於償還貸款為支付金額,所以還要在**B2**前加上「**-**」號。

05 在第5個引數(Type)中輸入「**0**」,代表為「期末償還」,都設定好後,按下**確定**按鈕,完成PMT函數的設定。

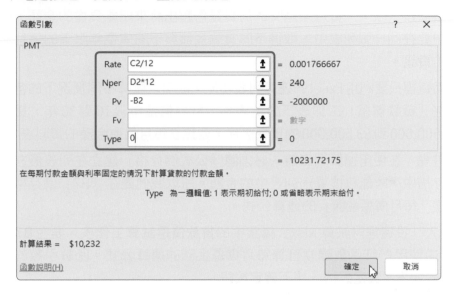

06 回到工作表中,已經計算出「政府首購貸款」的每月償還金額為$10,232。接著拖曳**E2**的填滿控點至**E3**儲存格,將計算公式複製至E3儲存格,就可以計算出「希望銀行房貸」的每月償還金額$11,661。

07 最後點選**E4**儲存格,按下「**公式→函數庫→自動加總**」按鈕,於選單中點選**加總**,即可算出每個月應繳交的房貸金額。

E2		✕ ✓ fx	=PMT(C2/12,D2*12,-B2,,0)			
▲	A	B	C	D	E	F	G
1	購屋貸款	貸款金額	利率	償還年限	每月償還		
2	政府首購貸款	$2,000,000	2.12%	20	$10,232		
3	希望銀行房貸	$2,500,000	2.85%	25	$11,661		
4	總計		-	-	$21,893		
5							
6	希望銀行房貸	每月償還		償還年限			
7			10	15	20	25	30
8		$1,500,000					
9		$2,000,000					
10	貸款金額	$2,500,000					

12-4 運算列表

除了向政府申請首次購屋的優惠房貸之外，剩下的250萬房貸就必須向民間銀行申辦了。因為房貸償還年限以及利率的不同，為了更準確衡量出在不同金額及年限下，每月須繳交的房貸是否超出將來所能負擔的金額，所以小桃想要在同一張列表中，取得不同貸款金額與不同償還年限下的每月償還金額的資訊。

而這裡只要利用Excel的**運算列表**功能，就可以試算不同情況下的各種結果。在「貸款償還」工作表下方的表格，針對償還年限10到30年、貸款金額$1,500,000到$3,500,000的貸款條件，要建立每月償還金額的資料表。

首先，在使用運算列表時，必須將「公式儲存格」建立在列表最左上角的儲存格中，才能夠推算出列表中的金額。所以我們要在「B7」儲存格中，先建立「每月償還金額」的運算公式。

01 進入「投資理財試算.xlsx」檔案中的**貸款償還試算**工作表，要在 B7 儲存格中使用 PMT 函數建立計算每月償還金額的運算公式。函數引數的設定方式如下，設定好後，按下**確定**按鈕。

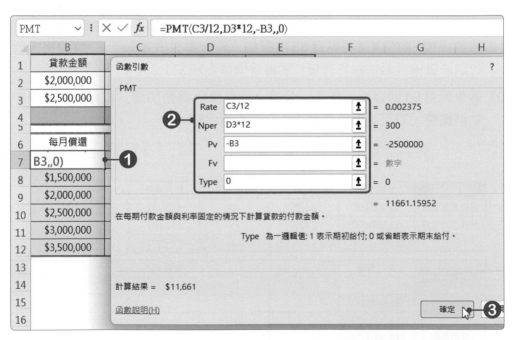

Example 12 投資理財試算

02 設定好後，B7儲存格會以上方表格的希望銀行房貸條件來計算(貸款金額$2,500,000、利率2.85%、償還年限25年)，並顯示每月償還金額為**$11,661**，而接下來列表中的儲存格也都會以B7儲存格的公式為基礎，修改不同的貸款條件後進行運算。

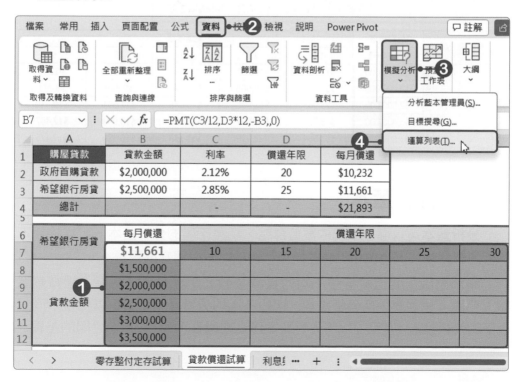

03 選取**B7:G12**儲存格，按下「**資料→預測→模擬分析**」按鈕，於選單中點選**運算列表**。

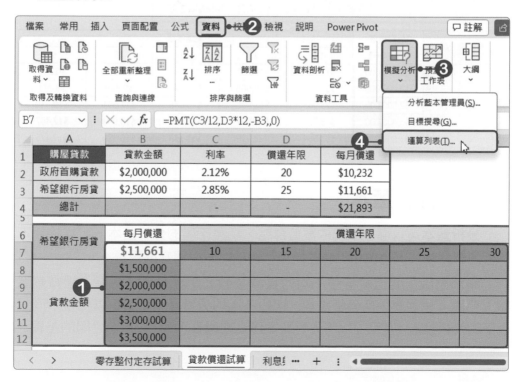

04 由於空白的列表中,列欄位所顯示的是「償還年限」,故在「運算列表」對話方塊中,將**列變數儲存格**設為**D3**儲存格;在空白的列表中,欄位所顯示的是不同的「貸款金額」,故在「運算列表」對話方塊中,將**欄變數儲存格**設為**B3**儲存格,設定好後,按下**確定**按鈕。

05 在列表中就可以看到不同的貸款金額以及不同償還年限之下,所對照出來的每月償還金額囉!

C8		⌄ : × ✓ fx	{=TABLE(D3,B3)}				
◢	A	B	C	D	E	F	G
1	購屋貸款	貸款金額	利率	償還年限	每月償還		
2	政府首購貸款	$2,000,000	2.12%	20	$10,232		
3	希望銀行房貸	$2,500,000	2.85%	25	$11,661		
4	總計		-	-	$21,893		
5							
6	希望銀行房貸	每月償還			償還年限		
7		$11,661	10	15	20	25	30
8		$1,500,000	$14,380	$10,251	$8,207	$6,997	$6,203
9		$2,000,000	$19,174	$13,668	$10,942	$9,329	$8,271
10	貸款金額	$2,500,000	$23,967	$17,085	$13,678	$11,661	$10,339
11		$3,000,000	$28,761	$20,502	$16,414	$13,993	$12,407
12		$3,500,000	$33,554	$23,919	$19,149	$16,326	$14,475

12-5 分析藍本

　　分析藍本可以儲存不同的數值群組,切換不同的分析藍本,可以檢視不同的運算結果,同時還可以將各數值群組的比較,建立成報表。

　　舉例來說,要比較各種不同的貸款金額、期數,可以將每一組貸款金額、期數,建立成一個分析藍本,切換不同的分析藍本,就可以檢視不同組合下的償還金額,甚至可以將分析藍本建立成報表,比較各組合之間的差異。

Example 12 投資理財試算

建立分析藍本

小桃不希望為了房貸而影響將來的生活水平，所以她希望將每個月需償還的房貸總額能控制在 $25,000 以下。接下來我們設計一個以小桃所希望的償還金額為基準的貸款比較的各種方案，並利用分析藍本建立報表。

這裡請進入「投資理財試算.xlsx」檔案中的**貸款償還試算**工作表，進行以下練習。

01 在應用**分析藍本**功能時，須先將游標移至比較的目標儲存格上，由於比較原則為每月償還總金額約為 $25,000，所以目標儲存格就是「每月償還總金額」，也就是 **E4** 儲存格。

02 按下「**資料→預測→模擬分析**」按鈕，於選單中點選**分析藍本管理員**，開啟「分析藍本管理員」對話方塊，按下**新增**按鈕。

03 於**分析藍本名稱**中輸入第一個貸款方案「**200 萬貸款 20 年**」，輸入好後將**變數儲存格**欄位中的儲存格位址刪除，再於工作表中，選取 **B3** 和 **D3** 儲存格(利用 **Ctrl** 鍵分別選取)，這兩個是可以變動的數值，選擇好後，按下**確定**按鈕。

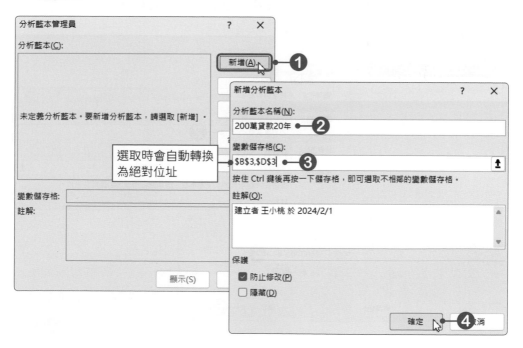

04 建立分析藍本後，就可以在「分析藍本變數值」對話方塊中，輸入該方案的變數值。在代表貸款金額的 **B3** 變數儲存格中，輸入「**2000000**」；在代表償還年限的 **D3** 變數儲存格中，輸入「**20**」，都輸入好後，按下**確定**按鈕。

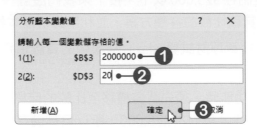

05 回到「分析藍本管理員」中，就可以看到剛剛新增的分析藍本「200萬貸款20年」，再按下**新增**按鈕，繼續增加下一個分析藍本。

06 輸入第2個分析藍本名稱**200萬貸款25年**，這裡的變數儲存格，會保留第一次設定的值 **B3** 以及 **D3**，所以不用再重新設定，只須按下**確定**按鈕即可。

07 設定第2個分析藍本的變數值，分別輸入「**2000000**」和「**25**」，輸入好後，按下**確定**按鈕，回到「分析藍本管理員」對話方塊中。

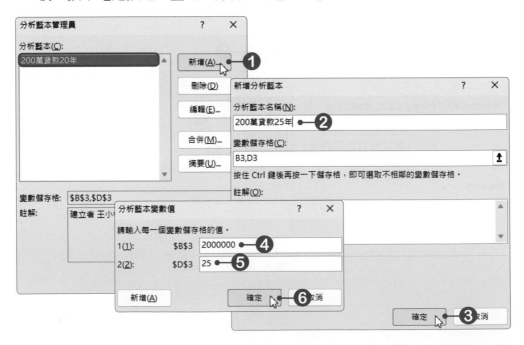

Example 12 投資理財試算

08 在「分析藍本管理員」對話方塊中，繼續增加第3個分析藍本及第4個分析藍本。第3個分析藍本名稱「**250萬貸款25年**」，分析藍本的變數值為「**2500000**」和「**25**」；第4個分析藍本名稱「**250萬貸款30年**」，分析藍本的變數值為「**2500000**」和「**30**」。

09 四個分析藍本都設定好後，若想要看「200萬貸款25年」所計算出來的每月償還金額時，只要在分析藍本選單中點選**200萬貸款25年**，再按下**顯示**按鈕，就可以在工作表上看到以這個條件計算的每月償還金額了。

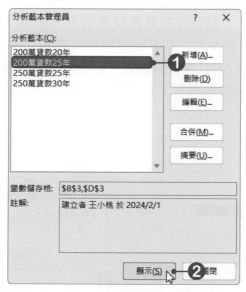

E4	✓ : × ✓ fx	=SUM(E2:E3)		
	A	B	C	D	E
1	購屋貸款	貸款金額	利率	償還年限	每月償還
2	政府首購貸款	$2,000,000	2.12%	20	$10,232
3	希望銀行房貸	$2,000,000	2.85%	25	$9,329
4	總計		-	-	$19,561

知識補充：編輯／刪除分析藍本

若想要修改已建立好的分析藍本，同樣按下「**資料→預測→模擬分析**」按鈕，於選單中點選**分析藍本管理員**，在「分析藍本管理員」對話方塊中，點選欲修改的分析藍本，再按下**編輯**按鈕。接著在「編輯分析藍本」以及「分析藍本變數值」對話方塊中，修改相關設定，再按下**確定**按鈕就可以了。

而刪除分析藍本，只須在「分析藍本管理員」對話方塊中，點選欲刪除的分析藍本，再按下**刪除**按鈕即可。

以分析藍本摘要建立報表

　　分析藍本不僅可以在畫面上檢視不同的變數結果，它還可以產生**摘要**。分析藍本的摘要是將所有分析藍本排成一個表格，產生一份容易閱讀的報表。接下來就將已設定好的四個分析藍本，利用**分析藍本摘要**製作成一份易於閱讀並比較的報表吧！

01 按下「**資料→預測→模擬分析**」按鈕，於選單中點選**分析藍本管理員**，開啟「分析藍本管理員」對話方塊，按下**摘要**按鈕。

02 在**報表類型**選項中，點選**分析藍本摘要**選項，設定「目標儲存格」，該儲存格就是當分析藍本設定的變數儲存格改變時，會受到影響而跟著改變的儲存格，通常 Excel 會自動尋找。現在它所搜尋到的儲存格位置為**E4**，正好是小桃所要考慮的「貸款總計金額」，所以直接按下**確定**按鈕就可以了。

03 回到工作表後，已自動建立一個**分析藍本摘要**的工作表標籤頁，工作表內容也就是所有分析藍本的摘要資料。

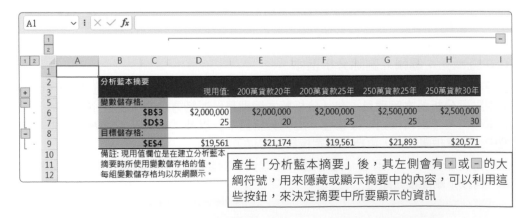

產生「分析藍本摘要」後，其左側會有 ➕ 或 ➖ 的大綱符號，用來隱藏或顯示摘要中的內容，可以利用這些按鈕，來決定摘要中所要顯示的資訊

Example 12 投資理財試算

12-6 用IPMT及PPMT函數計算利息與本金

將貸款方案使用藍本分析後，小桃決定要向希望銀行貸款250萬，並以25年來償還，雖然知道了每月要償還的金額，小桃還是希望能了解一下各期還款中有多少是本金，又有多少是利息。這時可以使用IPMT函數與PPMT函數，幫小桃分別計算出利息與本金。

說明	IPMT：用來計算當付款方式為定期、定額及固定利率時，某期的應付利息 PPMT：可以傳回每期付款金額及利率皆固定時，某期付款的本金金額
語法	IPMT(Rate,Per,Nper,Pv,[Fv],[Type]) PPMT(Rate,Per,Nper,Pv,[Fv],[Type])
引數	◆ **Rate**：各期的利率。 ◆ **Per**：介於1與Nper(付款的總期數)之間的期數。 ◆ **Nper**：年金的總付款期數。 ◆ **Pv**：未來各期年金現值的總和。 ◆ **Fv**：最後一次付款完成後，所能獲得的現金餘額。若省略不填，則預設值為0。 ◆ **Type**：為0或1的數值，用以界定各期金額的給付時點。若為0或省略未填，表示為「期末給付」；若為1，則表示為「期初給付」。

01 進入「投資理財試算.xlsx」檔案中的**利息與本金**工作表，選取**C5**儲存格，按下「**公式→函數庫→財務**」按鈕，於選單中點選**IPMT**函數，開啟「函數引數」對話方塊。

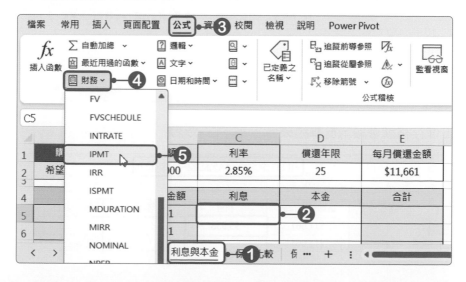

02 將滑鼠游標移至第1個引數 (Rate) 中，再於工作表中選取 **C2** 儲存格，而為了之後的複製工作不會出現問題，這裡請將 **C2** 儲存格改為 **$C$2** 絕對位址，而 C2 儲存格是以年息來計算，故要除以12換算成月息，請在 $C$2 後輸入「**/12**」。

03 接著設定期數，將滑鼠游標移至第2個引數 (Per) 中，再於工作表中選取 **A5** 儲存格，並將A欄設為 **$A** 絕對位址。

04 接著選擇償還年限，將滑鼠游標移至第3個引數 (Nper) 中，再於工作表中選取 **D2** 儲存格，並將該儲存格設為 **$D$2** 絕對位址，再於 $D$2 後輸入「***12**」。

05 接著選擇貸款金額，將滑鼠游標移至第4個引數 (Pv) 中，再於工作表中選取 **B2** 儲存格，將該儲存格設定為 **$B$2** 絕對位址，並加上「**-**」負號。

06 最後在第5個引數 (Fv) 中輸入「**0**」。

07 都設定好後，按下**確定**按鈕，完成利息的計算。

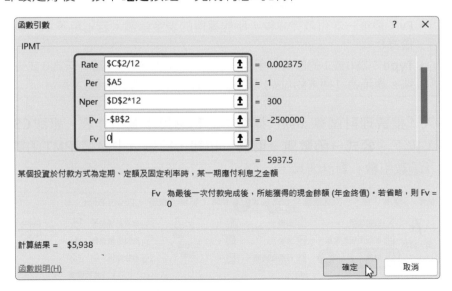

08 C5 儲存格就會顯示計算結果。

	A	B	C	D	E
4	期數	每期應繳金額	利息	本金	合計
5	1	$11,661	$5,938		
6	2	$11,661			

公式：`=IPMT($C$2/12,$A5,$D$2*12,-$B$2,0)`

Example 12 投資理財試算

利息計算出來後，接著計算本金。

01 選取 **D5** 儲存格，按下「**公式→函數庫→財務**」按鈕，於選單中點選 **PPMT**函數，開啟「函數引數」對話方塊。

02 這裡的 PPMT函數設定與 IPMT函數的設定相同，所以就不再多做操作上的說明，其設定如下：

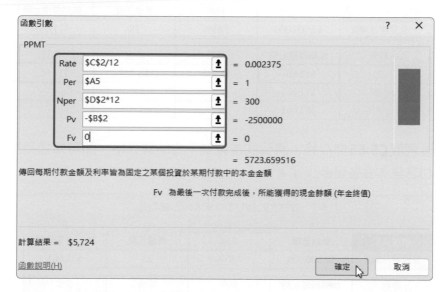

03 D5 儲存格就會顯示計算結果。

	A	B	C	D	E
1	購屋貸款	貸款金額	利率	償還年限	每月償還金額
2	希望銀行房貸	$2,500,000	2.85%	25	$11,661
4	期數	每期應繳金額	利息	本金	合計
5	1	$11,661	$5,938	$5,724	
6	2	$11,661			
7	3	$11,661			
8	4	$11,661			
9	5	$11,661			
10	6	$11,661			

D5 儲存格公式：`=PPMT($C$2/12,$A5,$D$2*12,-$B$2,0)`

04 利息與本金計算完成後，點選 **E5** 儲存格，按下「**公式→函數庫→自動加總**」按鈕，於選單中點選**加總**，選取 **C5:D5** 儲存格範圍，選擇好後，按下 **Enter** 鍵，即可算出該金額(利息＋本金)是否與「每期應繳金額」相同。

	A	B	C	D	E
				fx	=SUM(C5:D5)
1	購屋貸款	貸款金額	利率	償還年限	每月償還金額
2	希望銀行房貸	$2,500,000	2.85%	25	$11,661
3					
4	期數	每期應繳金額	利息	本金	合計
5	1	$11,661	$5,938	$5,724	$11,661
6	2	$11,661			
7	3	$11,661			

05 最後選取 **C5:E5** 儲存格，將公式複製到下方的儲存格，即可知道每期應繳的利息與本金各是多少了。

	A	B	C	D	E
C6				fx	=IPMT($C$2/12,$A6,$D$2*12,-$B$2,0)
1	購屋貸款	貸款金額	利率	償還年限	每月償還金額
2	希望銀行房貸	$2,500,000	2.85%	25	$11,661
3					
4	期數	每期應繳金額	利息	本金	合計
5	1	$11,661	$5,938	$5,724	$11,661
6	2	$11,661	$5,924	$5,737	$11,661
7	3	$11,661	$5,910	$5,751	$11,661
8	4	$11,661	$5,897	$5,765	$11,661
9	5	$11,661	$5,883	$5,778	$11,661
10	6	$11,661	$5,869	$5,792	$11,661
11	7	$11,661	$5,855	$5,806	$11,661
12	8	$11,661	$5,842	$5,819	$11,661
13	9	$11,661	$5,828	$5,833	$11,661

12-7 用RATE函數試算保險利率

在理財規劃上，「保險」也是很重要的一環。小桃想為自己添購一份儲蓄型保單，除了為自己增加一份儲蓄之外，也擁有一份壽險保障，在報稅的時候，更能享有保費節稅的好處。

Example 12 投資理財試算

在比較過幾家保險公司所推出的儲蓄型保單方案，小桃發現康康人壽、健健人壽以及長久人壽三家壽險公司各推出了10年領回$400,000、20年領回$1,500,000、12年領回$403,988等三種不同年期及金額的保單內容。但是光看這三種保單條件每期繳交的保費以及繳費年限，實在無法比較出哪一個方案才是最有利的。在這種情況下，就可以使用 **RATE** 函數，推算出每張保單的利率各為多少。

說明	用來計算固定年金每期的利率
語法	RATE(Nper,Pmt,Pv,[Fv],[Type],[Guess])
引數	◆ **Nper**：年金的總付款期數。 ◆ **Pmt**：各期所應給付(或所能取得)的固定金額。 ◆ **Pv**：未來各期年金現值的總和。 ◆ **Fv**：最後一次付款完成後，所能獲得的現金餘額。若省略不填，則預設值為0。 ◆ **Type**：為0或1的數值，用以界定各期金額的給付時點。若為0或省略未填，表示為「期末給付」；若為1，則表示為「期初給付」。 ◆ **Guess**：對利率的猜測數；若省略不填，則預設為10%。

01 進入「投資理財試算.xlsx」檔案中的**保險比較**工作表，在 B2、C2 及 D2 儲存格中，輸入每年應繳的金額，請分別輸入「**36173、64324、30769**」。

02 在 B3、C3 及 D3 儲存格中，輸入保單年限，請分別輸入「**10、20、12**」。

03 在 B4、C4 及 D4 儲存格中，輸入各保單到期可領回金額，請分別輸入「**400000、1500000、403988**」。

▲	A	B	C	D	E
1	儲蓄險	康康人壽	健健人壽	長久人壽	
2	每年應繳金額	$36,173	$64,324	$30,769	
3	期間	10	20	12	②
4	到期領回	$400,000	$1,500,000	$403,988	
5	利率				

< > ··· 利息與本金 | 保險比較 | 保❶ ··· + ⋮

04 這裡先計算「康康人壽」保單的保單利率。選取 **B5** 儲存格,按下「**公式 →函數庫→財務**」按鈕,於選單中點選 **RATE** 函數。

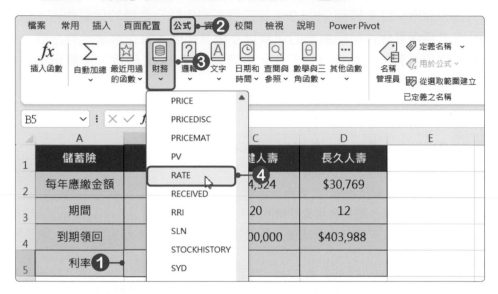

05 開啟「函數引數」對話方塊後,將滑鼠游標移至第 1 個引數 (Nper) 中,再 於工作表中選取 **B3** 儲存格。

Example 12 投資理財試算

06 接著設定每年應繳金額，將滑鼠游標移至第2個引數(Pmt)中，再於工作表中選取 **B2** 儲存格。

07 接著設定到期所能領回的金額，將滑鼠游標移至第4個引數(Fv)中，再於工作表中選取 **B4** 儲存格，這裡要注意，當設定「Fv」引數欄位時，到期領回的金額對於小桃而言，為「收回」支付的金額，所以必須在 **B4** 前再加上「-」負號。

08 最後在第5個引數(Type)中輸入「**1**」，都設定好後，按下**確定**按鈕，完成RATE函數的設定。

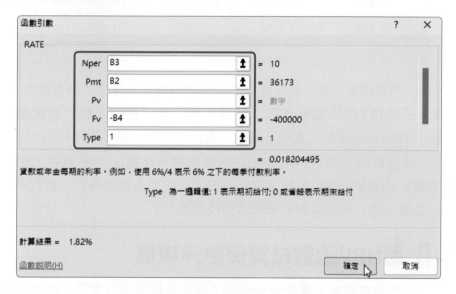

09 回到工作表後，就計算出「康康人壽」這份保單，其保單利率為1.82%。

儲蓄險	康康人壽	健健人壽	長久人壽
每年應繳金額	$36,173	$64,324	$30,769
期間	10	20	12
到期領回	$400,000	$1,500,000	$403,988
利率	1.82%		

B5 = `=RATE(B3,B2,,-B4,1)`

10 最後將 **B5** 儲存格的公式複製到 **C5** 與 **D5**，就可以計算出每張保單的保單
利率了。

儲蓄險	康康人壽	健健人壽	長久人壽
每年應繳金額	$36,173	$64,324	$30,769
期間	10	20	12
到期領回	$400,000	$1,500,000	$403,988
利率	1.82%	1.44%	1.38%

C5 儲存格公式：`=RATE(C3,C2,,-C4,1)`

　　保單的利率越高，表示該保單對於投保者越有利。在這三張保單中，「康
康人壽」的保單利率1.82%比起「健健人壽」及「長久人壽」的保單利率
1.44%、1.38%都來得高，表示「康康人壽」的保費方案是較有利的。

　　而且以目前的三年定存利率1.75%來估算，在這三張保單中，也只有
「康康人壽」的保單是優於目前定存利率的。小桃便可藉此得知，就利率計算
而言，「康康人壽」的保單內容是較值得投保的。

12-8 用NPV函數試算保險淨現值

　　為了因應顧客需求，壽險公司推出了各式各樣的保險產品，除了到期領
回的儲蓄險之外，小桃的保險服務員另外向小桃推薦了一種「一次付清年年
得利」保險產品，保期十年，只要第一年將十年的保費$168,880一次付清，
就可以在第二年開始，每一年都領回$20,000。

　　只要支付$168,880，就可以領回$180,000！乍聽之下，利率好像是很划
算，但可別急著馬上投保。因為貨幣可是會隨著物價波動的因素而相對增值
或貶值的喔！所以在投保之前一定要先考慮到物價指數，也就是貨幣的年度
折扣率。

　　假設目前行政院主計處所統計出來的物價年指數為2.71%，接下來就使
用NPV函數，幫小桃計算這份保單的保單現值，看看是否值得投保。

Example 12 投資理財試算

說明	是使用折扣率及未來各期支出(負值)和收入(正值)來計算某項投資的淨現值
語法	NPV(Rate,Value1,[Value2],...)
引數	◆ **Rate**：用以將未來各期現金流量折算成現值的利率。 ◆ **Value1**、**Value2**：未來各期現金流量。每一期的時間必須相同,且發生於每一期的期末。

01 進入「投資理財試算.xlsx」檔案中的**保險現值試算**工作表,在 **B2** 儲存格中輸入年度折扣率,也就是行政院主計處計算出來的物價指數 **2.71%**。

02 這裡先計算「保單現值」,請選取 **F2** 儲存格,按下「**公式→函數庫→財務**」按鈕,於選單中點選 **NPV** 函數,開啟「函數引數」對話方塊。

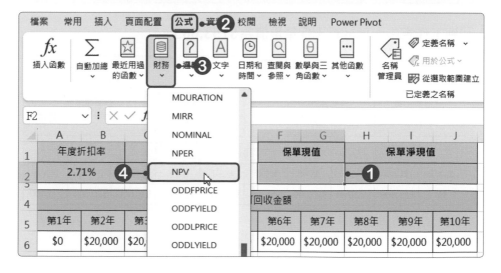

03 將滑鼠游標移至第 1 個引數 (Rate) 中,再於工作表中選取 **A2** 儲存格。

04 將滑鼠游標移至第 2 個引數 (Value1) 中,再於工作表中選取 **A6:J6** 儲存格。

05 都設定好後,按下**確定**按鈕。

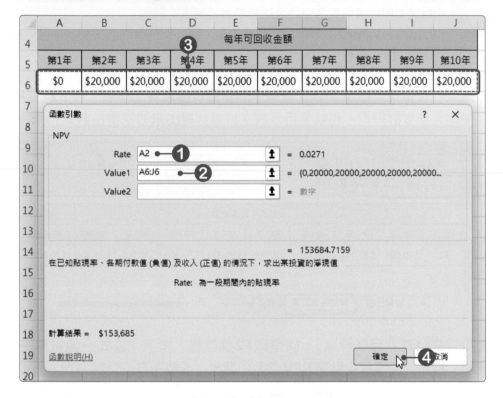

06 回到工作表中,就計算出保單現值為 **$153,685**。

Example 12 投資理財試算

07 接著要計算「保單淨現值」，請在 **H2** 儲存格中建立「**=F2-C2**」公式，建立好後，按下 **Enter** 鍵。

08 計算出「保單淨現值」為 **-$15,195**，表示在加入物價指數的計算之後，保單利率已經完全被過高的通貨膨脹率抵消了，所以這份保單對目前來說並不值得投資。

	A	B	C	D	E	F	G	H	I	J
1	年度折扣率		保單金額			保單現值		保單淨現值		
2	2.71%		$168,880			$153,685		($15,195)		
4	每年可回收金額									
5	第1年	第2年	第3年	第4年	第5年	第6年	第7年	第8年	第9年	第10年
6	$0	$20,000	$20,000	$20,000	$20,000	$20,000	$20,000	$20,000	$20,000	$20,000

H2 欄位公式： =F2-C2

12-9 用PV函數計算投資現值

某銀行推出了：「年利率為2%，現在預繳130,000元，就可在未來的10年內，每年領回14,000元」的儲蓄理財方案。此時，可以使用 **PV** 函數來評估此方案是否值得投資。

說明	可以傳回某項投資的年金現值，年金現值為未來各期年金現值的總和
語法	PV(Rate,Nper,Pmt,[Fv],[Type])
引數	◆ **Rate**：各期的利率。 ◆ **Nper**：年金總付款期數。 ◆ **Pmt**：各期所應給付 (或所能取得) 的固定金額。 ◆ **Fv**：最後一次付款完成後，所能獲得的現金餘額。 ◆ **Type**：為 0 或 1 的數值，用以界定各期金額的給付時點，若為 0 或省略不寫則表「期末」；1 表示「期初」。

▦ 知識補充：**NPV與PV函數**

NPV 與 PV 函數很類似，它們之間的主要差別有：

1. NPV 的現金流量皆固定發生在期末；而 PV 允許現金流量發生於期末或期初。

2. NPV 允許可變的現金流量值；而 PV 現金流量必須在整個投資期間中皆為固定的值。

01 進入「投資理財試算.xlsx」檔案中的**投資現值**工作表，選取 **D2** 儲存格，按下「**公式→函數庫→財務**」按鈕，於選單中點選 **PV** 函數，開啟「函數引數」對話方塊。

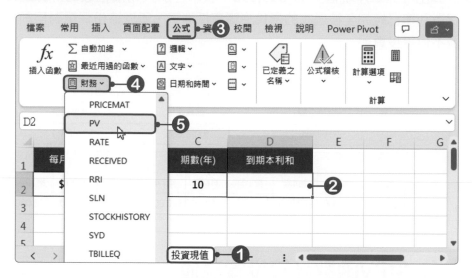

02 將滑鼠游標移至第1個引數 (Rate) 中，再於工作表中選取 **B2** 儲存格。

03 將滑鼠游標移至第2個引數 (Nper) 中，再於工作表中選取 **C2** 儲存格。

04 將滑鼠游標移至第3個引數 (Pmt) 中，再於工作表中選取 **A2** 儲存格。

05 都設定好後，按下**確定**按鈕。

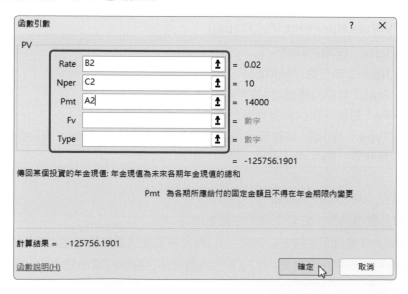

Example 12 投資理財試算

06 回到工作表中，就會計算出 **-125,756.19**，表示我們只要繳 125,756 元，即可享有此投資報酬率，並不用繳到 130,000 元。因此，此儲蓄理財方案並不值得投資。

D2				fx =PV(B2,C2,A2)
	A	B	C	D
1	每月存款	固定利率	期數(年)	到期本利和
2	$14,000	2.00%	10	-$125,756.19

12-10 用NPER函數進行退休規劃

小桃目前 30 歲，擁有一百萬的存款，一年可以存到三十萬元，而她投資的商品，平均年投資報酬率有 6%，她希望退休時可以擁有 2,000 萬，那麼她還要奮鬥多少年才可以退休呢？此時，可以使用 **NPER** 函數來評估。

說明	傳回投資的付款方式為週期、固定支出及固定利率時的期數
語法	NPER(Rate,Pmt,Pv,[Fv],[Type])
引數	◆ **Rate**：各期的利率。 ◆ **Pmt**：各期給付的金額，不得在年金期限內變更。 ◆ **Pv**：未來付款的現值或目前總額。 ◆ **Fv**：最後一次付款完成後，所能獲得的現金餘額，若省略，則假設其值為0。 ◆ **Type**：為0或1的數值，用以界定各期金額的給付時點，若為0或省略不寫則表「期末」；1表示「期初」。

01 進入「投資理財試算.xlsx」檔案中的**退休規劃**工作表，選取 **B3** 儲存格，按下「**公式→函數庫→財務**」按鈕，於選單中點選 NPER 函數，開啟「函數引數」對話方塊。

	A	B	C	D
1	存款	每年可存金額	投資報酬率	目標金額
2	$1,000,000	$300,000	6%	$20,000,000
3	幾年後可退休			

投資現值　**退休規劃**　+

02 將滑鼠游標移至第1個引數(Rate)中,再於工作表中選取 **C2** 儲存格,這是年報酬率。

03 將滑鼠游標移至第2個引數(Pmt)中,再於工作表中選取 **B2** 儲存格,並加上「**-**」負號,這是每年可存的金額。

04 將滑鼠游標移至第3個引數(Pv)中,再於工作表中選取 **A2** 儲存格,並加上「**-**」負號,這是原有的存款。

05 將滑鼠游標移至第4個引數(Fv)中,再於工作表中選取 **D2** 儲存格,這是要達到的目標金額。

06 都設定好後,按下**確定**按鈕。

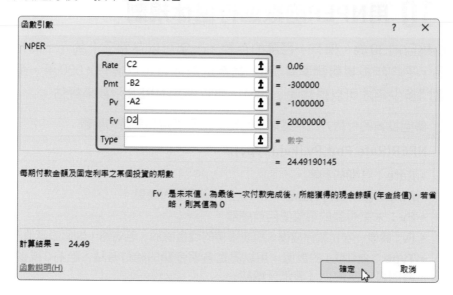

07 回到工作表中,就會計算出 **24.49** (該儲存格已設定為只顯示二位小數位數),表示小桃大約還要奮鬥二十四年多,也就是54歲左右才能退休。

Example 12 投資理財試算

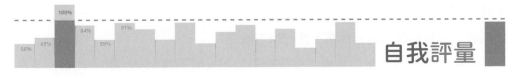

● 選擇題

( )1. 如果想要計算存款本利和，可以使用下列哪個函數？ (A) FV函數　(B) PMT函數　(C) RATE函數　(D) NPV函數。

( )2. 設定FV函數時，若欲設定金額為「期初給付」，Type引數值應填入？ (A) -1　(B) 0　(C) 1　(D) 2。

( )3. 下列哪一個功能，可以設定達成的目標，再根據目標往回推算某個變數的數值？ (A)目標搜尋　(B)資料分析　(C)分析藍本　(D)合併彙算。

( )4. 如果想要計算本息償還金額時，可以使用下列哪個函數？ (A) FV函數　(B) PMT函數　(C) RATE函數　(D) NPV函數。

( )5. 下列哪一個功能，可以在同一個儲存格範圍，儲存不同的變數數值，檢視不同的運算結果？ (A)目標搜尋　(B)資料分析　(C)分析藍本　(D)合併彙算。

( )6. 在「IPMT(Rate,Per,Nper,Pv,[Fv],[Type])」語法中，下列何者為各期的利率？ (A) Per　(B) Rate　(C) Nper　(D) Pv。

( )7. 下列哪一個函數，是使用折扣率及未來各期支出和收入來計算某項投資的淨現值？ (A) FV函數　(B) PMT函數　(C) RATE函數　(D) NPV函數。

( )8. 下列關於NPV函數與PV函數的描述，何者正確？ (A) 兩者皆為「財務」函數　(B) NPV允許現金流量發生於期末或期初；而PV的現金流量皆固定發生在期末　(C) PV允許可變的現金流量值　(D) NPV現金流量必須在整個投資期間中皆為固定的值。

( )9. 如果想要計算固定年金每期的利率，可以使用下列哪個函數？ (A) FV函數　(B) PMT函數　(C) RATE函數　(D) NPER函數。

( )10.若要傳回投資的付款方式為週期、固定支出及固定利率時的期數，可以使用下列哪個函數？ (A) FV函數　(B) PMT函數　(C) RATE函數　(D) NPER函數。

● 實作題

1. 開啟「投資判斷.xlsx」檔案，進行以下設定。

⊙ 手創公司投資了一項設備，該設備的初期投資額為 $800,000，而折扣率為 2.5%。

⊙ 在「現在實際價值」欄位中，請利用NPV函數求現在實際價值(指的是根據現在價值換算成各期投資中產生的效果(預計收入)中扣除初期投資所得到的資料。

⊙ 初年度的「現在實際價值」為「初期投資額」。

	A	B	C	D
1	初期投資額	$800,000		
2	折扣率	2.50%		
4		期數	預計收入	現在實際價值
5	初年度	0	$0	-$800,000
6	1年後	1	$120,000	-$682,927
7	2年後	2	$160,000	-$530,637
8	3年後	3	$180,000	-$363,489
9	4年後	4	$200,000	-$182,299
10	5年後	5	$220,000	$12,149

2. 開啟「貸款計算表.xlsx」檔案，進行以下設定。

⊙ 小桃買了一間房子，希望跟銀行貸款500萬元，利率為2.1%，每月有能力繳本息30,000元，請問她要多久才可以繳清貸款？

	A	B	C
1	每月本息	貸款金額	利率
2	$30,000	$5,000,000	2.10%
3	多久可以繳清貸款	197.22 個月	

Example 13

工作自動化－巨集

範例檔案

Example13→各區支出明細表.xlsx

Example13→成績表.xlsm

結果檔案

Example13→各區支出明細表.xlsm

Example13→各區支出明細表-巨集.xlsm

Example13→成績表-指定巨集.xlsm

使用 Excel 時，若經常使用某些相同的步驟，可以將這些相同的步驟錄製成一個巨集，而當要使用時，只要執行巨集即可完成此巨集所代表的動作。這章就來學習如何使用巨集吧！

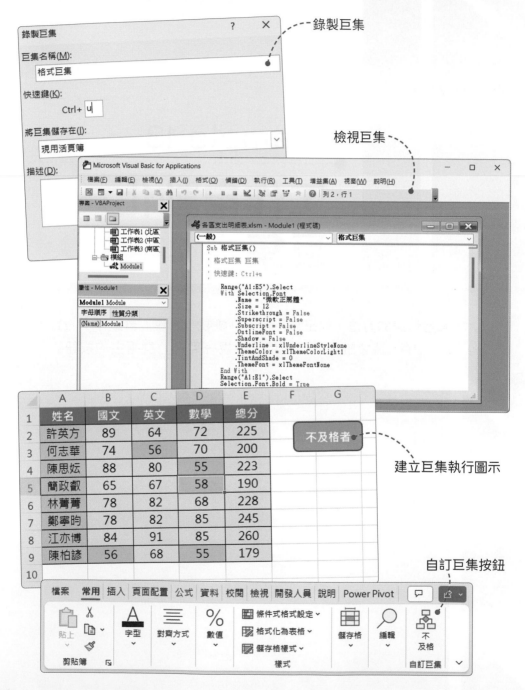

錄製巨集

檢視巨集

建立巨集執行圖示

自訂巨集按鈕

Example 13 工作自動化－巨集

13-1 認識巨集與VBA

「巨集」是將一連串Excel操作命令組合在一起的指令集，主要用於執行大量的重複性操作。

在使用Excel時，若經常操作某些相同的步驟時，可以將這些操作步驟錄製成一個巨集，只要執行巨集，即可自動完成此巨集所代表的動作，可大幅提升工作效率。

而VBA為Visual Basic for Application的縮寫，是一種專門用於開發Office應用軟體的VB程式，可直接控制應用軟體。而懂得編輯或撰寫VBA碼，可幫助使用者擴充Microsoft Office的基本功能。

Excel中的每個按鈕或指令都代表一段VBA程式碼，而我們在錄製巨集的過程，即是將所有操作步驟記錄成一長串VBA程式碼，因此，巨集與VBA具備密不可分的關係。

在Excel中可以利用以下兩種方法建立巨集：

使用內建的巨集功能

最簡單且快速的方法，就是直接按下「**檢視→巨集**」群組中的按鈕。在本章第13-2節中，將會說明如何利用「**檢視→巨集**」群組中的按鈕錄製巨集。

使用Visual Basic編輯器建立VBA碼

另一種較有彈性的作法，是開啟 Excel 中的 VBA 編輯視窗，直接編輯 VBA 程式碼，只要按下「**開發人員→程式碼→Visual Basic**」按鈕，即可開啟 VBA 編輯視窗。

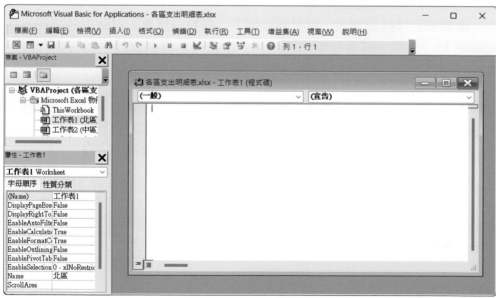

Example 13 工作自動化－巨集

　　由於本章中所使用到的巨集指令屬於基礎功能，因此未使用「**開發人員**」索引標籤。若欲使用更進階的巨集及VBA功能，則須另行開啟「**開發人員**」索引標籤，可執行更完整的相關指令操作。

　　在預設的情況下，**開發人員**索引標籤並不會顯示於視窗中，必須自行設定開啟。其設定方式如下：

01 在 Excel 中按下「**檔案→選項**」功能，開啟「Excel 選項」對話方塊，再點選其中的**自訂功能區**標籤，於自訂功能區中將**開發人員**勾選，勾選好後，按下**確定**按鈕。

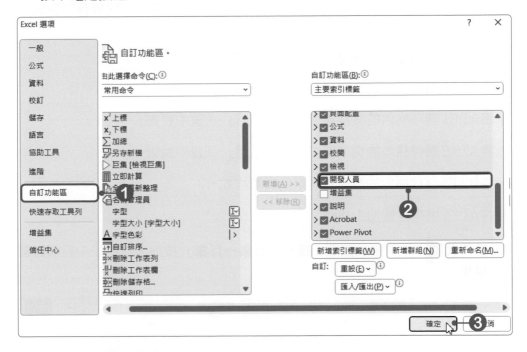

02 回到 Excel 操作視窗中，功能區中便多了一個「**開發人員**」索引標籤，在「**開發人員→程式碼**」群組中，提供了各種關於巨集的功能。

13-2 錄製新巨集

「錄製巨集」就像是使用錄影功能一樣，透過實際的操作將這些步驟直接完整記錄下來，再由 Excel 將其轉換為 VBA 程式，日後若須重複執行這些操作，只要執行該巨集，即可自動操作相同的步驟。

錄製巨集

請開啟**各區支出明細表 .xlsx** 檔案，在活頁簿中有三個工作表，三個工作表都要進行相同格式的設定，而我們只要將第一次格式設定的過程錄製成巨集，即可將設定好的格式直接套用至另外二個工作表中。

假設要為**北區**工作表進行以下的格式設定：

● 將 A1:E5 儲存格內的文字皆設定為「微軟正黑體」。

● 將 A1:E1 儲存格內的文字皆設定為「粗體」、「置中對齊」。

● 將 A2:A5 儲存格內的文字皆設定為「粗體」、「置中對齊」。

● 將 B2:E5 儲存格內的數字皆設定為貨幣格式。

● 將 A1:E5 儲存格皆加上格線。

01 進入**北區**工作表中，按下「**檢視→巨集→巨集**」按鈕，於選單中點選**錄製巨集**。

Example 13 工作自動化—巨集

02 開啟「錄製巨集」對話方塊，在**巨集名稱**欄位中設定一個名稱；若要為此巨集設定快速鍵時，請輸入要設定的按鍵；選擇要將巨集儲存在何處，都設定好後，按下**確定**按鈕。

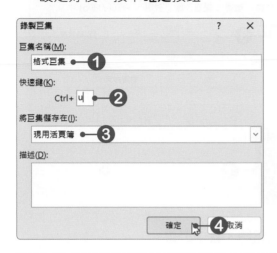

NOTE：為巨集指令命名時，須注意不可使用 !@#$%^& …等特殊符號，也不可使用空格。巨集名稱不可以數字開頭，須以英文或中文字開頭。

知識補充

在錄製巨集時，可以設定要將巨集儲存於何處，提供了**現用活頁簿**、**新的活頁簿**、**個人巨集活頁簿**等選項可供選擇，分別說明如下：

巨集儲存位置	說明
現用活頁簿	所錄製的巨集僅限於在現有的活頁簿中執行，為 Excel 預設值。
新的活頁簿	所錄製的巨集僅能使用在新開啟的活頁簿檔案中。
個人巨集活頁簿	所錄製的巨集會儲存在「Personal.xlsb」這個特殊的活頁簿檔案，它是一個儲存在電腦中的隱藏活頁簿，每當開啟 Excel 時，即會自動開啟，因此儲存在個人巨集活頁簿中的巨集可應用於所有活頁簿中。

03 回到工作表後，在狀態列上就會顯示目前正在錄製巨集。

1	週次	餐費	雜費	交通費	差旅費
2	第一週	6890	7570	6840	9760
3	第二週	7860	6580	7860	6420
4	第三週	6580	5890	6920	12380
5	第四週	9400	8850	7120	6890
6					
7					

< > | 北區 | 中區 | 南區 | + | ⋮

就緒 ☐ 協助工具：一切準備就緒

NOTE：在錄製巨集時若不小心操作錯誤，這些錯誤操作也會一併被錄製下來，所以建議在錄製巨集之前，最好先演練一下要錄製的操作過程，才能流暢地錄製出理想的巨集。

04 選取 **A1:E5** 儲存格，按下「**常用→字型→字型**」按鈕，將文字設定為**微軟正黑體**。

05 選取 **A1:E1** 儲存格，將文字設定為粗體、置中對齊。

06 選取 **A2:A5** 儲存格，將文字設定為粗體、置中對齊。

Example 13 工作自動化－巨集

07 選取 **B2:E5** 儲存格，按下「**常用→數值**」群組中的 對話方塊啟動器按鈕，開啟「設定儲存格格式」對話方塊。

08 點選**貨幣**類別，將小數位數設定為 0，設定好後，按下**確定**按鈕。

09 選取 **A1:E5** 儲存格,按下「**常用→字型→ 框線**」按鈕,於選單中點選 **所有框線**,被選取的儲存格就會加上框線。

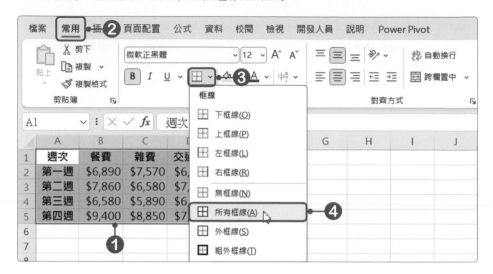

10 到這裡「北區」工作表的格式就都設定好了,最後再按下「**檢視→巨集→ 巨集**」按鈕,於選單中點選**停止錄製**按鈕,即可結束巨集的錄製。

11 完成錄製巨集的工作後,按下「**檔案→另存新檔**」按鈕,點選**瀏覽**,開 啟「另存新檔」對話方塊,按下**存檔類型**選單鈕,於選單中點選 **Excel 啟 用巨集的活頁簿 (*.xlsm)** 類型,選擇好後,按下**儲存**按鈕。

Example 13 工作自動化—巨集

開啟巨集檔案

因為 Office 文件檔案有可能被有心人士用來置入破壞性的巨集，以便散播病毒，若隨意開啟含有巨集的文件，可能會面臨潛在的安全性風險。因此在預設的情況下，Office 會先停用所有的巨集檔案，但會在開啟巨集檔案時出現安全性提醒，讓使用者可以自行決定是否啟用該檔案巨集。建議只有在確定巨集來源是可信任的情況下，才予以啟用。

按下**啟用內容**按鈕，即可允許啟用巨集

巨集安全性設定

在學習或使用Excel的VBA程式開發的過程中，會常常使用到巨集和VBA，因此有時須變更巨集安全性設定，以控制開啟活頁簿時要執行的巨集，以及執行巨集時的條件。Excel信任中心提供四種安全性選項，分別說明如下：

巨集安全性選項	安全性	說明
停用 VBA 巨集 (不事先通知)	高 ↑	是安全性最高的選項。會停用文件中的VBA巨集，只有儲存在指定信任資料夾中的巨集才能執行。
除了經數位簽章的巨集外，停用VBA巨集		開啟文件時，所有與文件相關或內嵌於文件的執行檔會自動停用，執行檔必須具備信任憑證簽章才能執行。
停用VBA巨集 (事先通知)		開啟含有巨集的文件時會顯示安全性通知，再依使用者指示選擇是否開啟（系統預設選項）。
啟用VBA巨集	↓ 低	允許執行所有VBA巨集。但此設定無法防範巨集病毒的攻擊，因此通常不建議使用。

01 按下「**開發人員→程式碼→巨集安全性**」按鈕，開啟「信任中心」對話方塊。

Example 13 工作自動化－巨集

02 點選左側的**巨集設定**類別，在巨集設定欄位中點選想要設定的安全性選項，設定好後，按下**確定**按鈕。

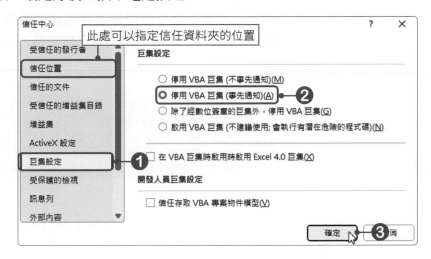

13-3 執行與檢視巨集

建立好巨集後，就可以開始使用巨集來提升工作效率囉！

執行巨集

錄製好巨集後，便可在「中區」及「南區」工作表中執行巨集，讓工作表內的資料快速套用我們設定的格式。

01 進入**中區**工作表中，按下「**檢視→巨集→巨集**」按鈕，於選單中點選**檢視巨集**，也可以直接按下 **Alt+F8** 快速鍵，開啟「巨集」對話方塊。

02 選取要使用的巨集名稱，再按下**執行**按鈕。

在巨集清單中，點選欲刪除的巨集，按下**刪除**按鈕，即可將該巨集刪除

NOTE：利用「巨集」對話方塊執行巨集時，可選擇**執行**或**逐步執行**兩種巨集執行方式。選擇**執行**，會將指定的巨集程序全部執行一遍；選擇**逐步執行**，則每次只會執行一行指令，通常用於巨集程序內容的除錯。

03 執行巨集後，**中區**工作表內的表格就會馬上套用我們剛剛所錄製的一連串格式設定。

04 若在錄製巨集時有設定快速鍵，那麼也可以使用快速鍵來執行巨集，例如：將格式巨集的快速鍵設定為 **Ctrl+u**，那麼進入**南區**工作表時，再按下 **Ctrl+u**，即可執行巨集。

檢視巨集

　　每個錄製好的巨集就是一段VBA程式碼，若要檢視程式碼時，按下「**檢視→巨集→巨集**」按鈕，於選單中點選**檢視巨集**；或是直接按下**Alt+F8**快速鍵，開啟「巨集」對話方塊，點選要檢視的巨集，再按下**編輯**按鈕，會開啟VBA編輯視窗，即可檢視該巨集的VBA程式碼。

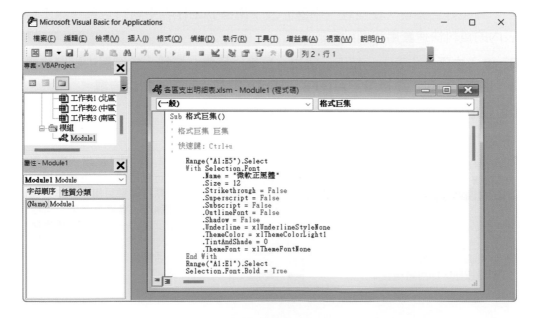

Example 13 工作自動化－巨集

13-4 設定巨集的啟動位置

在執行巨集時，除了在「巨集」對話方塊中或是按下快速鍵來執行巨集，也可以將巨集功能設定在更方便執行的自訂按鈕或功能區按鈕上。

建立巨集執行圖示

我們可以在工作表中自訂一個按鈕圖示，並利用「指定巨集」的功能，將已建立的巨集指定到這個圖案上，當按下圖案後，就會執行指定的巨集。

開啟**成績表 .xlsm** 檔案，這是一個已設定好巨集的檔案，接下來將在工作表中建立一個可執行巨集的按鈕。

01 按下「**插入→圖例→圖案**」按鈕，於選單中選擇一個圖案。

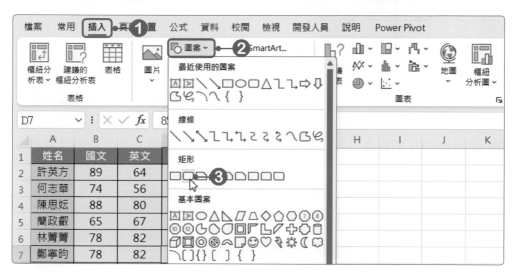

02 選擇好後，於工作表中拉出一個圖案，在圖案上按下**滑鼠右鍵**，於選單中點選**編輯文字**。

	姓名	國文	英文	數學	總分
1	姓名	國文	英文	數學	總分
2	許英方	89	64	72	225
3	何志華	74	56	70	200
4	陳思妏	88	80	55	223
5	簡政叡	65	67	58	190
6	林菁菁	78	82	68	228
7	鄭寧昀	78	82	85	245
8	江亦博	84	91	85	260
9	陳柏諺	56	68	55	179

搜尋此功能表

剪下(T)

複製(C)

貼上選項：

編輯文字(X)

編輯端點(E)

03 接著於圖案中輸入文字，文字輸入好後，即可設定文字格式，再於「**圖形格式→圖案樣式**」群組中，進行圖案樣式的設定。

04 圖案樣式都設定好後，在圖案上按下**滑鼠右鍵**，於選單中點選**指定巨集**，開啟「指定巨集」對話方塊。

05 選擇要指定的巨集名稱，選擇好後，按下**確定**按鈕，完成指定巨集的動作。

Example 13 工作自動化－巨集

06 指定巨集設定好後，選取 **B2:D9** 範圍，按下**不及格者**圖案，便會自動執行
   該圖案被指定的巨集。

	A	B	C	D	E	F	G
1	姓名	國文	英文	數學	總分		
2	許英方	89	64	72	225		不及格者
3	何志華	74	56	70	200		
4	陳思妏	88	80	55	223		
5	簡政叡	65	67	58	1 ①		
6	林菁菁	78	82	68	228		
7	鄭寧昀	78	82	85	245		
8	江亦博	84	91	85	260		
9	陳柏諺	56	68	55	179		
10							

	A	B	C	D	E	F	G
1	姓名	國文	英文	數學	總分		
2	許英方	89	64	72	225		不及格者
3	何志華	74	56	70	200		
4	陳思妏	88	80	55	223		
5	簡政叡	65	67	58	1		
6	林菁菁	78	82	68	228		
7	鄭寧昀	78	82	85	245		
8	江亦博	84	91	85	260		
9	陳柏諺	56	68	55	179		
10							

🕙 在功能區自訂巨集按鈕

我們可以將常用的巨集功能設定在功能區的索引標籤中，以便隨時執
行。接下來同樣開啟**成績表 .xlsm** 檔案，我們將為該活頁簿檔案中的「不及
格」巨集，在**常用**索引標籤中建立一個指令按鈕。

01 按下「**檔案→選項**」功能(或「**檔案→其他→選項**」)，開啟「Excel 選項」
   對話方塊。

02 在「Excel 選項」對話方塊中，點選左側的**自訂功能區**標籤頁。

03 在右側的**自訂功能區**清單中，點選**常用**項目，再按下**新增群組**按鈕，即可
   在**常用**索引標籤中新增一個群組。

04 點選**新增群組(自訂)**項目，按下**重新命名**按鈕，在開啟的「重新命名」對
   話方塊中，將該群組命名為**自訂巨集**，設定完成後，按下**確定**按鈕。

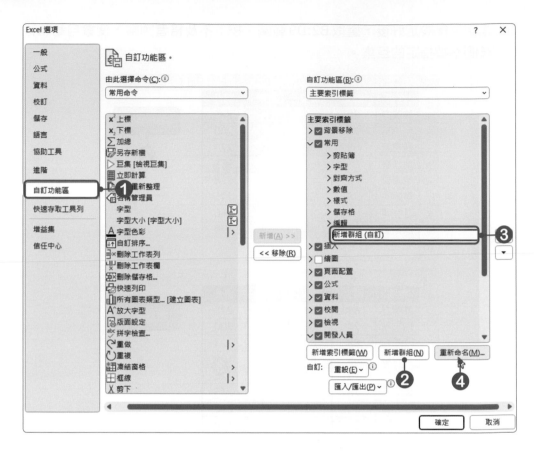

Example 13 工作自動化－巨集

05 回到「Excel 選項」對話方塊中，在左側的**由此選擇命令**清單中，選擇**巨集**項目，此時會列出可用的巨集清單。

06 點選其中的**不及格**巨集，按下**新增**按鈕，即可將「不及格」巨集功能加入到剛剛新增的「自訂巨集」群組中。

07 最後按下**確定**按鈕，完成設定。

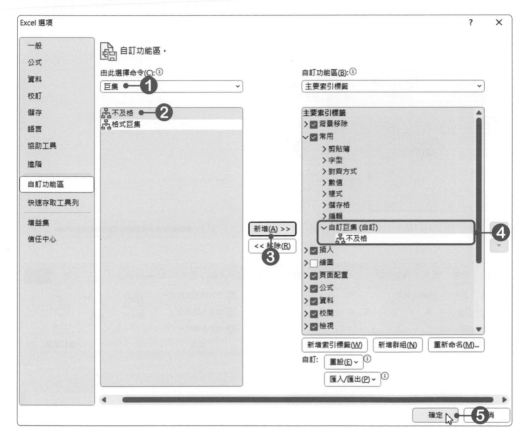

08 回到 Excel 操作視窗，就可以看到**常用**索引標籤中多了一個**自訂巨集**群組及**不及格**功能按鈕。

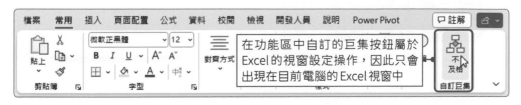

在功能區中自訂的巨集按鈕屬於 Excel 的視窗設定操作，因此只會出現在目前電腦的 Excel 視窗中

09 接著來試試該按鈕是否有作用，先選取 **B2:D9** 儲存格範圍，再按下「**常用 →自訂巨集→不及格**」按鈕，即可執行「不及格」巨集功能。

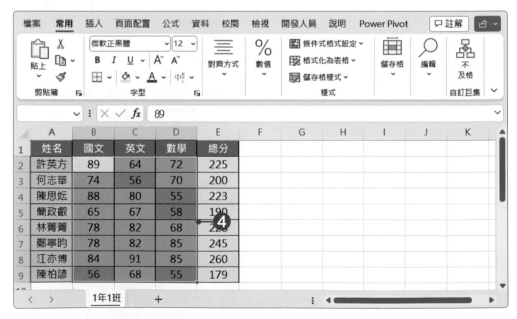

Example 13 工作自動化－巨集

將巨集按鈕加入快速存取工具列

　　若將巨集按鈕設定在功能區中，這個按鈕只會出現在該電腦的Excel環境中；若要將巨集按鈕隨著Excel檔案顯示，可以將它設定在**快速存取工具列**中。

01 進入「Excel選項」對話方塊中，點選左側的**快速存取工具列**類別標籤。

02 按下**由此選擇命令**選單鈕，選擇**巨集**項目；接著按下右側的**自訂快速存取工具列**選單鈕，選擇指定的Excel檔案。

03 接著在巨集清單中，選取想要加入至**快速存取工具列**的巨集，按下**新增**按鈕，此時在右側的**快速存取工具列**清單中，便可看到剛剛加入的「不及格」巨集。最後按下**確定**按鈕，完成設定。

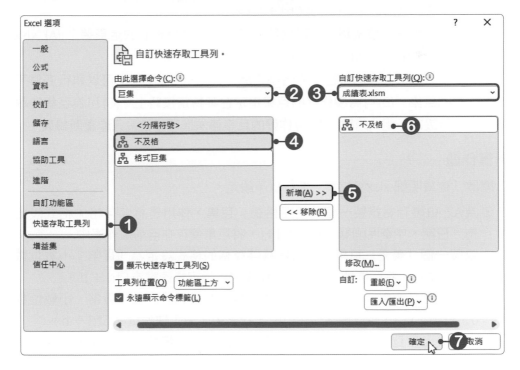

04 回到Excel視窗中，上方的**快速存取工具列**上就會新增一個巨集按鈕，將滑鼠游標移至按鈕上則會出現名稱標籤。

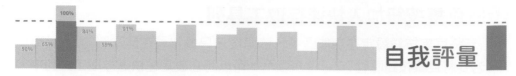

● 選擇題

( )1. 下列何項功能可將 Excel 的操作步驟記錄下來，以簡化工作流程？ (A) 運算列表 (B) 錄製巨集 (C) 選擇性貼上 (D) 自動填滿。

( )2. 將巨集錄製在下列何處，即可使該巨集應用在所有活頁簿？ (A) 現用活頁簿 (B) 新的活頁簿 (C) 個人巨集活頁簿 (D) 以上皆可。

( )3. 按下下列何者快速鍵，可開啟「巨集」對話方塊？ (A) Alt + F8 (B) Ctrl + F8 (C) Alt + F9 (D) Ctrl + F9。

( )4. 下列哪一種檔案格式，可以用來儲存包含「巨集」的活頁簿？ (A) .xlsx (B) .xlsm (C) .xltx (D) .xls。

( )5. 下列關於巨集的敘述，何者不正確？ (A) 一個工作表中可以執行多個不同巨集 (B) 可將製作好的巨集指定在某特定按鈕上 (C) 可為巨集的執行設定一組快速鍵 (D) 製作好的巨集無法進行修改，只能重新錄製。

● 實作題

1. 開啟「進貨明細.xlsx」檔案，進行以下設定。

⊙ 為 A2:A8 儲存格錄製一個「日期格式」巨集，作用是將儲存格的格式設定為「日期、中華民國曆、101/3/14」，將巨集儲存在目前工作表中。

⊙ 錄製一個「美元」巨集，作用是將儲存格的格式設定為「貨幣、小數位數 2、符號 $」，將巨集儲存在目前工作表中，設定快速鍵為 Ctrl + d。

⊙ 錄製一個「台幣」巨集，作用是將儲存格的格式設定為「貨幣、小數位數 0、符號 NT$」，將巨集儲存在目前工作表中，設定快速鍵為 Ctrl + n。

⊙ 將「美元」巨集指定在工作表上的「美元格式」按鈕；將「台幣」巨集指定在工作表上的「台幣格式」按鈕。

	A	B	C	D	E	F	G
1		項目	數量	單價(美元)	折合台幣		
2	115/4/5	麵粉	1000	$3.75	NT$112,500		美元格式
3	115/4/5	玉米	500	$12.80	NT$192,000		
4	115/4/6	綠豆	600	$4.90	NT$88,200		
5	115/4/8	薏仁	300	$10.20	NT$91,800		台幣格式
6	115/4/10	麵粉	300	$3.86	NT$34,740		
7	115/4/15	紅豆	500	$6.20	NT$93,000		
8	115/4/18	黑芝麻	200	$14.25	NT$85,500		

Example 14

簡化工作－
Excel VBA

● 範例檔案

Example14→計算售價.xlsx

Example14→票種查詢.xlsm

● 結果檔案

Example14→計算售價-OK.xlsm

Example14→票種查詢-OK.xlsm

雖然 Excel 提供了很多便利好用的功能，但有些進階使用者還是希望能夠透過更具彈性的開發程式，來將一些繁瑣的常用作業或是個別的特殊功能，實現在原有的使用者介面中。這章就來學習如何使用 VBA 吧！

結構化程式設計

```
1    Sub NewSampleDoc()                    '建立新的文件
2        Dim docNew As Document
3        Set docNew = Documents.Add
4        With docNew
5            .Content.Font.Name = "Tahoma"
6            .SaveAs FileName:="Sample.doc"
7        End With
8    End Sub
```

撰寫 VBA 程式語言

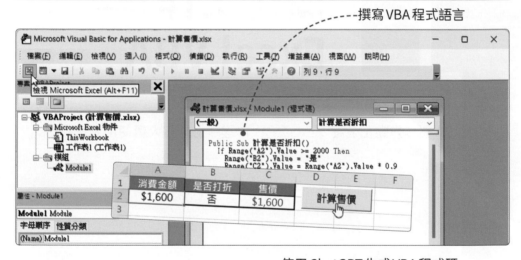

使用 ChatGPT 生成 VBA 程式碼

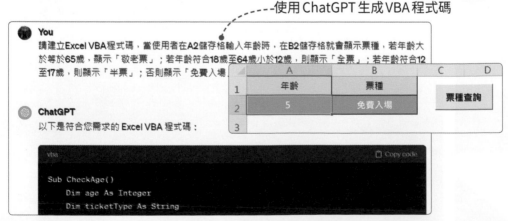

Example 14 簡化工作－Excel VBA

14-1 VBA基本介紹

Office系列應用程式(如：Word、Excel、PowerPoint、Access、Outlook…等軟體)中所具備的Visual Basic for Applications (VBA)是專門用來擴充應用程式能力的程式語言。

自1994年發行的Excel 5.0版本中，即開始支援VBA程式開發功能，讓Excel除了原有內建的功能之外，還能按照使用者的不同需求，擴充更多功能，以提升工作效率。一般而言，VBA具備以下的功能與優點：

● **內建免費VBA編輯器與函式庫**：Office系列軟體已內建VBA編輯環境與函式庫，使用者毋須另行安裝或購買，就能自己編寫開發程式功能。

● **語法簡單，容易上手**：VBA的語法與Visual Basic類似，屬於容易理解與閱讀的程式語言，初學者甚至可透過錄製巨集，或簡單編輯修改既有的巨集，來達成原本Excel無法辦到的功能。

● **利用VBA製作自動化流程**：Excel的操作程序上若有大量使用到重複性的操作，便可以利用VBA應用程式將這些操作編寫成自動化操作，只要按下一個指令按鈕，即可快速完成一模一樣的作業程序，大幅提升工作效率。

● **減少人為錯誤**：因為將一連串的操作步驟都轉換為固定的程式碼，因此可避免重複性操作所導致的人為錯誤。

● **滿足特殊功能或操作需求**：使用者可能有一些個別的功能需求，當原有套裝軟體的功能不敷使用時，可透過VBA，在既有的軟體功能上開發更符合自己需要的功能。此外，透過VBA可操控應用軟體與其他軟硬體資源(如：Word、PowerPoint、印表機……)的共同作業，自動達成抓取資料、數據更新等作業。

開啟「開發人員」索引標籤

要使用巨集功能，或是撰寫VBA程式碼編輯巨集時，可以利用「**開發人員→程式碼**」群組中的各項相關指令按鈕。在預設的情況下，「開發人員」索引標籤並不會顯示於視窗中，必須自行設定開啟，開啟方式請參考13-1節。

在「**開發人員→程式碼**」群組中提供了各種關於巨集的功能。

按下 **Visual Basic** 按鈕,可開啟
Visual Basic 編輯器來編輯巨集

Visual Basic編輯器

在 Excel 中用來開發 VBA 程式碼的工具程式,稱之為 **Visual Basic 編輯器**。這套開發軟體內建在 Office 系列產品中,其主要目的是用來幫助用戶開發更進階的應用程式功能,所以只能在 Office 系列產品中使用,並不能單獨使用。

若是已啟動「開發人員」索引標籤,只要按下「**開發人員→程式碼→Visual Basic**」按鈕;或是直接按下 **Alt+F11** 快速鍵,即可開啟 Visual Basic 編輯器,看到如下圖所示的開發環境。

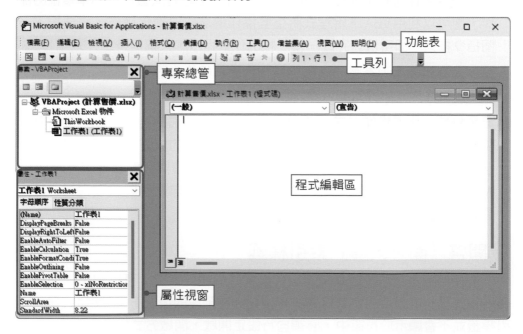

Example 14 簡化工作－Excel VBA

⊞知識補充

一般而言，Excel視窗與Visual Basic編輯器視窗會重疊同時存在，此時可利用鍵盤上的**Alt+F11**快速鍵來切換兩個視窗。

除了上述方法之外，也可以按下「**開發人員→程式碼→巨集**」按鈕，在開啟的「巨集」對話方塊中，先建立一個巨集名稱，再點選**建立**按鈕，即可進入Visual Basic編輯器視窗。

專案總管視窗

「專案總管」的作用是用來管理Excel應用程式中的所有專案。而每個開啟的活頁簿檔案皆視為一個專案，活頁簿中的工作表、模組、表單等物件，都會以階層顯示在專案總管視窗中。

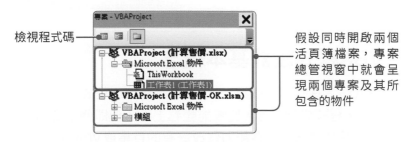

屬性視窗

不同的物件有各自不同的屬性設定，而屬性視窗即是用來設定與物件相關的屬性。例如：表單物件的標題列名稱、表單背景色、表單前景圖片、字型、字體大小等屬性。

程式碼視窗

程式碼視窗就是用來撰寫及編輯 VBA 程式碼的地方。

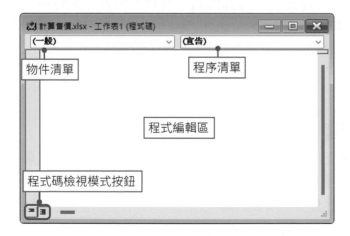

14-2 VBA程式設計基本概念

VBA 的程式語言基礎和 VB 相似，在實際撰寫 VBA 程式碼之前，若具備基礎的 Visual Basic 程式設計概念，比較能輕鬆上手。但即使不會編寫程式，只要看得懂基本的程式語法，也有能力修改既有的巨集或 VBA 程式碼。

Example 14 簡化工作－Excel VBA

🕐 物件導向程式設計

VBA是一種物件導向程式語言，是以**物件**(Object)觀念來設計程式。現實世界中所看到的各種實體，像樹木、建築物、汽車、人，都是物件。物件導向程式設計是將問題拆解成若干個物件，藉由組合物件、建立物件之間的互動關係，來解決問題。

物件與類別

類別(Class)可說是物件的「藍圖」，物件則是類別的一個「實體」，類別定義了基本的特性和操作，可以建立不同的物件。

舉例來說，「陸上交通工具」類別定義了「搭載人數」、「動力方式」、「駕駛操作」等特性，以這個類別建立出不同的物件，例如：機車、汽車、火車、捷運等，這些物件都具備陸上交通工具類別的基本特性和操作，但不同物件之間仍各有差異。

屬性與方法

屬性(Attribute)是物件的特性，例如：狗有毛色、叫聲、體重等屬性；**方法**(Method)則是物件具有的行為或操作，例如：狗有叫、跳、睡覺等方法。當一個物件收到來自其他物件的訊息，會執行某個方法來回應。藉由這樣物件之間的互動，可以架構出一個完整的程式。

🕐 物件表示法

每個物件都有其相關特性。在VBA語法中，是以「.」來設定物件的屬性，其表示方法為**「物件名稱.屬性名稱」**。如下列語法，表示「第10列第10欄儲存格(物件)中的**值**(屬性)」。

$$\underline{\text{Cells(10, 10)}}.\underline{\text{Value}}$$

物件　　　　　　　　　　　　　　屬性

物件的方法是指對該物件欲進行的操作。在VBA語法中，同樣是以「.」來指定該物件的方法，其表示方法為**「物件名稱.方法名稱」**。如下列語法，表示「將**A1:E5儲存格**(物件)**選取**(方法)起來」。

Range("A1:E5").Select

物件   方法

儲存格常用物件：Ranges、Cells

VBA中提供了 Ranges 與 Cells 兩種物件來表示儲存格，分別說明如下。

Ranges物件

Range(Arg) 物件可用來表示 Excel 工作表中的單一儲存格或儲存格範圍，其中的 **Arg** 參數用來指定儲存格所在。

語法	Range(Arg)
說明	◆ **Arg**：指定儲存格所在位置或範圍。

Range("A10") ◀━ 意指「A10儲存格」

Range("A1:E5") ◀━ 意指「A1:E5儲存格範圍」

Cells物件

Cells(Row, Column) 物件可用來表示單一儲存格，其中的 **Row** 參數是指列索引，**Column** 參數則為欄索引。

語法	Cells(Row, Column)
說明	◆ **Row**：列索引。 ◆ **Column**：欄索引。

Cells(6, 1) ◀━ 意指「第6列第1欄儲存格」

Cells(2, "A") ◀━ 意指「第2列A欄儲存格」

Example 14 簡化工作－Excel VBA

常數與變數

在設計程式時，有時候會一直重複使用到某個數值或字串，例如：計算圓形的周長和面積時，都會用到π。π的值固定是3.14159265358979，不會改變，但如果每次計算都一一輸入"3.14159265358979"，不僅不方便，而且容易出錯。因此，當資料的內容在執行過程中固定不變時，我們會給它一個名稱，將它設為**常數**(Constants)。常數是用來儲存一個固定的值，在執行的過程中，它的內容不會改變。在程式中使用常數，比較容易識別和閱讀。

而**變數**(Variables)可以在執行程式的過程中，暫時用來儲存資料，它的內容隨時都可以更改。變數是記憶體中的一個位置，用來暫時存放資料，裡面的資料可以隨時取出、放入新的資料。

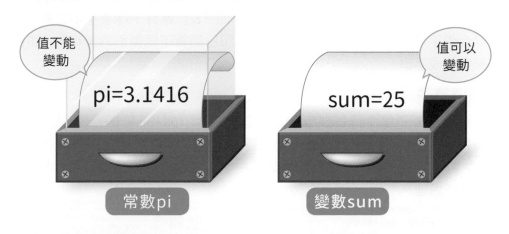

運算式與運算子

運算式(Expression)是由常數、變數資料和運算子組合而成的一個式子，而「=」、「+」、「*」這些符號是**運算子**(Operator)，被運算的對象則叫做**運算元**(Operand)。運算子可分為算術、串接、邏輯、關係及指定等類，分別說明如下。

算術運算子

算術運算式的概念跟數學差不多，可以計算、產生數值。最基本的就是四則運算，利用「+」、「-」、「*」、「/」運算子，進行加、減、乘、除的計算。也可以使用「(」、「)」小括弧，優先計算括弧內的內容。

運算子	說明	範例
^	進行乘冪計算 (次方)。	3^4，結果為81
\	進行整數除法。計算時會將數值先四捨五入，相除後取商數的整數部分為計算結果。	6.7 \ 3.4，結果為2
Mod	計算餘數。結果可使用小數表示。	17.9 Mod 4.8，結果為3.5

串接運算子

在VB中，可使用「**+**」與「**&**」運算子來進行字串的合併串接。「**+**」運算子除了可以作為加法運算子相加數值資料外，若運算子前後都是字串資料，例如：「"Happy" + "Birthday"」則會將「Happy」和「Birthday」字串，合併為新的字串「HappyBirthday」。而「**&**」運算子除了字串之外，還可以合併字串和數值、數值和數值、字串和日期等不同型別的資料，合併結果都會轉成字串。

邏輯運算子

邏輯運算子是進行布林值True (真)和False (假)的運算，在數值中，0代表False (假)，非0值為True (真)。邏輯運算子處理時的優先次序，依序是**Not＞And＞Or＞Xor**，在邏輯運算式中也可以使用括弧，括弧內的內容會優先進行處理。

運算子	功能	範例	說明
Not	非	Not A	會產生相反的結果，如果原本的值為真，則結果為假。
And	且	A And B	當A、B都為真時，結果才是真，其餘都是假。
Or	或	A Or B	只要A和B其中有一個是真的，結果就為真。
Xor	互斥或	A Xor B	當A和B不同時，結果就為真。

關係運算子

關係運算子可以比較兩筆資料之間的關係，包括數值、日期時間和字串，使用的運算子包括「=」、「<」、「>」、「<=」、「>=」、「<>」，當比較的結果成立，會傳回True (真)；當比較結果不成立，會傳回False (假)。

Example 14 簡化工作－Excel VBA

指定運算

指定運算就是運用「＝」符號來設定某一項變數的內容，但是其敘述方式與我們熟悉的運算方式正好相反。例如：數學的運算式「1+2=3」中，等號左邊是運算式，等號右邊則是運算結果。但在VBA指定運算中，則必須將等號右邊的運算結果「指」給左邊的變數。例如：在程式設計中，「A=5」表示將常數5指定給變數A，也就是將5存入變數A，可以唸成「將5給A」；而「A=B+C」，則表示「將B和C的相加結果給A」。

```
1  Worksheets(1).Cells(1, 1).Value = 24
2  Worksheets(1).Range("B3").Value = Worksheets(1).Range("A1").Value
```

以上面的程式碼為例來說明，第1行程式碼表示「將工作表1中的第1列第1欄(即A1)儲存格的值設定為24」；第2行程式碼則表示「將工作表1中的A1儲存格的值指定給B3儲存格」。

VBA程式基本架構

VBA程序是由**Sub**開始至**End Sub**敘述之間的程式區塊，其間由許多陳述式集合而成。在執行時，會逐行向下執行Sub與End Sub敘述之間的陳述式。若在程式中有需使用到的變數名稱，則可在程式開頭進行明確的變數宣告。

```
Sub 函數或程式名稱(參數)  ◄── 程式起始
    宣告1
    宣告2
    ⋮
    陳述式1
    陳述式2
    ⋮
End Sub  ◄── 程式結束
```

VBA的陳述式

VBA的陳述式可以用來執行一個動作，依其功能大致可分為宣告、指定、可執行、條件控制等四種陳述式，分別說明如下：

● **宣告陳述式**：用來宣告變數、常數或程序，同時也可指定其資料型態。

```
Const limit As Integer = 20     ← 宣告常數
Dim name As String
Dim myrange As Range            ← 宣告常數
```

● **指定陳述式**：以「=」來指定一個值或運算式給變數或常數。

```
im name As String
name = InputBox("What is your name?")     將輸入方塊的傳回值
MsgBox "Your name is " & name             指定給 name 變數
```

● **可執行陳述式**：用來執行一個動作、方法或函數，通常包含數學或設定格式化條件的運算子。

```
Worksheets("通訊錄").Activate     啟動「通訊錄」工作表
Range("A1:D1").Select            選取 A1:D1 儲存格範圍
```

● **條件控制陳述式**：條件控制陳述式可以運用條件來控制程序的流程，以便執行具選擇性和重複的動作。

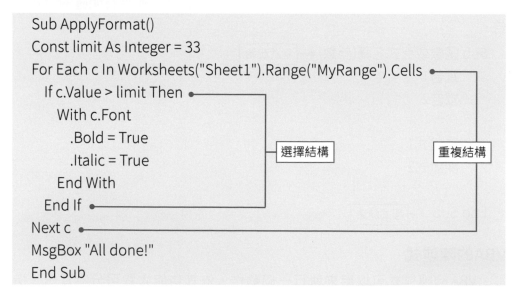

```
Sub ApplyFormat()
Const limit As Integer = 33
For Each c In Worksheets("Sheet1").Range("MyRange").Cells
    If c.Value > limit Then
        With c.Font
            .Bold = True
            .Italic = True
        End With
    End If
Next c
MsgBox "All done!"
End Sub
```

選擇結構

重複結構

Example 14 簡化工作－Excel VBA

14-3 結構化程式設計

結構化程式設計是只用**循序結構、選擇結構、重複結構**等三種控制結構來撰寫程式，可以設計出效率較佳的程式。接下來我們將一一介紹VBA在使用控制流程時常用的敘述語法。

循序結構

循序結構是由上到下，逐行執行每一行敘述，也是程式執行最常見的結構。

```
1 Sub NewSampleDoc()                          '建立新的文件
2     Dim docNew As Document
3     Set docNew = Documents.Add
4     With docNew
5         .Content.Font.Name="Tahoma"
6         .SaveAs FileName:="Sample.doc"
7     End With
8 End Sub
```

選擇結構

選擇結構是根據是否滿足某條件式，來決定不同的執行路徑。又可以分為**單一選擇結構、雙重選擇結構、多重選擇結構**等三種。

單一選擇結構

```
If 條件式 Then
    敘述區塊
End If
```

```
1 If docFound = False Then
2     Documents.Open FileName:="Sample.doc"
3 End If
```

雙重選擇結構

```
If 條件式 Then
    敘述區塊
Else
    敘述區塊
End If
```

```
1 If Documents.Count >= 1 Then
2     MsgBox ActiveDocument.Name
3 Else
4     MsgBox "No documents are open"
5 End If
```

多重選擇結構

格式一	If 條件式 Then
	　　敘述區塊
	ElseIf 條件式 Then
	　　敘述區塊
	Else
	　　敘述區塊
	End If
		格式二	Select Case 條件變數
			　Case 條件值1
			　　敘述區塊
			　Case 條件值2
			　　敘述區塊
			　　　⋮
			　Case 條件值N
			　　敘述區塊
			End Select

```
1 If LRegion ="N" Then
2   LRegionName = "North"
3 ElseIf LRegion = "S" Then
4   LRegionName = "South"
5 ElseIf LRegion = "E" Then
6   LRegionName = "East"
7 Else
8   LRegionName = "West"
9 End If
```

Example 14 簡化工作－Excel VBA

```
1 Select Case objType.Range.Text
2 Case "Financial"
3     objCC.BuildingBlockType = wdTypeCustom1
4     objCC.BuildingBlockCategory = "Financial Disclaimers"
5 Case "Marketing"
6     objCC.BuildingBlockType = wdTypeCustom1
7     objCC.BuildingBlockCategory = "Marketing Disclaimers"
8 End Select
```

重複結構

　　重複結構是指在程式中建立一個可重複執行的敘述區段，這樣的敘述區段又稱為**迴圈**(Loop)。而迴圈又區分為**計數迴圈**與**條件式迴圈**兩類。

● **計數迴圈：** 是指程式在可確定的次數內，重複執行某段敘述式，在VBA語法中可使用**For...Next**敘述來撰寫程式。

```
For 計數變數 = 起始值 To 終止值
    敘述區塊
Next 計數變數
```

```
1 For Each doc In Documents
2     doc.Close SaveChanges:=wdPromptToSaveChanges
3 Next
```

● **條件式迴圈：** 當無法確定重複執行的次數時，就必須使用條件式迴圈，不斷測試條件式是否獲得滿足，來判斷是否重複執行。

```
Do While 條件式
    敘述區塊
Loop
```

```
1 Do While a <= 10         '計算1加到10的總和
2     sum = sum + a
3     a = a + 1
4 Loop
```

14-4 撰寫第一個VBA程式

在錄製巨集時，Excel會自動產生一個模組來存放巨集對應的程式碼；在撰寫一個新的VBA程式之前，也須插入一個模組。**模組**(Module)就是撰寫VBA程式碼的場所，也是執行程式碼的地方。

01 開啟**計算售價.xlsx**檔案，按下「**開發人員→程式碼→Visual Basic**」按鈕；或是直接按下**Alt+F11**快速鍵，開啟Visual Basic編輯器。

02 按下功能表上的「**插入→模組**」功能，在專案總管視窗中就會新增一個預設名稱為Module1的模組，並開啟屬於該模組的空白編輯視窗。

03 按下功能表上的「**插入→程序**」功能，開啟「新增程序」對話方塊。

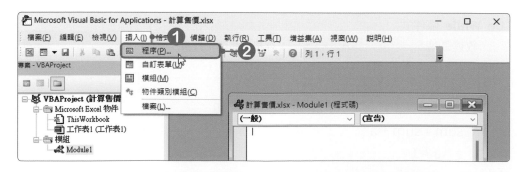

Example 14 簡化工作－Excel VBA

04 在「新增程序」對話方塊中,輸入欲建立的程序名稱,設定程序型態為 Sub、有效範圍為 Public,設定好後,按下**確定**按鈕。

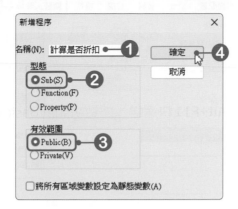

05 接著就可以在 Sub 開始至 End Sub 敘述之間輸入程式碼。

06 程式碼撰寫完成後,點選一般工具列上的 🔀 **檢視 Microsoft Excel** 按鈕; 或是直接按下 **Alt+F11** 快速鍵,回到 Excel 視窗中。

07 按下「**開發人員→控制項→插入**」按鈕，於選單中選擇 ▭ **按鈕**圖示。

NOTE：除了可以使用「**插入→圖例→圖案**」指令來製作執行按鈕外(詳細操作參閱本書第13-4節)，也可以使用「**開發人員→控制項→插入**」指令，在工作表中插入表單控制項。

08 選擇好後，於工作表空白處拉出一個按鈕大小的區塊，當放開**滑鼠左鍵**時，會自動開啟「指定巨集」對話方塊。

09 選擇要指定的巨集名稱，選擇好後，按下**確定**按鈕，即可完成指定巨集的動作。

Example 14 簡化工作－Excel VBA

10 在按鈕上按下**滑鼠右鍵**，於選單中點選**編輯文字**。

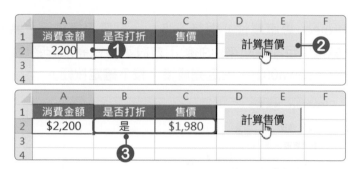

11 於按鈕中輸入要顯示的文字，輸入好後，在工作表空白處按下**滑鼠左鍵**，即可完成輸入。

12 在A2儲存格中輸入某客戶的消費金額「2200」，輸入金額後，按下剛剛設定好的「**計算售價**」巨集按鈕，即可執行巨集。以本客戶來說，因為消費金額超過$2000，所以B2儲存格會自動顯示「是」，且C2儲存格會計算售價為消費金額的9折。

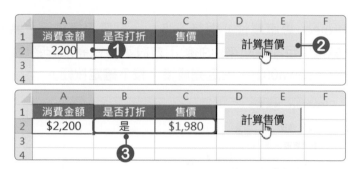

13 在A2儲存格中重新輸入另一客戶的消費金額「1600」，輸入金額後，按下「**計算售價**」巨集按鈕。以本客戶來說，因為消費金額未超過$2000，未達折扣標準，因此B2儲存格會自動顯示「否」，而C2儲存格則會與消費金額相同，不會打折。

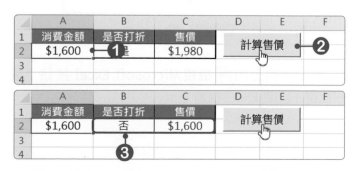

14 確認 VBA 檔案的執行無誤後，在儲存檔案之前，要先設定 VBA 專案的保護，才能避免程式被任意更動。按下「**開發人員→程式碼→Visual Basic**」按鈕；或是直接按下 **Alt+F11** 快速鍵，開啟 Visual Basic 編輯器。

15 按下功能表上的「**工具→VBAProject 屬性**」功能，開啟「VBAProject-專案屬性」對話方塊。

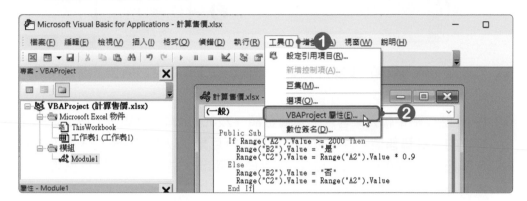

16 在「VBAProject-專案屬性」對話方塊中，點選**保護**標籤，將其中的**鎖定專案以供檢視**項目勾選起來，並於下方設定檢視專案的密碼 (在我們的範例檔案中設為 chwa001)，設定完成後，按下**確定**按鈕。

17 最後點選一般工具列上的 ☑ **檢視 Microsoft Excel** 按鈕；或是直接按下 **Alt+F11** 快速鍵，回到 Excel 視窗中。

Example 14 簡化工作—Excel VBA

18 完成巨集程式的撰寫與保護設定後,按下「**檔案→另存新檔**」按鈕,點選**瀏覽**,開啟「另存新檔」對話方塊,按下**存檔類型**選單鈕,於選單中選擇 **Excel啟用巨集的活頁簿(*.xlsm)**類型,選擇好後,按下**儲存**按鈕。

19 設定專案保護功能之後,日後若欲開啟Visual Basic編輯器來檢視或編輯 VBA程式碼,就會出現「VBAProject密碼」對話方塊,須在此輸入正確密碼才能開啟專案內容。

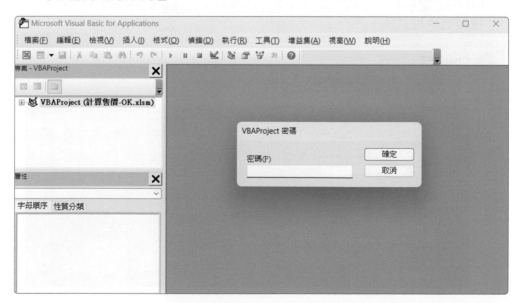

14-5 使用ChatGPT生成VBA語法

對於不熟悉程式設計的人來說，撰寫VBA程式碼可能是一個具有挑戰性的任務。但隨著人工智慧技術的不斷進步，我們可以利用先進的自然語言處理模型，如OpenAI的ChatGPT，來幫助我們生成VBA程式碼。透過ChatGPT，即使是沒有程式設計經驗的使用者，也可以輕鬆地寫出功能強大的VBA語法，從而節省時間和精力。

在**票種查詢**範例中，要使用ChatGPT幫我們生成票種程式碼，當使用者在A2儲存格輸入年齡時，在B2儲存格就會顯示票種，若年齡大於等於65歲，顯示「敬老票」；若年齡符合18歲至64歲，則顯示「全票」；若年齡符合12至17歲，則顯示「半票」；否則顯示「免費入場」。

01 進入ChatGPT中，在欄位中輸入描述，輸入好後，按下 **Enter** 鍵。

ChatGPT 3.5 ∨

 You

請建立Excel VBA程式碼，當使用者在A2儲存格輸入年齡時，在B2儲存格就會顯示票種，若年齡大於等於65歲，顯示「敬老票」；若年齡符合18歲至64歲，則顯示「全票」；若年齡符合12至17歲，則顯示「半票」；否則顯示「免費入場」。

02 ChatGPT就會顯示生成出的內容，接著按下右上角的 **Copy code** 按鈕，複製VBA程式碼。

ChatGPT

以下是符合您需求的 Excel VBA 程式碼：

```vba
                                                     Copy code
Sub CheckAge()
    Dim age As Integer
    Dim ticketType As String

    ' 讀取年齡
    age = Range("A2").Value

    ' 判斷票種
```

Example 14 簡化工作－Excel VBA

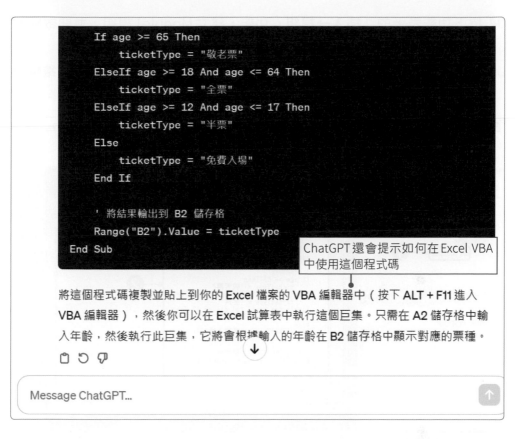

```
    If age >= 65 Then
        ticketType = "敬老票"
    ElseIf age >= 18 And age <= 64 Then
        ticketType = "全票"
    ElseIf age >= 12 And age <= 17 Then
        ticketType = "半票"
    Else
        ticketType = "免費入場"
    End If

    ' 將結果輸出到 B2 儲存格
    Range("B2").Value = ticketType
End Sub
```

ChatGPT 還會提示如何在 Excel VBA 中使用這個程式碼

將這個程式碼複製並貼上到你的 Excel 檔案的 VBA 編輯器中（按下 **ALT + F11** 進入 VBA 編輯器），然後你可以在 Excel 試算表中執行這個巨集。只需在 A2 儲存格中輸入年齡，然後執行此巨集，它將會根據輸入的年齡在 B2 儲存格中顯示對應的票種。

Message ChatGPT...

03 複製好程式碼後，進入**票種查詢 .xlsm** 檔案中，按下「**開發人員→程式碼 →Visual Basic**」按鈕；或是直接按下 **Alt+F11** 快速鍵，開啟 Visual Basic 編輯器。

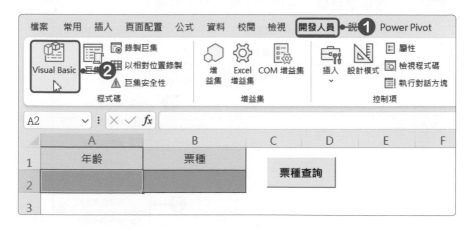

04 按下功能表上的「**插入→模組**」功能,建立 Module1 模組,並開啟屬於該模組的空白編輯視窗。

05 在編輯視窗中按下 **Ctrl+V** 貼上快速鍵,將 ChatGPT 生成的程式碼複製到編輯視窗中。

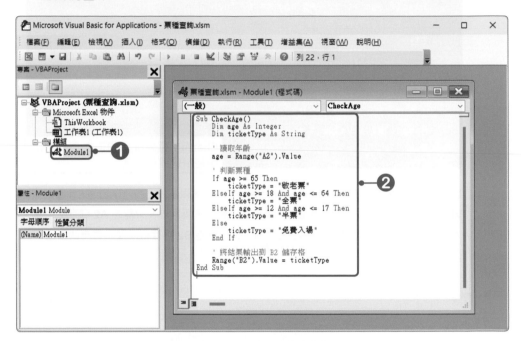

06 程式碼貼上後,點選一般工具列上的 📧 **檢視 Microsoft Excel** 按鈕;或是直接按下 **Alt+F11** 快速鍵,回到 Excel 視窗中,在**票種查詢**按鈕上按下**滑鼠右鍵**,點選**指定巨集**,開啟「巨集」對話方塊。

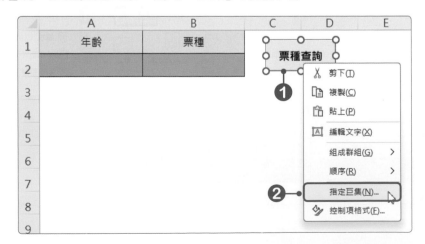

Example 14 簡化工作－Excel VBA

07 選擇要指定的巨集名稱，選擇好後，按下**確定**按鈕。

08 接著來測試看看ChatGPT生成的程式碼是否正確。在A2儲存格中輸入年齡，輸入好後，按下**票種查詢**按鈕，在B2儲存格就會顯示相對應的票種。再試著輸入其他年齡，看看是否有正確顯示出相對應的票種。

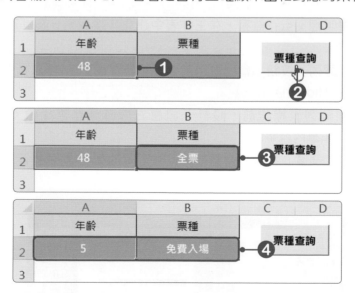

09 測試沒問題後，記得將檔案儲存起來。

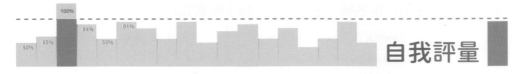

● 選擇題

( )1. 若A=-1:B=0:C=1,則下列邏輯運算的結果,何者為真? (A) A>B And C<B (B) A<B Or C<B (C) (B-C)=(B-A) (D) (A-B)<>(B-C)。

( )2. 可以按照選擇的條件來選取執行順序,是哪一種控制流程結構? (A)循序結構 (B)選擇結構 (C)重複結構 (D)以上皆非。

( )3. 下列VBA程式指令中,何者最適合用於多重選擇結構中? (A) Do…Loop (B) For…Next (C) Option Base… (D) Select…Case。

( )4. 下列程式執行後,S值為何? (A) 169 (B) 168 (C) 167 (D) 166。

```
S = 0
For i = 1 To 26 Step 2
    S = S + i
Next i
```

● 實作題

1. 開啟「開課明細.xlsx」檔案,在工作表中建立「隱藏列」及「取消隱藏」兩個按鈕。

⊙ 按下「隱藏列」按鈕,會隱藏目前儲存格所在的列。(語法提示:Rows(儲存格範圍).Hidden = True)

⊙ 進行「隱藏列」操作前,設計一訊息方塊確認是否隱藏。(語法提示:MsgBox "訊息內容字串")

⊙ 按下「取消隱藏」按鈕,會重新顯示被隱藏的列。(語法提示:Rows(儲存格範圍).Hidden = False)

	A	B	C	D	E	F	G
1	課程	授課教師	必選修	學分	星期/節次		
2	1131 計算機概論	林祝興	必修	3 - 0	三2 五3 五4		
3	1132 電子電路學	劉榮春			四4 五7		隱藏列
4	1133 電子電路學實驗	廖啟賢			三3 二4		
5	1134 C程式設計與實作	蔡清欉			二8 四6		
6	1135 普通物理	黃宜豐			三3 四4		取消隱藏
7	1136 C程式設計與實作	陳隆彬			三8 五3		
8	1137 數位創新導論與實作	資工教師			三6 五7		
9	1138 3D列印實作	焦信達			三3 五4		
10	1139 C程式設計與實作	蔡清欉	必修	3 - 0	二6 五7 三8		

Microsoft Excel ×

確定隱藏目前儲存格所在列?

確定

Example 15

線上工作－
Excel網頁版

◑ 範例檔案

Example15→婚禮預算表.xlsx

◑ 結果檔案

Example15→銷售統計.xlsx

Example15→銷售統計.pdf

　　在現代社會中，線上工作已成為不可逆的趨勢，隨著網路技術的進步，人們可以使用各種線上工具來完成工作，而不需要親自到辦公室。而 Excel 除了電腦版，還提供了網頁版，讓使用者可以直接在瀏覽器中使用 Excel，來提高線上工作效率。在此範例中，將介紹 Excel 網頁版的基礎功能，以及如何使用它來完成線上工作並分享檔案。

將檔案上傳至 OneDrive

下載檔案

線上編輯 Excel 檔案

共用檔案

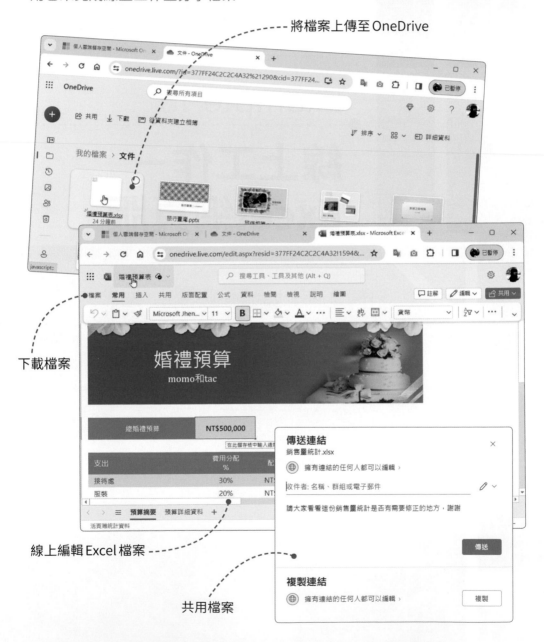

Example 15 線上工作－Excel網頁版

15-1 Microsoft 365

　　Microsoft 365是微軟推出的一種訂閱服務，Microsoft 365的方案包含家用與個人用，以及中小型企業用、大型企業用、學校用及非營利組織用。購買Microsoft 365可以獲取最新版本的Office，還可以獲得額外的OneDrive雲端儲存空間。除此之外，還提供了Copilot AI功能，讓工作更加有效率。

　　想要了解更多的Microsoft 365資訊，可以上Microsoft 365網站查詢 (https://www.office.com)。

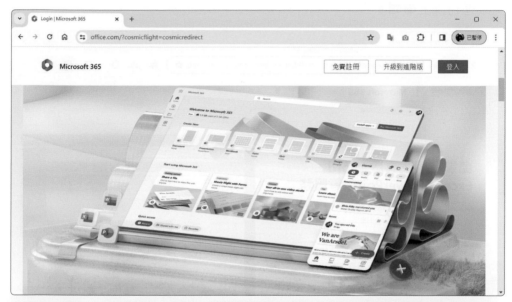

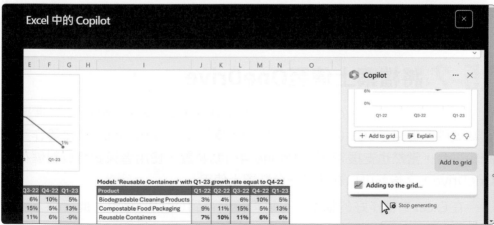

當然，若沒有訂閱Microsoft 365時，可以使用免費的網頁版。免費網頁版提供了 Word、Excel、PowerPoint、OneNote 及 Forms 等軟體，整合了OneDrive雲端硬碟空間，提供線上文件編輯服務，而編輯好的檔案會直接儲存在OneDrive中，便可與他人共用文件，並同時編輯。

使用者只要擁有Microsoft帳戶(用來存取Microsoft產品和服務的個人帳戶，例如：Windows、Xbox Live、Microsoft 365、OneDrive、Outlook.com (Hotmail)、Family Safety、Skype、Bing、Microsoft Store和MSN)，就可以在線上建立或開啟檔案，而這些文件可依照所設定的權限，開放給其他人瀏覽或進行線上編輯。

https://www.microsoft.com/zh-tw/microsoft-365/free-office-online-for-the-web

15-2 將檔案上傳至OneDrive

OneDrive (https://onedrive.live.com/about/zh-tw/) 是微軟公司推出的雲端硬碟，提供了5GB的免費儲存空間，支援使用Windows、Mac等作業系統的平台，當然也支援iPad、iPhone等行動裝置，使用者只要將資料儲存到OneDrive，之後就可以在任何一台裝置上使用。

在Excel中製作好的檔案，可以直接儲存到OneDrive中，進行線上編輯及共享。

Example 15 線上工作－Excel網頁版

01 開啟要儲存至OneDrive的檔案(婚禮預算表.xlsx)，按下「**檔案→另存新檔**」按鈕，點選**OneDrive**，再按下**登入**按鈕，進行登入的動作。

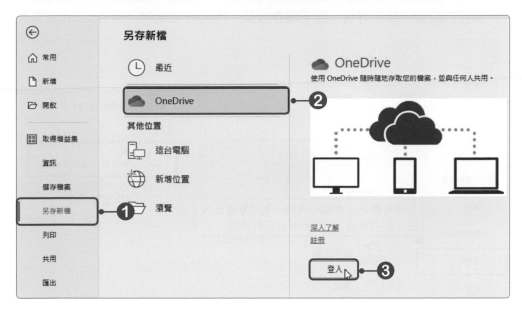

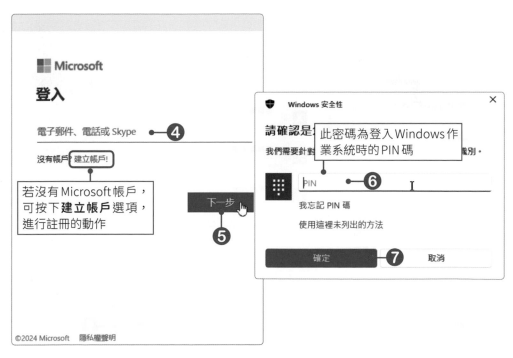

02 登入完成後，即可選擇檔案要儲存的位置，例如：將檔案存放於OneDrive 的**文件**資料夾中，就按下**文件**資料夾，開啟「另存新檔」對話方塊，進行 儲存的設定，設定好後，按下**儲存**按鈕，即可將檔案儲存至OneDrive中。

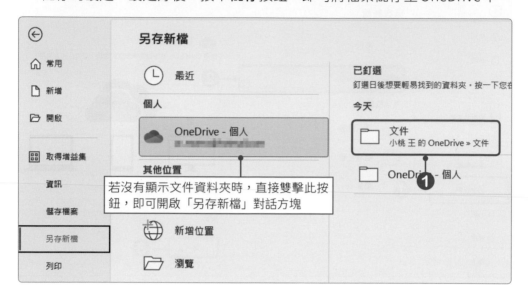

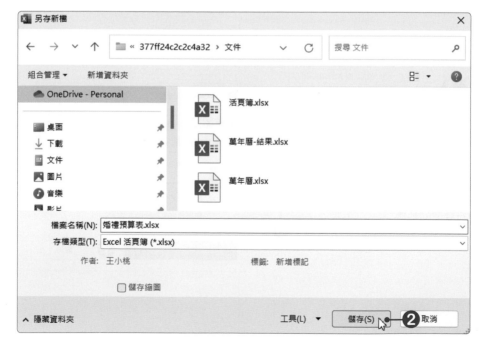

Example 15 線上工作－Excel網頁版

03 儲存完成後，登入至 OneDrive (https://www.microsoft.com/zh-tw/microsoft-365/onedrive/online-cloud-storage) 網站中。

04 登入完成後，即可在文件資料夾中，看到剛剛上傳的檔案。

15-3 線上編輯檔案

將檔案儲存至 OneDrive 後,即可開啟並編輯該檔案。

編輯檔案

若要編輯在 OneDrive 雲端硬碟上的檔案時,只要點選該檔案,便會直接在瀏覽器中開啟,此時就可以檢視或編輯檔案內容。

Example 15 線上工作－Excel網頁版

建立新檔案

除了可以編輯現有的檔案外，也可以直接在網頁版中建立新檔案，只要按下「**檔案→新增**」按鈕，再點選**空白活頁簿**，即可建立一個新的檔案。

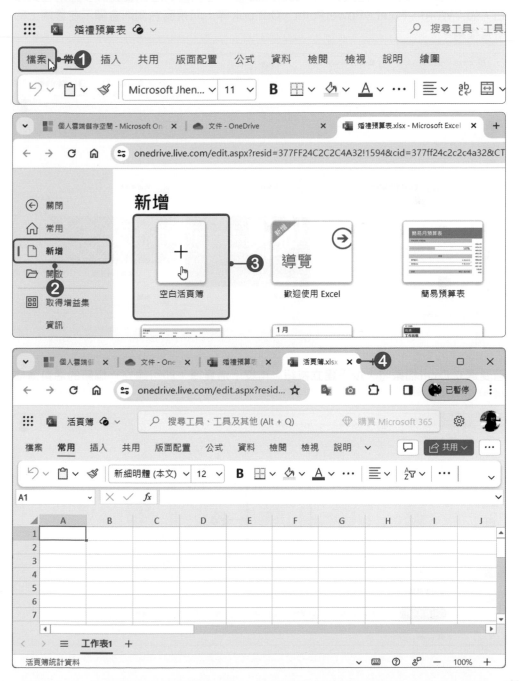

知識補充

除了從OneDrive開啟檔案外，還可以直接進入Microsoft 365網站(https://www.microsoft.com/zh-tw/microsoft-365/free-office-online-for-the-web)，按下**登入**按鈕，進行登入的動作。登入到Microsoft 365後，在視窗的左側會有許多應用程式按鈕，如：Word、Excel、PowerPoint、Outlook等，而視窗右側則會顯示在雲端上的所有檔案。

若要建立Excel檔案時，按下**建立**按鈕，再按下**活頁簿**，即可建立一個新的活頁簿檔案。

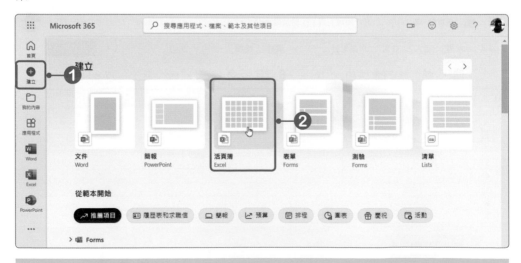

Example 15 線上工作－Excel網頁版

在應用程式中開啟線上檔案

在線上編輯好的檔案，若想在電腦中的應用程式編輯時，可以直接按下右上角的**編輯**按鈕，於選單中點選**在傳統型應用程式中開啟**，此時會出現「要開啟「Excel」嗎？」的訊息，這裡直接按下**開啟「Excel」**按鈕，即可在電腦中開啟該檔案。

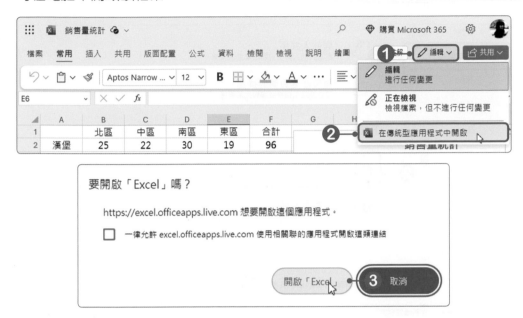

而在電腦中編輯的檔案還是位於OneDrive中，所以當檔案進行儲存時，是將檔案儲存於OneDrive中。

從此圖示可以知道該檔案是位於OneDrive中

下載檔案至電腦

在線上編輯完檔案後,可以將檔案下載到電腦中。

01 按下「**檔案→另存新檔**」按鈕,於**下載**選項中按下**下載複本**。

02 開啟「另存新檔」對話方塊後,選擇檔案要儲存的位置,再按下**存檔**按鈕,即可將檔案下載到電腦中。

Example 15 線上工作－Excel網頁版

將檔案下載為PDF檔

在線上製作好的檔案還可以直接匯出為PDF檔。

01 按下「**檔案→匯出**」按鈕，於右側選項中點選**下載為PDF**。

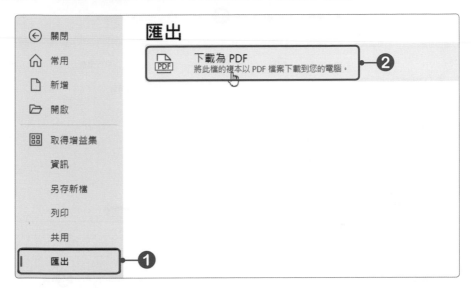

02 進入匯出頁面後，即可進行版面設定，設定完成後，按下**下載**按鈕。

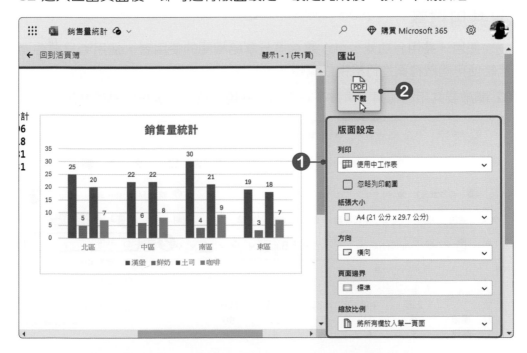

03 開啟「另存新檔」對話方塊後，選擇檔案要儲存的位置，再按下**存檔**按鈕，即可將 PDF 檔案下載到電腦中。

共用檔案

使用「共用」功能，可以將檔案分享給相關的使用者，使用者只要透過連結便可開啟檔案進行檢視或編輯。

01 開啟要共用的檔案，再按下右上角的**共用**按鈕，於選單中點選**共用**。

Example 15 線上工作－Excel網頁版

02 在開啟的頁面中，可以選擇要**傳送連結**，或是**複製連結**。在傳送前還可以先進行共用設定，設定哪些人可以編輯檔案、檢視檔案、是否需要登入、是否需要輸入密碼等。

03 共用選項設定好後，若要傳送連結，則在收件者欄位中輸入使用者的名稱或電子郵件，再輸入訊息文字，最後按下**傳送**按鈕，即可將此檔案的連結傳送出去。

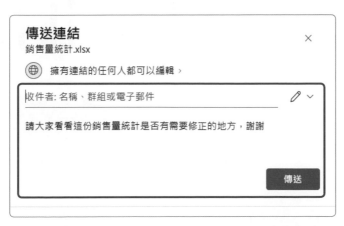

04 按下**複製**按鈕，則會開啟該檔案的連結網址，並出現已複製的訊息，此時便可以將連結傳送給相關人員。

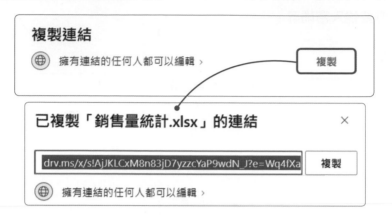

05 而只要取得該連結的人就可以在線上開啟該檔案，若共用設定為「可以編輯」，那麼該使用者就可以修改檔案內容。

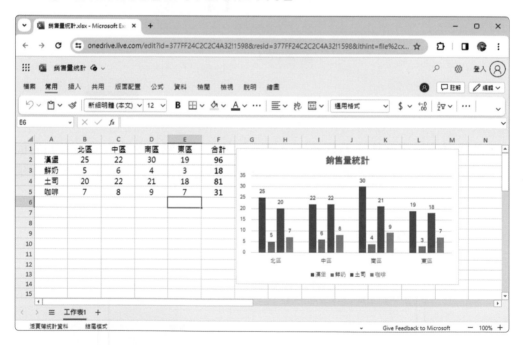

Example 15 線上工作－Excel網頁版

06 當有其他的使用者在檢視或編輯檔案時，在線上也能看到是哪位使用者及使用狀況。

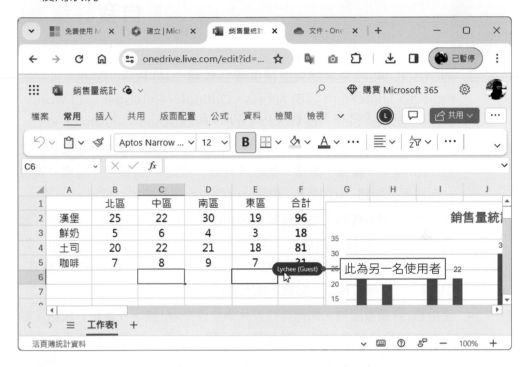

知識補充

在電腦版的應用程式中，也有提供「共用」功能，只要按下右上角的「**共用**」按鈕，即可進行共用設定。

自我評量

● 選擇題

(　　)1. Microsoft 365的免費網頁版提供哪些軟體？ (A) PowerPoint、Visio、Project、SharePoint　(B) Access、Outlook、Publisher　(C) Word、Excel、PowerPoint　(D) Word、Excel、Photoshop、Illustrator。

(　　)2. 如何在Excel網頁版中建立新檔案？ (A)按下「編輯→建立→新檔案」按鈕　(B)按下「檔案→新增→空白活頁簿」按鈕　(C)按下「檔案→開啟→新檔案」按鈕　(D)按下「檔案→儲存→新檔案格式」按鈕。

(　　)3. 使用Excel網頁版時，如何將製作好的檔案匯出為PDF檔？ (A)按下「檔案→匯出」按鈕，點選「下載為PDF」　(B)按下「列印」按鈕，點選「儲存為PDF」　(C)按下「檔案→儲存為」按鈕，點選「PDF格式」　(D)按下「分享」按鈕，點選「匯出為PDF」。

(　　)4. 使用Excel網頁版時，如何與他人共享文件？ (A)按下「共用」按鈕，輸入對方的電子郵件地址　(B)按下「編輯→共用」按鈕，點選要共用對象　(C)按下檔案圖示，點選共用選項　(D)按下「檔案→共用」按鈕，點選共用連結。

● 實作題

1. 請進入Excel網頁版，試著建立一個新的檔案，建立完成後，再將檔案下載到電腦中。

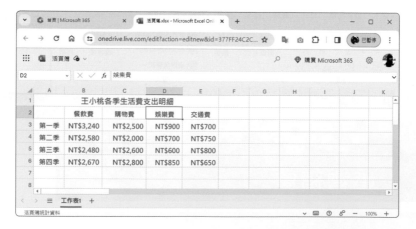

Example 16

資料視覺化－Power BI

範例檔案

Example16→水果上架行情.xlsx

Example16→空氣品質指標.csv

Example16→紫外線資料.pbix

Example16→出口與外銷訂單比較.pbix

Example16→整體稅收.pbix

結果檔案

Example16→紫外線資料-OK.pbix

Example16→出口與外銷訂單比較-OK.pbix

Example16→整體稅收-OK.pbix

　　資訊科技的進步，讓各種決策有了客觀及重要的資訊可以參考，而大數據資料蒐集與分析技術的引入，更是影響決策速度與品質的關鍵，要如何快速處理與分析大量資料，產生簡單易懂的圖表結果，讓資料視覺化(Data Visualization)，而能廣泛應用至各個領域，已是目前大家所重視的一環。

　　資料視覺化是指運用特殊的運算模式、演算法，將各種數據、文字、資料轉換為各種圖表、影像，成為易於吸收，容易讓人理解的內容。

Power Query 編輯器

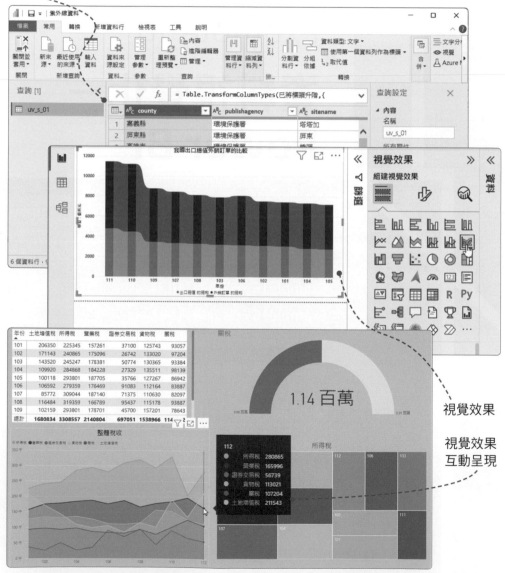

視覺效果

視覺效果
互動呈現

Example 16 資料視覺化－Power BI

16-1 初探Power BI

資訊科技的進步，讓各種決策有了客觀及重要的資訊可以參考，而大數據資料蒐集與分析技術的引入，更是影響決策速度與品質的關鍵，要如何快速處理與分析大量資料，產生簡單易懂的圖表結果，而能廣泛應用至各個領域，已是目前大家所重視的一環。

關於Power BI

Power BI是Microsoft所推出的視覺化數據商務分析工具，可用來分析資料及共用深入資訊，並將複雜的靜態數據資料製作成動態的圖表。它提供了「Power BI服務」、「Power BI Desktop」及「Power BI行動版」三大平台。其中「Power BI服務」是雲端平台，只要進入官方網站進行註冊，登入後即可使用該平台；「Power BI Desktop」是Windows桌面應用程式，須安裝於電腦中使用；「Power BI行動版」則是要在行動裝置中安裝App。

Power BI網站(https://powerbi.microsoft.com/zh-tw/)

其中，Power BI Desktop可取得的資料來源包括了Excel活頁簿檔案、CSV檔案、Access資料庫等，除此之外，還可以透過XML、CSV、文字和ODBC來連接一般資料來源，或是透過線上服務(如：Dynamics 365、Salesforce、Azure SQL DB)取得資料，也是本章主要講述及使用的應用程式。

下載Power BI Desktop

Power BI Desktop是 Windows 桌面應用程式，可在電腦中輕鬆讀取各種資料來源、分析資料，並將數據視覺化。微軟的下載中心每月都會更新並釋出 Power BI Desktop 最新版本，可至官方網站下載並安裝使用。

01 進入 Power BI官網的 Power BI Desktop 頁面中 (https://powerbi.microsoft.com/zh-tw/desktop/)，按下**免費下載**按鈕。

按下**查看下載或語言選項**連結，可直接下載在電腦上安裝的單一執行檔

按下**免費下載**按鈕，可進入 Windows Store 下載最新版本的 Power BI Desktop

02 網站會要求開啟Windows系統的「Windows Store」，這裡請按下**開啟「Microsoft Store」**按鈕。

03 在該視窗按下**安裝**按鈕，即可進行下載及安裝的動作，完成後，按下**開啟**按鈕，便會啟動 Microsoft Power BI Desktop。

Example 16 資料視覺化－Power BI

04 啟動 Power BI Desktop 應用程式後，會先進入**常用**頁面中，按下**新增**選項中的**報告**，即可進入操作視窗中。

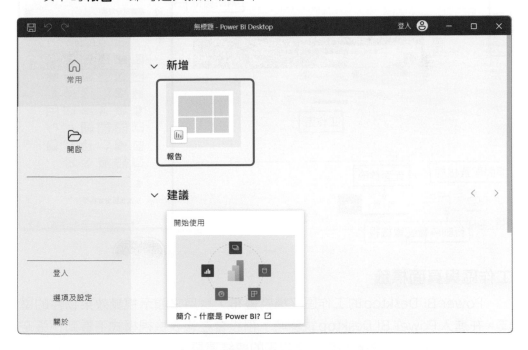

▦知識補充：**更新Power BI Desktop**

Power BI Desktop官方網站會不時更新並釋出最新版本。在本機下載並安裝Power BI Desktop軟體後，每次在連網狀態下啟動應用程式，系統都會自動檢查軟體版本，若有更新版本，便會在畫面右下角自動出現更新訊息，提醒使用者下載並升級為最新版本。

⏻ Power BI Desktop的操作環境

　　Power BI Desktop的介面設計與微軟Office軟體類似，將所有控制項依照功能以群組方式分類，只要按下索引標籤，功能區中就會顯示與該功能相對應的指令按鈕。

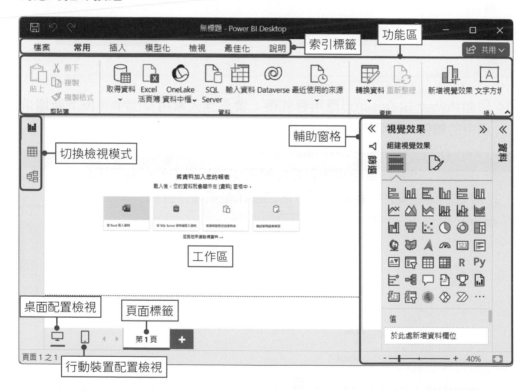

工作區與頁面標籤

　　Power BI Desktop的工作區又稱為**畫布**，是用來顯示視覺效果物件的區域。在進入Power BI Desktop視窗時，預設會在報表檢視模式下看到一張空白畫布，其中包含可將資料新增至報表的連結清單。

Example 16 資料視覺化－Power BI

工作區底部的頁面標籤，則代表報表中的每個頁面，點選頁面標籤即可開啟該頁面。預設為第1頁，按下＋鈕即可新增頁面。

檢視模式

Power BI Desktop主要分為 報表檢視、 資料表檢視、 模型檢視等三個檢視模式，要切換檢視模式時，按下檢視模式按鈕即可。在不同的檢視模式下，功能區的索引標籤以及右側的輔助窗格，也會顯示相對應的內容。

● **報表檢視**：可在頁面中建立各種視覺效果類型。

● **資料表檢視**：可以檢查、瀏覽及了解 Power BI Desktop 模型中的資料。

● **模型檢視**：會顯示模型中所有的資料表、資料行及關聯性。這在模型中包含許多資料表，且其關聯十分複雜時十分實用。

輔助窗格

輔助窗格會依照所處的檢視模式，而顯示相對應的窗格。以製作視覺化圖表時最常使用的**報表檢視**模式為例，在此模式下，預設會開啟**篩選、視覺效果、資料**三個輔助窗格，窗格中所顯示的內容也會隨著選取的工作區選項而有所不同。各窗格主要作用說明如下：

● **篩選窗格**：可新增或檢視報表設計師新增到報表中的所有篩選條件。依據所設定的篩選條件，可與視覺效果的顯示結果產生互動。

● **視覺效果窗格**：主要是建立視覺效果物件，並控制其外觀與格式。在未選取視覺效果的狀態下，會顯示**欄位**與**頁面格式**兩個分頁；在選取視覺效果的狀態下，則會顯示**欄位**、**格式**與**分析**三個分頁。

● **資料窗格**：是唯一在三個檢視模式下都會顯現的輔助窗格，用來管理視覺效果中所用到的資料。窗格中會列示目前匯入的資料來源中包含的所有工作表及其欄位。工作表預設為收合狀態，點選工作表名稱，即可將表格中的所有欄位展開。

按下窗格上方的 》 按鈕，可將窗格內容摺疊起來；按下 《 按鈕，可將窗格展開。

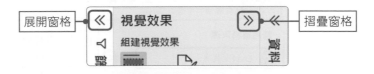

16-7

16-2 取得資料

Power BI Desktop 可取得的資料來源包括了：Excel 活頁簿檔案、CSV 檔案、Access 資料庫、XML、JSON 等，除此之外，也可以透過線上服務 (如：Dynamics 365、Salesforce、Azure SQL DB) 取得資料。

開啟 Power BI Desktop 操作視窗時，工作區中會顯示可將資料新增至報表的連結清單，由左至右依序是：**從 Excel 匯入資料、從 SQL Server 資料庫匯入資料、將資料貼到空白資料表、嘗試範例語意模型及從其他來源取得資料。**

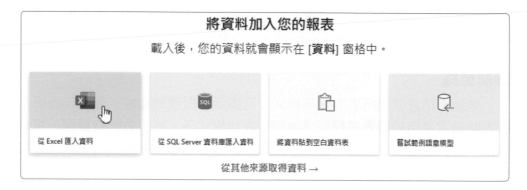

可以直接在此處執行載入資料指令，當資料載入工作區後，連結清單就會消失。也可直接點選功能區中的「**常用→取得資料**」按鈕，在開啟的選單中選擇欲匯入的資料格式。以下分別介紹幾種常用載入資料格式的方式。

載入 Excel 活頁簿

首先來看看如何載入 Excel 活頁簿檔案。

01 進入 Power BI Desktop 操作視窗中，按下「**常用→資料→取得資料**」按鈕，於選單中點選 **Excel 活頁簿**。

Example 16 資料視覺化－Power BI

02 進入「開啟」對話方塊後，選擇要載入的資料，再按下**開啟**按鈕。

03 進入「導覽器」視窗後，勾選要載入的資料表，勾選好後按下**載入**按鈕。

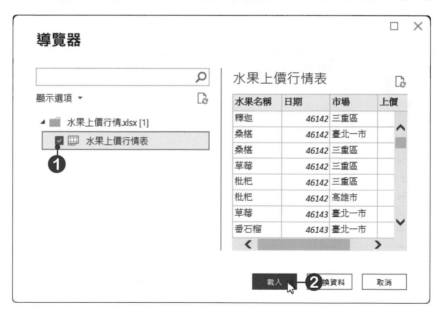

04 按下**載入**按鈕後,資料便會載入到Power BI Desktop中,在**報表檢視**模式下,右側「資料」窗格中,即可看到剛剛載入的資料表項目。

載入CSV文字檔格式

　　CSV格式的檔案通常會以**逗號字元**來分隔欄位資料,而載入的方式與Excel檔案大致上相同,最大的差異只在要選擇**分隔符號**。

01 按下「**常用→資料→取得資料**」按鈕,於選單中點選**文字/CSV**。進入「開啟」對話方塊後,選擇要載入的資料,再按下**開啟**按鈕。

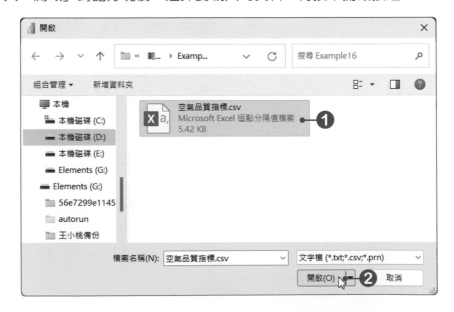

Example 16 資料視覺化—Power BI

02 開啟該檔案預覽視窗後,於**分隔符號**選項中可以選擇檔案的分隔符號,選擇好後按下**載入**按鈕。

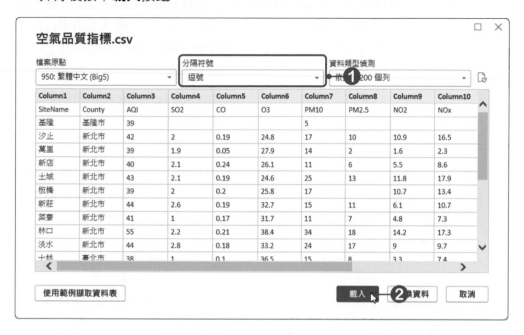

03 資料載入後,進入**資料表檢視**模式中,即可觀看資料內容。

取得網路上的開放資料

　　網路上開放資料平台中，最常見的資料格式有 XML、CSV、JSON 等，而這些格式也都可以很輕鬆的載入到 Power BI Desktop 中。載入 XML 與 JSON 檔案的過程大致上與載入 Excel 檔案相同，若要載入網路資料開放平台上的檔案時，可以先將檔案下載至電腦中，再進行載入的動作。

　　這裡以政府資料開放平臺為例 (https://data.gov.tw)，進入該網站中下載 JSON 格式的檔案 (以 Google Chrome 瀏覽器為例)。

01 在政府資料開放平臺網站中點選要下載的檔案格式。

02 開啟「另存新檔」對話方塊，選擇檔案要儲存的位置，選擇好後按下**存檔**按鈕 (下載檔案時，有些檔案會直接以儲存檔案方式下載，有些則會直接於瀏覽器中開啟，每個網站所提供的方式不同，這裡請依實際狀況執行)。

NOTE：**JSON** (JavaScript Object Notation) 是以文字為基礎的資料交換檔案格式，可以儲存簡單的資料結構和物件，經常用於 Web 應用程式之間的資料交換。JSON 的內容是文字格式，因此幾乎可以使用任何文字編輯器來建立或開啟。

Example 16 資料視覺化—Power BI

03 檔案下載完成後，進入 Power BI Desktop，按下「**常用→資料→取得資料**」按鈕，於選單中點選**其他**。

04 開啟「取得資料」視窗，按下**全部**選項，於清單中點選 **JSON**，點選後按下**連接**按鈕。開啟「開啟」對話方塊後，選擇剛剛下載的檔案，按下**開啟**按鈕。

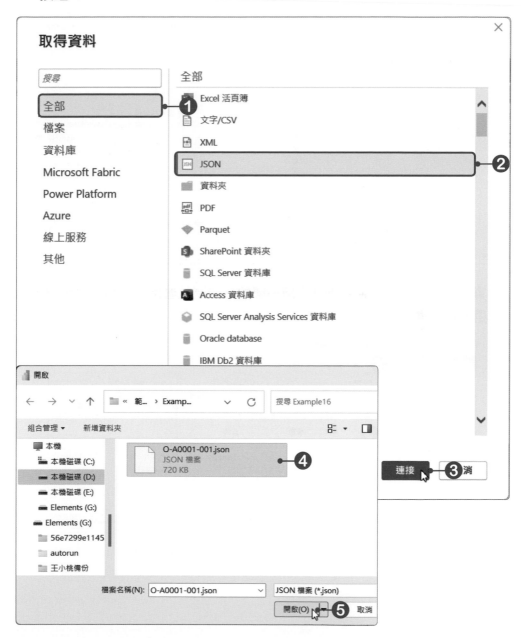

05 開啟後，會進入 **Power Query 編輯器**操作視窗中，且資料已轉換為表格。

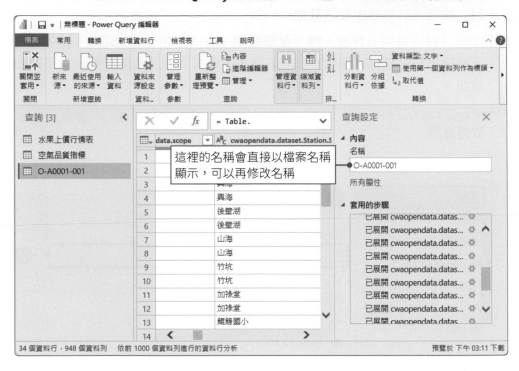

06 資料沒問題後，最後按下「**常用→關閉→關閉並套用**」按鈕，於選單中點
選**關閉並套用**。

07 回到 Power BI Desktop 操作視窗後，資料便完成載入。

Example 16 資料視覺化－Power BI

刪除載入的資料

　　若是不小心載入錯誤的資料，或是想刪除工作表中的某個欄位，則可在資料窗格中，刪除整個工作表，或是工作表中的特定欄位。

01 於「資料」窗格中，按下要刪除的工作表名稱或特定欄位右邊的 **⋯ 更多選項**按鈕，在選單中點選**從模型中刪除**。

02 在出現的訊息方塊中按下**是**按鈕，即可將載入至模型中的工作表資料或欄位，從模型中移除。

儲存檔案

資料匯入後，按下「**檔案→另存新檔**」按鈕，點選**瀏覽此裝置？**，開啟「另存新檔」對話方塊，選擇檔案要儲存的位置，輸入檔案名稱，最後按下**存檔**按鈕，即可完成儲存(Power BI Desktop 的檔案格式為 **pbix**)。

16-3 Power Query編輯器

當資料匯入 Power BI Desktop 後，若要進行整理或修改內容時，可以透過 **Power Query 編輯器**進行，在 Power Query 編輯器中可以變更資料表名稱、資料行標題名稱、移除不需要的資料行、變更資料來源、變更資料類型等。這裡請開啟**紫外線資料 .pbix** 檔案進行以下練習。

進入Power Query編輯器

在 Power BI Desktop 中匯入資料時，在匯入之前會先開啟「導覽器」視窗，以便事先預覽資料，按下其中的**轉換資料**按鈕，即可進入 Power Query 編輯器操作視窗。

Example 16 資料視覺化－Power BI

若是匯入資料之後才要開啟 Power Query 編輯器，只要按下「**常用→查詢→轉換資料**」按鈕，於選單中點選**轉換資料**，即可開啟 Power Query 編輯器操作視窗。

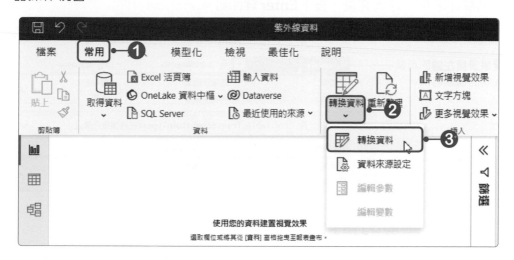

在 Power Query 編輯器中的資料內容，直行稱為「資料行」，橫列稱為「資料列」。在匯入資料時，Power BI 通常會將工作表第一列轉換為欄位名稱，也就是標頭。

變更資料行標題名稱

要變更資料行標題名稱時，只要在標題名稱上**雙擊滑鼠左鍵**，即可輸入新的標題名稱，輸入完後，按下 **Enter** 鍵即可。

雙擊滑鼠左鍵即可輸入新的標題名稱

移除不需要的資料行

要移除不需要的資料行時，直接點選資料行的標頭，再按下「**常用→管理資料行→移除資料行**」按鈕，於選單中點選**移除資料行**即可。

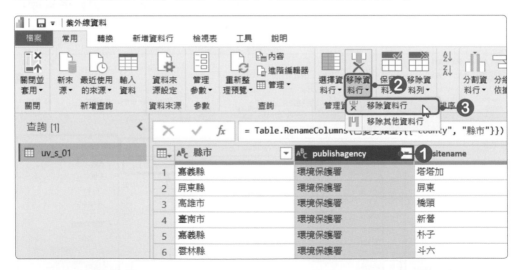

若一次要移除多個資料行時，按下「**常用→管理資料行→選擇資料行**」按鈕，於選單中點選**選擇資料行**，開啟「選擇資料行」對話方塊。在「選擇資料行」對話方塊中，將不要的資料行勾選取消 (表示要移除)，取消勾選後按下**確定**按鈕即可。

Example 16 資料視覺化—Power BI

在整理資料的過程中，步驟都會被記錄在「查詢設定」窗格中的**套用的步驟**清單裡，若要恢復前一個步驟，可以按下該步驟前的 **X 刪除**按鈕，將此步驟刪除，就會恢復到該步驟套用前的狀況。

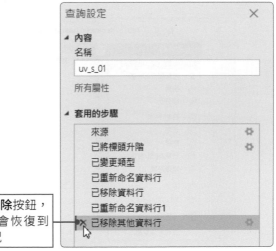

按下該步驟前的 **X 刪除**按鈕，將此步驟刪除，就會恢復到該步驟套用前的狀況

🕒 變更資料類型

當我們將資料載入到 Power BI Desktop 時，會自動將資料轉換成最合適的資料類型，若覺得該資料類型不合適時，也可以進入 Power Query 編輯器中進行修改。Power Query 提供了小數、整數、百分比、日期 / 時間、文字等資料類型。

要轉換資料類型時，點選要轉換的資料行，按下「**轉換→任何資料行→變更資料類型**」按鈕，於選單中點選要轉換的資料類型。

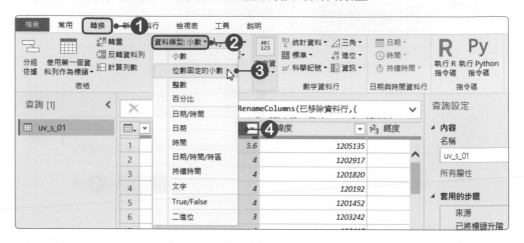

在每個資料行的標題名稱旁都會直接顯示該資料的資料類型圖示，從圖示中可以看出此資料行的資料類型，而按下該圖示，會開啟資料類型選單，在此也可以選擇要變更的資料類型。

移除空值(null)資料列

當資料中出現空值時，會自動顯示「null」，表示該資料列沒有資料，此時可以利用移除空白功能將空值移除。

Example 16 資料視覺化－Power BI

要移除空值時，只要按下該欄位的 ☑ 篩選鈕，於選單中點選**移除空白**，或將 **(null)** 勾選取消，再按下**確定**按鈕，即可將空值移除。

若要再顯示空值時，按下 ☑ 篩選鈕，於選單中點選**清除篩選**，便可顯示有空值的資料。

套用Power Query編輯器內的調整

在Power Query編輯器內整理好資料後，最後須執行套用，才會將整個調整結果套用至資料表，回到Power BI Desktop時，才能使用該份資料進行視覺化圖表的製作。

按下「**常用→關閉→關閉並套用**」按鈕，於選單中點選**關閉並套用**，在Power Query編輯器內所做的變更都會套用到資料表中，並回到Power BI Desktop操作視窗中。

16-4 建立視覺化圖表

在Power BI Desktop中匯入資料後，接下來就可以將資料以簡單易懂的視覺化圖表來呈現，可幫助查看及理解資料中所隱含的趨勢、異常值或模式。

在報表中建立視覺效果物件

Power BI Desktop提供了多種視覺效果類型，如：橫條圖、直條圖、折線圖、區域圖、圓形圖、環圈圖、漏斗圖、地圖、區域分佈圖、卡片、量測計、樹狀圖、資料表、矩陣、交叉分析篩選器、KPI等。

Example 16 資料視覺化－Power BI

在 Power BI Desktop 要於**報表檢視**模式中的**畫布**建立視覺效果，報表可以有一個或多個頁面，就像 Excel 活頁簿可以有一或多個工作表一樣；而**一個報表畫布內可以有多種視覺效果類型**。

這裡請開啟**出口與外銷訂單比較.pbix** 檔案，進行以下練習。

01 進入**報表檢視**模式，於「視覺效果」窗格中，點選要使用的圖表類型，該圖表類型便會加入到畫布中。

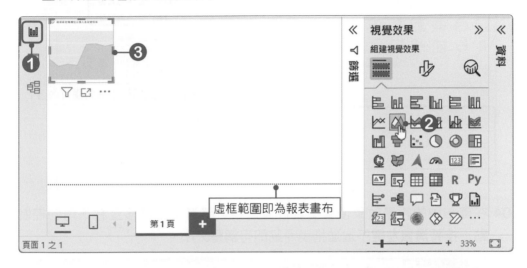

02 於「資料」窗格中將**年份**欄位拖曳至「視覺效果」窗格中的 **X 軸**中。

03 將**出口總值**及**外銷訂單**拖曳至「視覺效果」窗格中的 **Y 軸**中。(依據不同的視覺效果物件,「視覺效果」窗格中所顯示的設定項目也會有所不同。)

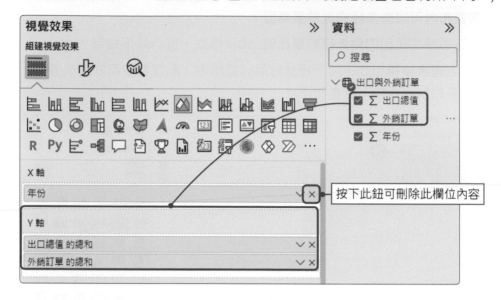

按下此鈕可刪除此欄位內容

04 在畫布中的視覺效果便會呈現數據資料。將滑鼠游標移至右下角的控制點,按著**滑鼠左鍵**不放並拖曳滑鼠即可調整大小。

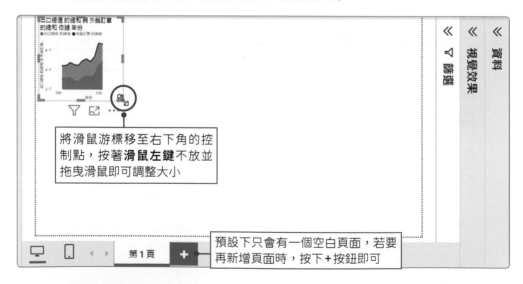

將滑鼠游標移至右下角的控制點,按著**滑鼠左鍵**不放並拖曳滑鼠即可調整大小

預設下只會有一個空白頁面,若要再新增頁面時,按下 + 按鈕即可

視覺效果格式設定

在畫布中建立好視覺效果物件後,即可進行視覺效果的格式設定。

Example 16 資料視覺化—Power BI

01 點選 🖑 **格式**按鈕，進入**視覺效果**標籤頁中，按下**X軸**選項的>展開鈕，再按下**值**的>展開鈕，設定**文字大小**及**粗體**；按下**標題**的>展開鈕，設定**文字大小**及**粗體**。

02 按下**Y軸**選項的>展開鈕，再按下**值**的>展開鈕，設定**文字大小**及**粗體**，再將**顯示單位**設為**無**；按下**標題**的>展開鈕，設定**標題文字**及**文字大小**。

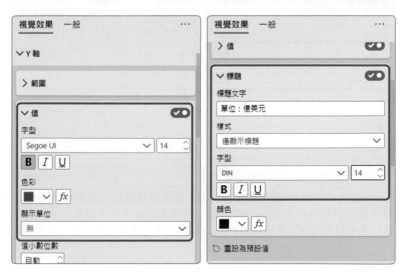

03 按下**圖例**的>展開鈕,再按下**選項**的>展開鈕,設定圖例的位置;按下**文字**的>展開鈕,設定**文字大小**。

04 將**標記**及**資料標籤**選項開啟,並在**資料標籤**選項中按下**值**的>展開鈕,設定**文字大小**。

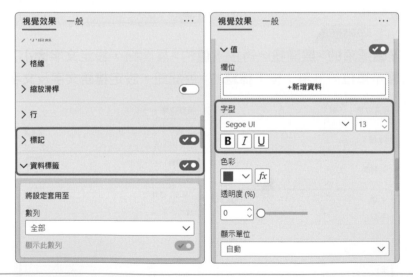

NOTE:Power BI 提供許多視覺效果類型,每一種視覺效果類型都包含一些固定的基本構成,而視覺效果的組成元件也會因圖表類型的不同而稍有不同。其基本元件包含「圖表標題」、「圖例」、「資料數列」、「資料標籤」、「座標軸」等,基本上每一個元件都可以個別編輯與修改。

Example 16 資料視覺化－Power BI

05 點選**一般**標籤頁，按下**標題**選項的>展開鈕，再按下**標題**的>展開鈕，設定標題的文字、文字大小、水平對齊方式等。

06 在進行格式設定時，設定的結果會立即呈現於視覺效果中。

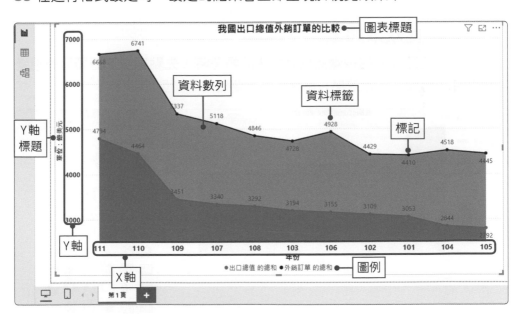

增加或移除資料

在建立視覺效果物件時，可以隨時加入資料欄位，或移除某個資料欄位。只要在「資料」窗格中勾選要加入的資料欄位，或將要移除的資料欄位勾選取消即可。

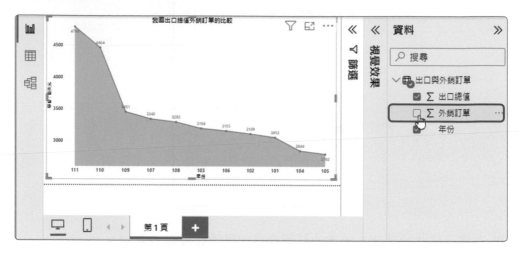

變更視覺效果類型

若要將已建立好的視覺效果變更不同類型時，先點選要變更類型的視覺效果物件，再於「視覺效果」窗格中點選要使用的類型即可。

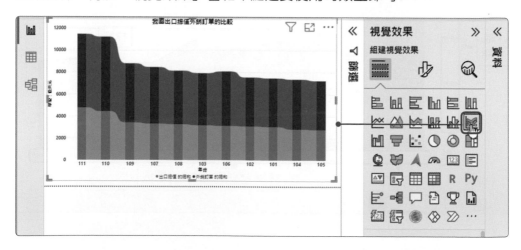

在更換類型時，若視覺效果不屬於同類型，例如：直條圖要更換為環圈圖，在更換後，可能會需要調整欄位及格式，才能完整呈現視覺效果。

Example 16 資料視覺化—Power BI

排序 軸

若要設定 X 軸或 Y 軸的排序方式時，可以按下右上角的 **⋯更多選項**按鈕，於選單中點選**排序 軸**，勾選要排序的欄位，要排序的欄位設定好後，再按下 **>展開**按鈕，選擇要**遞減排序**或**遞增排序**。

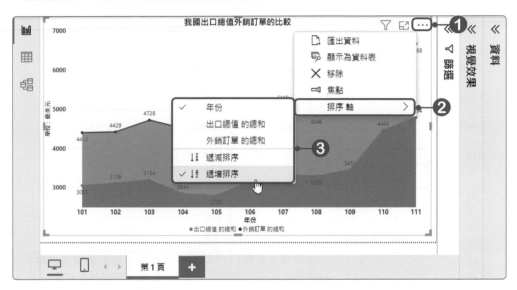

16-5 報表頁面格式設定

報表畫布是用來展示視覺效果的區域，而該畫布可以設定大小及背景。在預設下報表畫布的頁面大小為 **16:9**，而大小是可以依據實際需求來調整的，可以選擇的大小除了 16:9 外，還有 4:3 的尺寸，若沒有符合的尺寸還可以自訂畫布大小。這裡請開啟**整體稅收 .pbix** 檔案，進行以下練習。

01 進入 📊 **報表檢視**模式中，確定在工作區未選取任何頁面上的物件。於「視覺效果」窗格中，按下 📝 **設定報表頁面的格式**按鈕。

02 展開**畫布設定**選單，按下**類型**選單鈕，即可選擇要使用的頁面大小。

03 展開**畫布背景**選單，按下**顏色**選單鈕，選擇要使用的色彩；拖曳**透明度**拉桿，調整色彩的透明度。

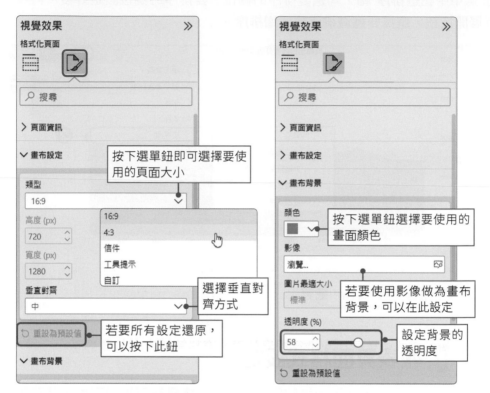

16-6 報表模式下的檢視設定

Power BI Desktop為報表檢視模式下的畫布及畫布中的視覺效果物件，提供多種檢視模式，使用者可依照操作的檢視需求，選擇適合的檢視模式，這裡請繼續使用**整體稅收.pbix**檔案，進行以下練習。

切換報表畫布檢視模式

Power BI Desktop提供了**符合一頁大小、符合寬度**及**實際大小**三種報表畫布檢視模式，若要變更時，按下「**檢視→縮放至適當比例→整頁模式**」按鈕，於選單中選擇要使用的模式。

Example 16 資料視覺化－Power BI

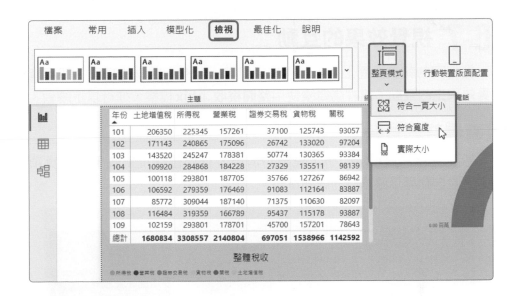

使用焦點模式展示視覺效果

Power BI Desktop在單一報表頁面上可以製作多個視覺效果，當需要將某個視覺效果展開到整個頁面時，可以使用**焦點模式**來檢視視覺效果。

01 按下要放大的視覺效果物件的 ⤢ **焦點模式**按鈕，即可進入焦點模式中。

02 在焦點模式中還是可以進行視覺效果、資料等設定，若要返回報表時，按下頁面左上角的**回到報表**即可。

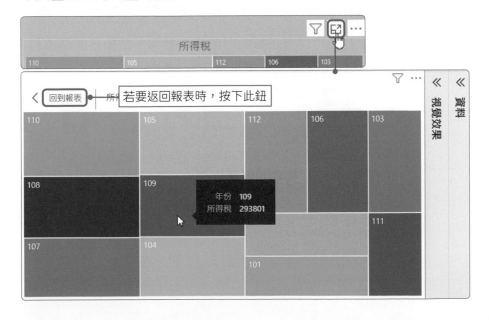

16-7 視覺效果的互動

在相同的報表頁面上有多個視覺效果時，若有相關聯的項目，即可產生視覺效果上的互動。這裡請繼續使用**整體稅收.pbix**檔案，進行以下練習。

查看詳細資料

若要查看某資料項目時，只要將滑鼠游標停留在視覺效果的視覺項目上，便會自動顯示該項目的詳細資料。

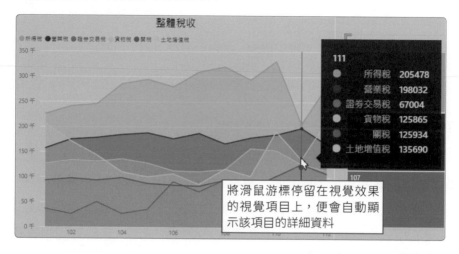

將滑鼠游標停留在視覺效果的視覺項目上，便會自動顯示該項目的詳細資料

醒目提示效果

在呈現視覺效果時，可以指定要顯示的資料數列。當指定某個資料數列後，其他數列就會呈現半透明狀。

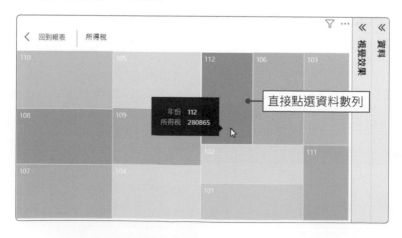

直接點選資料數列

Example 16 資料視覺化－Power BI

除了直接點選資料數列外，也可以按下**圖例**上的任一項目，視覺效果就會只呈現該項目的相關數列，其他數列則呈透明狀態。

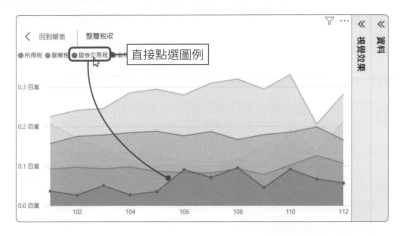

在頁面上若有多個以相同或具有關聯性的視覺效果呈現的資料數列時，如果選取任一資料數列，將會根據選取的數列變更其他視覺效果。

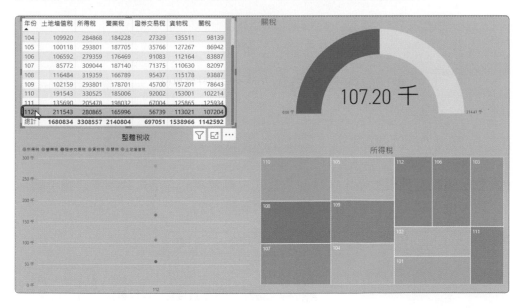

若要恢復所有資料項目時，只要再按一次剛才指定的項目，即可顯示所有資料項目。

變更視覺效果的互動方式

預設下在選按視覺效果中的任一資料項目時，會將其他項目呈現半透明狀態，此種呈現方式為**醒目提示**。若想要變更這種互動效果，設定方式如下：

01 先點選一個主要視覺效果，按下「**格式→互動→編輯互動**」按鈕。

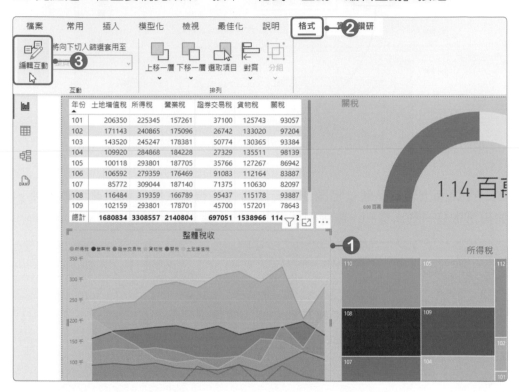

02 開啟**編輯互動**模式後，在其他未選取視覺效果的右上角會顯示三個小圖示鈕，按下這些圖示即可指定要呈現的互動方式。

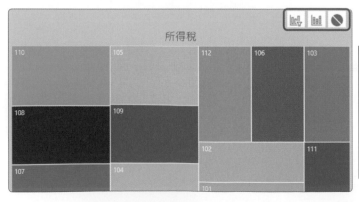

篩選：點選任一資料項目時，其他項目會被隱藏

醒目提示(預設)：未選取的項目會呈現半透明狀態

無：不與其他視覺效果產生互動

Example 16 資料視覺化－Power BI

03 例如：將樹狀圖的互動方式設定為**無**時，在區域圖中點選任一資料項目後，樹狀圖就不會跟著互動。

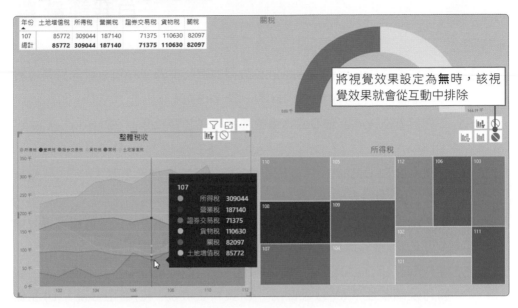

按下功能區的「**格式→互動→編輯互動**」按鈕之後，此時**編輯互動**按鈕會呈深灰色，表示目前正在編輯互動模式，此時可編輯其他未選取視覺物件的互動效果。再按一下**編輯互動**按鈕，當按鈕呈現和其他按鈕一樣的淺灰色，表示已離開編輯互動模式。

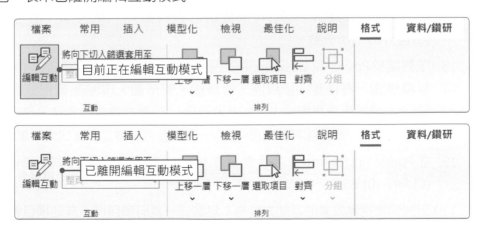

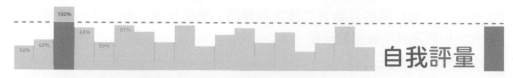

自我評量

● 選擇題

( ) 1. 下列何者非 Power BI Desktop 可取得的資料來源？ (A) Excel 活頁簿檔案 (B) CSV 檔案 (C) Access 資料庫 (D) Word 文件。

( ) 2. 下列何者為 Power BI Desktop 的檔案格式？ (A) pbix (B) json (C) xml (D) xlsx。

( ) 3. 在 Power BI Desktop 中，下列哪個模式可以檢查、瀏覽資料？ (A) 報表檢視 (B) 資料表檢視 (C) 模型檢視 (D) 瀏覽檢視。

( ) 4. 在 Power BI Desktop 中，下列哪個模式可以在頁面中建立各種視覺效果類型？ (A) 報表檢視 (B) 資料表檢視 (C) 模型檢視 (D) 瀏覽檢視。

( ) 5. 在 Power BI Desktop 中，下列哪個模式會顯示模型中所有的資料表、資料行及關聯性？ (A) 報表檢視 (B) 資料表檢視 (C) 模型檢視 (D) 瀏覽檢視。

( ) 6. 當資料匯入 Power BI Desktop 後，若要進行整理或修改內容時，必須進入下列哪套編輯器中？ (A) Power View (B) Power Pivot (C) Power Query (D) Power Map。

( ) 7. 下列何者不是 Power Query 所提供的資料類型？ (A) 小數 (B) 整數 (C) 百分比 (D) 分數。

( ) 8. 下列關於 Power BI Desktop 中的視覺效果說明，何者不正確？ (A) 提供橫條圖、直條圖、折線圖、區域圖、圓形圖、環圈圖等視覺效果 (B) 要於資料表檢視模式中建立視覺效果 (C) 建立視覺效果時，可以隨時加入欄位，或移除某個欄位 (D) 一個頁面可以建立多個視覺效果。

( ) 9. 在 Power BI Desktop 中，報表畫布的大小預設是？ (A) 16:9 (B) 4:3 (C) A4 (D) B5。

( ) 10. 下列何種視覺效果的互動方式為：點選任一資料項目時，其他項目會被隱藏？ (A) 醒目提示 (B) 隱藏 (C) 摺疊 (D) 無法辦到。

Example 16 資料視覺化—Power BI

● 實作題

1. 開啟 Power BI Desktop 進行以下設定。

⊙ 將「人口密度.xlsx」檔案，匯入至 Power BI Desktop 中。

⊙ 在報表畫布中建立一個地圖視覺效果，將類別標籤開啟，並將泡泡大小設定為 5%。

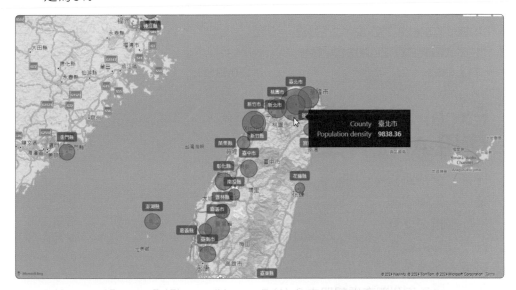

2. 開啟「來臺旅客-性別.pbix」檔案，刪除多餘的資料行，並在報表畫布中加入資料表、折線圖、量測計、樹狀圖等視覺效果物件，格式請自行設定。

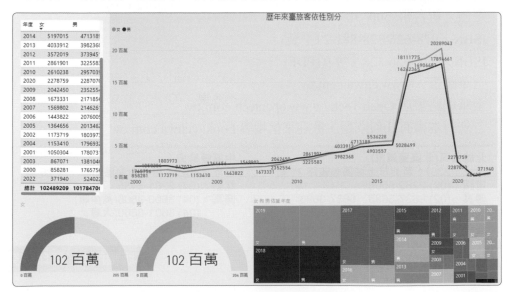

國家圖書館出版品預行編目資料

Excel 2021 範例教本：使用 AI 提升工作效率/全華
研究室, 王麗琴著. -- 初版. -- 新北市：全華圖書
股份有限公司, 2024.03
　　面；　公分
ISBN 978-626-328-881-2(平裝)

1.　　CST: EXCEL 2021(電腦程式)

312.49E9　　　　　　　　　　　　113003178

Excel 2021 範例教本—
使用 AI 提升工作效率

作者／全華研究室　王麗琴

發行人／陳本源

執行編輯／李慧茹

封面設計／盧怡瑄

出版者／全華圖書股份有限公司

郵政帳號／0100836-1 號

圖書編號／06530

初版／2024 年 04 月

定價／新台幣 500 元

ISBN／978-626-328-881-2 (平裝)

ISBN／978-626-328-879-9 (PDF)

全華圖書 ／ www.chwa.com.tw

全華網路書店 Open Tech ／ www.opentech.com.tw

若您對本書有任何問題，歡迎來信指導 book@chwa.com.tw

北總公司(北區營業處)
地址：23671 新北市土城區忠義路 21 號
電話：(02) 2262-5666
傳真：(02) 6637-3695、6637-3696

南區營業處
地址：80769 高雄市三民區應安街 12 號
電話：(07) 381-1377
傳真：(07) 862-5562

中區營業處
地址：40256 臺中市南區樹義一巷 26 號
電話：(04) 2261-8485
傳真：(04) 3600-9806(高中職)
　　　(04) 3601-8600(大專)